蓝小麦农大 3677 麦穗

蓝小麦农大 3677 籽粒

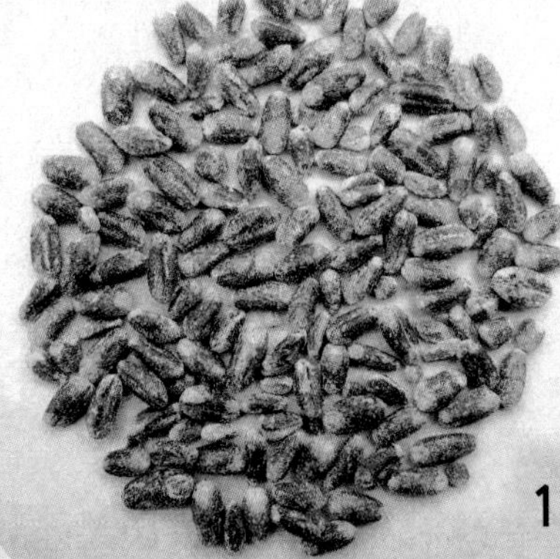

蓝麦米

农大糯麦1号麦穗

糯麦米

糯麦片

优质品种农大 179 麦穗

优质品种农大 179 田间长势

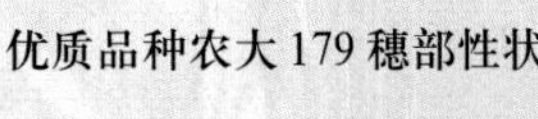

优质品种农大 179 穗部性状

优质品种农大 179 籽粒

优质品种农大 135 籽粒

优质品种农大 195 麦穗

优质品种农大195穗部性状

优质品种农大195田间长势

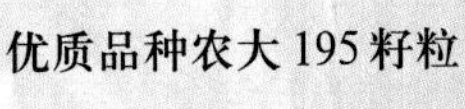

优质品种农大195籽粒

优质品种农大优 89 麦穗

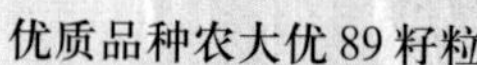

优质品种农大优 89 籽粒

用优质品种农大 4213
小麦面粉制作的面包

农大超甜 1 号玉米

农大甜单 8 号玉米

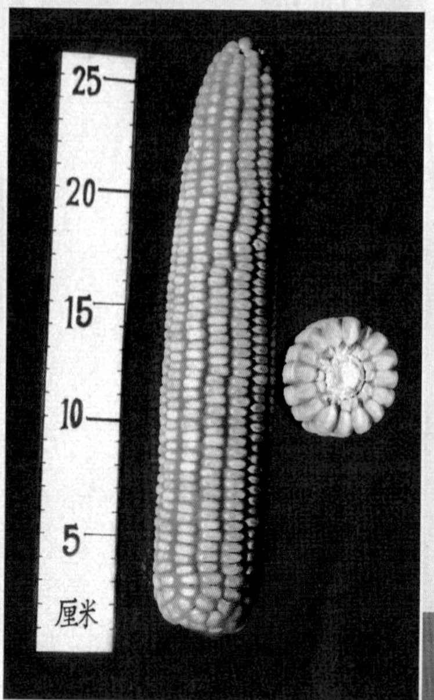

农大高油 115 玉米

农大 108 的单穗和双穗

在密度较稀时，能结双穗，双穗和单穗大小相近，这是农大 108 的稳产性特点之一

农大108果穗断面图（示粒行数和穗轴粗细）

农作物良种选用200问

主　编

周有耀

编著者

（以姓氏笔画为序）

刘广田　许启凤　李家义　周有耀

郎韵芳　张爱民　徐保国

金　盾　出　版　社

内 容 提 要

本书由中国农业大学植物遗传育种系周有耀教授等编著。内容包括良种选育、繁殖与推广,良种种性的保持与种子生产,良种种子的生物学特性与加工、贮藏等方面的知识与技术。作者采用问答形式,回答了良种选育和应用中常遇到的诸多问题。本书内容科学性、实用性强,文字简明扼要,通俗易懂,适合广大农民、基层农业科技人员和中等农业学校师生阅读参考。

图书在版编目(CIP)数据

农作物良种选用200问/周有耀主编;刘广田等编著.—北京:金盾出版社,2006.6

ISBN 978-7-5082-4038-1

Ⅰ.农… Ⅱ.①周…②刘… Ⅲ.作物-优良品种-问答 Ⅳ.S32-44

中国版本图书馆CIP数据核字(2006)第029641号

金盾出版社出版、总发行

北京太平路5号(地铁万寿路站往南)

邮政编码:100036 电话:68214039 83219215

传真:68276683 网址:www.jdcbs.cn

彩色印刷:北京精美彩色印刷有限公司

黑白印刷:北京金星剑印刷有限公司

装订:桃园装订厂

各地新华书店经销

开本:787×1092 1/32 印张:9.875 彩页:8 字数:214千字

2011年5月第1版第8次印刷

印数:68001—79000册 定价:15.00元

(凡购买金盾出版社的图书,如有缺页、倒页、脱页者,本社发行部负责调换)

目　录

一、良种选育、繁殖与推广

1. 什么是农作物的品种?

人类为了生存和繁衍,不断地选择适合需要的植物进行栽种,逐渐地形成了符合人类需要的植物类型。随着生产和科学技术的发展与进步,由无意识的选种、留种工作逐渐发展到有目的、有计划地选择,利用现有的自然变异并有意识地进行人工创造变异,更有成效地创造出新的品种。所以,品种是人类在一定的生态和经济条件下,根据生产和生活的需要经长期劳动的产物。

如果没有品种和种子,就不可能进行农业生产。显然,品种和种子与肥料、农药、农机具等一般的农业生产资料不同,它是农业生产中不可缺少或替代的特殊生产资料,是农业再生产的物质基础。

不同品种的特征、特性,是彼此不同的。如过去在我国推广面积较大的棉花品种岱字棉 15,株型松散,茎秆紫红色,茎、叶上茸毛少,叶片大而缺刻深,棉铃卵圆形,短绒灰白色。而从中选出的其他品种,虽亲缘关系很近,但其产量、纤维品质等经济性状及形态特征都有差别。如洞庭 1 号的植株塔形,花瓣近基部处有棕褐色、下凹而较硬的斑点,棉铃短圆形,短绒灰色;鸭棚棉为短果枝类型,植株筒形,茎秆紫红色,棉铃卵圆形略尖,短绒灰褐色。这就是品种所应具有的特异性,是作为品种识别的标志。

农作物的每个品种,都是由一群群个体(单株)所组成的。

这一群群个体通称为群体。同一品种群体内的各个个体（如单株、单穗、单铃等），都具有相对一致、稳定的特征、特性，即由品种遗传性所决定的这些共同的特征、特性，一般不会轻易地受环境条件的影响而改变。即品种应具有性状的一致性和稳定性。

同时，作为品种，它应能通过一般的栽培、繁殖方法，不断地繁衍出后代，并能保持其群体主要性状不变，这就是品种的稳定性和持久性。

人们只有了解品种的上述概念和特点，才有利于认识、选用、繁育品种，做好种子工作。

2. 农业生产中常用的品种有哪些类型？

生产上应用的品种，按其群体及其个体的遗传性、种子的生产、繁殖方式及其利用形式等，可分为以下几类。

(1)纯系品种 小麦、水稻、大麦、大豆等自花授粉作物的常规品种，在自然条件下，它们是以自交或“兄妹交”方式而繁殖、生产的，其后代的每一个体的基因型是纯合的；个体间的主要性状基本上也是相似的，其群体是同质的。常异花授粉的棉花、高粱、甘蓝型和芥菜型油菜，长果种黄麻、红麻等作物，是以自花授粉为主的，也属纯系品种。该类品种在自交时，不会衰退或衰退程度较轻。故可用开放授粉及单株选择的方法留种。

(2)群体品种 是由遗传性较复杂和杂合的不同个体所组成的异质群体。如玉米、黑麦等异花授粉作物是天然自由授粉而形成的地方品种或通过混合选择而育成的品种等。它们是一种随机交配的平衡群体，在自然授粉繁殖时，不会改变其遗传组成而能维持其性状的稳定性。所以，可根据某一性状，对不同品种加以区别。这类品种自交时，会出现明显的性状衰退现象。在繁殖、生产时，应重视防杂、保纯工作。

另外，自花授粉或常异花授粉作物的品种，经混交、混选或由玉米众多自交系所组配的综合品种以及各作物的多系品种等也属于这一类型。

(3)杂交种品种 经严格选择的不同亲本和控制授粉所产生的、具有一定优势的各类作物（如玉米、水稻、油菜等）的杂交种，它们每个个体的基因型是杂合的；但群体是同质的。即每个杂交种内各个个体的遗传组成是杂合的，个体间具有相同的杂合基因。所以，F_1 表现出明显的杂种优势且性状整齐一致。但继续繁殖时，就会发生性状分离和优势减退，这样只能利用一代而必须年年制种，才能用于生产。

(4)无性系品种 它是由 1 个或几个近似的无性系经无性繁殖而形成的品种。无性系是以一个个体通过无性繁殖产生的后代群体，又称无性繁殖系。该类品种的基因型常因作物种类及来源的不同而异。如在自然条件下，异花授粉的甘薯无性系，其基因型是杂合的；而自花授粉的马铃薯无性系，其基因型是纯合的。但不论其母体遗传性的纯、杂，其后代常不会出现性状分离，在表型上与母体完全相似，均可在生产上持久应用。但体细胞在离体培养条件下，也会发生变异，人们将其中可遗传的变异，称为无性系变异，从中可选育出新品种。

3. 为什么说选育、推广良种是发展农业生产最经济最有效的措施？

实践证明：要使农业生产持续、稳定地发展，不断攀上新台阶，关键在于依靠先进的科学技术，走科技兴农的道路。而在农业科技中，选育和推广良种是最经济、有效的措施，是科技兴农的中心环节。这是因为良种在农业生产中具有下列作用。

(1)良种可大幅度提高单位面积产量 新中国成立后，我国农作物产量成倍地增长，如1999年的粮食产量比1949年增长了2.9倍，棉花增长了11.7倍，油料增长了5.3倍。在总产量的增长中，除部分是由于扩大播种面积外，主要是由于单产提高的结果。如在1949～1986年间，全国小麦总产增长了5.5倍，其中提高单产的作用占68.8%；而且随着农业科技的发展，提高单产的作用越来越大，如20世纪50年代为47.3%，60年代、70年代分别为78.9%和80.2%。

提高单产的农业技术因素很多，其中选用良种的作用最为突出。如我国的水稻生产，20世纪50年代以种植高秆的农家品种为主，其平均产量为2 018～2 640千克/公顷；60年代选育推广矮秆品种，单产比上一阶段提高20%～30%；70年代三系杂交稻的选用，其单产比上一时期又提高20%左右；90年代成功选育出二系杂交种，其单产又提高5%～10%。

(2)良种可提高农产品品质 随着育种水平的提高，新育成的一些品种，具有更优、更全面的产品品质，以满足人们生活水平日益提高的需要。如中单206玉米单交种的籽粒赖氨酸含量是普通玉米的2.1倍；高油1号玉米的籽粒油分含量比普通玉米高80%。双低油菜品种的芥酸含量由一般油菜的40%～50%下降到5%以下，饼粕中的硫代葡萄糖苷由原来的6%～7%下降到0.15%～0.3%，而油酸和亚油酸含量比一般品种分别提高1倍和3倍。

**(3)良种可减轻或避免旱涝、盐碱、病虫等自然灾害的损

失 目前，农业生产尚无法完全避免旱涝、盐碱、病虫等自然灾害的影响，但选用具有抗逆性强的品种，是减轻其损失的最简便、经济的有效措施。如锈病曾是我国小麦最严重的病害，但由于选用抗锈良种，自 1964 年后基本控制了其流行和危害。棉花枯萎病和棉铃虫是我国棉花生产的大患，由于选用抗枯萎病、黄萎病和转基因抗虫棉品种后，每年可挽回皮棉损失 70 万～80 万吨，节约农药 20%～30%。所以，选用抗逆性强的品种是人们在农业生产中与自然灾害作斗争最有力的武器。

(4)良种可有力地促进耕作制度的改革和复种指数的提高 改革耕作制度、提高复种指数，是提高农作物产量的措施之一。但在耕作改制、提高复种指数时，常会发生几种作物之间争季节、争劳力、争水肥、争阳光的矛盾。而这些矛盾只有通过采用不同的生育期、不同株型特性的品种合理搭配才能解决。如长江流域及其以南地区，历史上的旱改水、单改双、间改连、二熟改三熟等改制中，都与品种的作用有关。黄淮地区，无霜期较长，原来 90%的棉田，为一年一熟栽培，未能充分利用土地及光、热资源。自从育成一批生育期短的棉、麦品种后，推广了棉、麦两熟栽培，缓解了麦、棉两大优势作物的争地矛盾，单位面积总产值比一熟棉田提高了 20%～25%。

(5)良种可有利于扩大作物的种植地区 随着人口的增加和工农业的发展，某些作物要向新的地区扩展，或者为了克服水、热资源短缺的矛盾，某些作物必须改变种植方式等。这些问题的解决，很大程度上也取决于良种的选用。我国北方由于选用了一批抗寒、早熟的粳稻良种，并配合相应的栽培措施，使我国水稻的栽培地区逐渐向北扩展，甚至在最北端的爱珲、漠河地区(北纬 53°27′)都成功地种植了水稻，这些地区不仅成了我国高产稻区之一，也是世界上水稻栽培的最北界。三系杂交籼稻的育成，使我国双季稻区由北纬 23°扩展到北纬 30°。长城沿线（北纬 41°～42°）由于寒冷干旱，过去只能种植春小麦。近年来，由于选用了牡冬麦 1 号、2 号，苏引 6 号等，一批抗寒性强、丰产性好的冬小麦在该地区种植成功，其产量一般比春小麦高 25％～30％，使我国冬小麦的栽培向北推移了 200～300 千米。西藏引进冬小麦品种试种的成功，结束了该自治区不能种冬小麦的历史，使冬小麦种植地区的海拔高度提高到 4 200 米处。超早熟的龙谷 26（生育期80～90天）的育成，使我国谷子的栽培地区由北纬 50°向北扩展到 53°29′，从而结束了高寒地区不能种植谷子的历史。陕西育成的甘白油菜，把我国种植甘蓝型油菜的地区向北推进了 1 个纬度，海拔提高了 520 米。另外，由于选育出一批旱稻品种，使我国北方麦茬稻区的旱稻播种面积不断扩大，为水资源短缺的北方开拓了种植稻谷的新路。

此外，良种在促进农业机械化、提高劳动生产率的过程中，也有举足轻重的作用。

选用良种，不仅可以解决农业生产中的诸多问题，而且在农业增产的诸多因素中，也是投资少、耗能低、见效快、经济效益最高的措施。如广东省农业科学院在选育推广广陆矮 4 号等水稻良种时，其投资效益为 1∶3 340；中国农业科学院作物所在选育推广中单 2 号玉米杂交种时，其经济效益为 1∶368；江苏省在选育推广宁油 3 号油菜品种时，其经济效益为 1∶180。可见，选用良种确是发展农业生产最经济、有效的措施。

4. 优良品种应具备哪些条件？

什么是优良品种？从目前我国国民经济发展及农业生产

实际来看，一个优良品种必须具有高产、稳产、优质、多抗、熟期适当及适应性广等条件。

具有较高的生产潜力，是一个优良品种必须具备的基本条件。随着我国人口的不断增加、耕地日益减少，要不断增加农产品的产量，其出路在于提高各类农作物的单产水平。几十年来，我国农作物的单产水平虽有大幅度提高，但与某些高产国家相比，还有一定差距。如目前我国稻、麦、玉米、棉花、大豆的单产仅为高产国家的68%、41%、54%、70%和45%。另有分析指出：目前世界上的小麦、玉米、大豆、马铃薯和甜菜的平均产量，也只达到了这些作物最高纪录产量的1/4左右。所以，提高品种产量的潜力还是很大的。为了使我国农业生产持续、稳定地发展，必须选育一大批具有高产潜力的品种。

随着生产、生活水平的提高，人们对农产品不仅要求数量多，而且更要求质量好，即要求良种应具有优良的产品品质。因为有的品质性状（如稻谷的出米率、麦类的出粉率、甘薯的切干率、油料作物的含油率、糖料作物的含糖率等）与产量直接有关。有的（如小麦的蛋白质、面筋含量，棉花的纤维品质等）会直接或间接地影响加工产品的产量、质量与生产成本。另外，品质差的农产品会影响人、畜健康，因而限制了其使用价值。

抗逆性强的品种，是保证高产、稳产、节本增效、减少环境污染的有效条件。

早熟或熟期适当也是不同地区增产保收的重要条件。但早熟、丰产、优质常有一定的矛盾。所以，对早熟性的要求，应以能充分利用当地光、热资源，获得最大的经济效益为原则。

良种适应性的大小，往往会决定其推广范围的大小及使用年限的长短，即与品种的整体经济效益密切相关。

人们对良种的要求是多方面的，但所要求的各性状间既相互联系，又相互制约。所以，要求一个良种的各个性状都十全十美，是不现实的，而应全面衡量，主要着眼于它在当地农业生产或国民经济中的整体效益。

良种也是相对的，将某一地区的良种引到另一地区后，因气候、栽培等条件的改变，不一定表现优良，这就是良种的地区性。随着生产、生活条件的改变和提高，过去的良种，现在不一定再能满足要求；或者，一个良种推广几年后，发生了混杂、退化，失去了利用价值时，也就称不上良种了。这就是良种的时间性。所以，我们必须不断地选出新的良种。因地、因时地选用良种，并做好良种繁育工作，才能不断满足农业生产对良种的需要。

5. 高产良种应具备什么样的植株形态性状？

品种的丰产性是良种的首要条件。但产量的高低，不仅决定于各产量因素间的协调增长，也决定于植株中制造、输出养分的各器官（如叶片等）和积累、消耗养料的各器官（如花、果实、种子等）间的相互协调，即源、库关系的合理发展；更受植株光能利用率高低的影响。如禾谷类作物的单位面积的穗数、穗粒数和粒重；棉花的单位面积株数、单株成铃数、铃重和衣分；大豆、油菜等的单位面积株数，每株结荚数、荚粒数和粒重，都是各自组成产量的因素。这些因素的乘积，便构成了各自单位面积的产量；在这些因素中，除单位面积的株数外，都是不同品种所特有的植株形态性状。

合理的株型是高产品种的特征之一。品种的株型是指包括叶片、分蘖或分枝、茎秆、结实器官在内的植株形态结构、生长姿态及其在空间的分布等。如植株的高矮，叶片的大小、形状、着生的角度(与茎、分枝间的夹角)、分布的方向与状态,分枝或分蘖的习性及集散程度等。一般认为:植株较矮、株型紧凑,叶片着生直立,与主茎、分枝间的角度小,分布合理、大小适中,叶片较窄、色深的品种和类型,有利于密植、增加单位面积的株数、穗数,能有效地利用水肥,有利于通风透光,提高抗倒能力;光能利用率和生物学产量(包括根、茎、叶、花、果实、种子的总重量)中经济产量(可直接利用的产品的重量)所占的比重(通称为收获指数或经济系数)均较高,增产潜力大。如在同样的水肥条件下,高秆的玉米品种维尔156每公顷的密度为43515株,双穗率为5.8%,空秆率7.5%;而矮秆品种风光72,相应为89130株,20.8%和4.3%。矮秆的矮丰3号小麦的收获指数为30.9%,而高秆的阿勃仅为21.5%,籽粒重提高34.6%。植株直立、叶片能全部见光的植株,比倒伏而只有上部叶片才能见光的植株,可增产10%。叶片直立的大麦品种比叶片下垂的品种可增产37%。叶片直立的玉米品种比叶片与地面平行的品种可增产40%。

株型育种和高光效育种,就是要选育或塑造出有利于提高植株光能利用率,合理的源、库关系及各产量因素共同提高的合理株型,以进一步提高品种的产量潜力。据研究,在农作物的生物学产量中,有90%~95%是通过光合作用而形成的,只有5%~10%是通过吸收土壤中的各种养分而形成的,说明提高光能利用率,是提高产量的关键所在。

现有农作物品种的光能利用率一般只有1%~2%,有的还不到1%,如果将稻、麦品种的光能利用率提高到2.5%,单产可达15吨/公顷;玉米的光能利用率提高到5%,每公顷产量可达16.5吨~30吨。

所以,在选用良种时,必须考虑品种的植株形态性状。如谷类作物一般应为矮秆或半矮秆，株型紧凑，分蘖或分枝密集，叶片大小适中、挺立而厚、叶色深绿者；棉花应株型紧凑、果枝上举与主茎角度小，节间较短，叶片大小适中、着生直立、厚而色深者。

6. 选用粮食作物良种，为什么也要重视品质？

随着人们生活水平的日益提高和食品工业等的发展，在选用粮食作物良种时，不仅要考虑其丰产性，而且也要十分重视品种的营养品质（如蛋白质含量、氨基酸和脂肪的含量与组成）、加工品质（稻米的糙米率、精米率和麦类的出粉率及面筋、灰分含量等）、食用品质（如稻米的直链淀粉含量、胶稠度等）、饲用品质及某些败质因子等。这是因为提高粮食作物的品质有下列作用。

(1)有利于提高人类的健康水平 蛋白质、脂肪和糖类是人类食物的三大基本要素；食物中的纤维素、维生素、各类矿物质和微量元素也是人类营养与生命功能不可缺少的物质。这些物质的不足或过多都不利于人体健康。如蛋白质和必需氨基酸的缺乏，可能引发白化病、肺气肿、溶血性贫血、血友病、高氨血症和皮肤病等。碳水化合物不仅可提供人、畜活动的能量，其中可食性纤维素、半纤维素、果胶等成分在增进健康、减少和预防肠癌、糖尿病、冠心病及其他肠道病等方面也有重要作用。脂肪中的不饱和脂肪酸（如油酸和亚油酸）不但易于吸收，并有降低胆固醇、甘油三酯的作用和软化血管、防止血栓形成的功能。此外，硒、碘、锰、铁等元素均与人体疾病与健康有关。上述营养成分和元素在作物品种间有明显差别。如籼稻的直链淀粉含量高于粳稻，胶稠度则小于粳稻，所以其食用品质不如粳稻。

目前，国人膳食的营养成分中，蛋白质、脂肪和糖类分别占10.8%、18.4%和70.8%，而较理想的营养组成应分别为15%～20%、30%和50%。可见，国人膳食中的蛋白质、脂肪还显不足。而来自谷物的蛋白质占68.5%。所以，提高粮食作物的蛋白质等营养成分是十分必要的。

(2)提高营养品质等于提高了产量 粮食作物的营养品质是指产品中对人食用和牲畜饲用中有益物质的含量。这些成分的提高，便可减少用量而满足营养要求。例如，有试验指出：用富含赖氨酸的奥帕克-2玉米作食物，每人每天吃300克，即可维持成年人的氮素平衡，而食用普通玉米时，需要600克才能满足需要。据有关测算，如果将我国目前种植的小麦品种的蛋白质含量(12%～14%)提高3%左右，每年便可净增小麦蛋白质17.5×10^{8}千克。

(3)有利于食品工业等的发展 食品等工业的发展和效益，直接或间接地依赖于原材料的品质。如小麦籽粒中蛋白质的含量及其组成，在很大程度上影响面粉加工、烘烤、制作面包、点心等的品质，一般蛋白质含量低于13%时，其烘烤品质也差。

7. 什么叫优质棉？为什么要选用优质棉？

棉纤维是纺织工业、人们日常生活中所必需的衣被及家庭装修材料的主要原料。虽然化学(人造)纤维的生产和消耗量不断提高，但因棉纺织品的吸湿、透气、保温等性能均优于化纤，且不带静电，所以纯棉织物越来越受青睐。随着人们生活水平的提高、纺织工业的发展和出口创汇的需要，选用棉花品种时，应十分重视品种的纤维品质。

棉纤维品质包括内在品质(如绒长、绒长整齐度、强度、细度和成熟度等）及外观品质（如品级、色泽、轧工质量和杂质等）。前者主要决定于品种本身的遗传特性，后者主要受人为因素的影响。所谓优质棉就是内在品质和外观品质均符合要求的棉花品种。

棉纤维的品质，直接影响纺织品的质量、档次和经济效益。如纤维的长短，决定纺纱支数的高低。一般纤维愈长，纺纱支数越高；而纱支数的高低与织布的种类、档次密切相关。如绒长 25～27 毫米的原棉，只能纺 26 支以下的粗号纱，织沙发布、白细布等；28～30 毫米的可纺 30～42 支的中号纱，可织咔叽、华达呢等；绒长 31 毫米以上的可纺 60 支以上的细号纱，可织府绸、外销针织品等；绒长 33 毫米以上的可纺 80～120 支纱，可织的确凉、帘子布等。

由于纺纱支数及织布种类不同，其经济效益有很大差别。据测算，绒长 29 毫米的原棉织品，比同样数量的绒长 25 毫米的原棉织品，其零售价格可提高 29%，出口创汇可增收 63%，农民也可增收 12%。

另外，用较长的，整齐度、强度、细度及成熟度较好的纤维纺纱时，可增加纱中的纤维根数，使纤维在纱中彼此重叠的部分增多，相互接触的面较大，增加了纤维间的抱合力和摩擦力，提高了纱支的强度。如用 29 毫米的原棉纺纱时，其缕纱强力比用 25 毫米纺的高 16%，所织的布耐磨力高。用细而柔软、成熟度和光泽好的纤维纺纱时，也易于牵伸、缠绕均匀，不易产生棉结，可提高棉纱条干的均匀度，减少飞花等，有利于减少耗棉量，提高劳动生产率。

原棉品级越高，色泽愈好。杂质愈少时，其纺纱价值也越高。

棉花的纤维品质是一个综合性状，各性状间必须互相配套，才能适应纺织工业和市场的需要。如纤维虽长，但强度、细度不够时，只能降低长度使用，这样不仅增加了成本，而且也造成资源的浪费。

由于各地生态条件及栽培技术水平不同，其生产的棉花用于纺织工业的档次也不同。所以，应因地制宜地选用不同品质的棉花品种。如黄淮平原、新疆南疆应选能纺中、高支纱的品种；长江中下游应选适纺高支纱的品种；新疆北疆、长江上中游、关中、晋南等地区可选适纺中支纱的品种；辽宁、晋中等地应选适纺粗支纱的品种。

8. 种植低酚棉有什么作用？

在现有栽培的多数棉花品种中，其植株和种仁中，常可用肉眼见到分布着密度和大小不等的色素腺体。这些色素腺体的主要成分是棉酚及其衍生物，常称为棉毒素。人和单胃动物食用后，常会因棉酚的毒素作用引发病痛，如头晕、呕吐、不孕不育、内脏器官出血、瘫软等。所以，棉株枝、叶及棉仁饼不能用作单胃动物的饲料而只能做肥料，因而大大影响了植棉的经济效益和资源的浪费。含有棉酚的棉籽，虽可通过一定的工艺流程和化学处理，部分地去除棉酚及其衍生物等毒素的含量；但在加工过程中，会降低其营养品质，增加成本和环境污染。

棉籽中棉仁占50%～60%；棉仁中含40%～50%的蛋白质和30%～40%的脂肪，其蛋白质含量相当于稻米的6～7倍、小麦的4～5倍。棉仁蛋白质中含有丰富而组成较合理的各种氨基酸(40%以上)，尤其是富含人体所必需的赖氨酸及一定的维生素B、维生素E等。棉籽油含有70%左右的不饱和脂肪酸，尤其是亚油酸含量较高(50%以上)，对热的稳定性比芝麻油、花生油都好，是上等的食用油。为了充分利用这些宝贵资源，我国从20世纪70年代开始，引进、选育出一批低酚棉品种。所谓低酚棉是指棉株、尤其是棉仁中的棉酚含量在0.02％（我国标准）～0.04％（世界卫生组织标准）以下的棉花品种类型，也有称为无毒棉的。我国在湘、赣、冀、鲁、豫、新等省、自治区先后大面积推广的有中棉所13、18，冀棉27，鲁棉12，晋棉12，浙棉10，湘棉18，辽棉12，新陆中6号，新陆早15等低酚棉。我国是世界上种植低酚棉最多的国家。

低酚棉的枝叶和棉籽榨油后的棉仁饼，无须精炼，便可直接饲用；棉仁饼可制作食品、保健品和饮料，还可用做酿造业和生物制药业的原料；棉籽壳因不含残毒，也是食用菌的优质培养基。这样，棉花便可成为粮、棉、油三位一体的作物。我国年产棉籽近900万吨，除留种（约占5％）外，至少还有近800万吨，如将其开发利用，可生产出近400万吨棉仁粉，榨出约100万吨棉籽油；用做饲料时，相当于170万吨玉米。而其饲用效果也好。如浙江金华农校（1986）在饲料中以20％～25％的低酚棉棉仁粉代替大豆饼喂猪，其增重效果、耗料数、料肉比等与用大豆饼喂养无多大差异；但用低酚棉仁粉的，活重每增加1千克，可减少饲料费0.12元，每头猪（以85千克算）可节省饲料费10.2元。河北农业大学以20％的低酚棉籽饼配合其他饲料喂养来航鸡，比喂由市场出售的标准饲料的鸡60天活重增加16.1％。华北制药厂用低酚棉蛋白粉作为蛋白源，配制抗生素的培养基，其效果好于大豆、花生蛋白源。可见，如将这一资源开发利用，便可大大提高植棉的经济效益。

9. 种植彩色棉有什么作用？

现在，人们种植的棉花品种，其纤维大多为白色。为了满足不同人群穿着的需要，常将白色纤维染色后，纺织成各种色彩的纱、布，制作成服装，供市场需要。白色纤维在漂染加工过程中，会残留有较多的偶氮染料、五氯苯酚、甲醛、荧光增白剂、重金属和合成染色剂等对人类有害的物质。而天然彩色棉是一种纤维本身具有某种自然色彩的特殊类型。用它纺织、制作的服装有穿着舒适、经济价值高等特点，是名副其实的人类第二肌肤，被誉为 21 世纪国际市场最具潜力的生态纺织品。

选用彩色棉，可使棉纺织工业走上品种类型和用途多元化的综合发展道路。尤其是在某些国家对我国纺织品、服装出口屡加设限的情况下，我国的纺织工业不能只靠简单的数量增长和打价格战谋求发展，而必须通过产品结构调整和升级，提高产品档次和附加值。生产彩色棉，加工成质优、价优的服装用于出口，提高棉产经济的安全性，有利于我国参与国际市场的竞争。同时，在纺织过程中，既避免了化学漂染工序，节约用水量，减少污水排放，也有利于降低能耗、节约成本，减少环境污染。

美国、秘鲁、墨西哥、澳大利亚、以色列和印度等国先后开展了彩色棉的选育。我国从 20 世纪末也开始了彩色棉的选育和应用。近年已选育出棕色纤维的棕絮 1 号、湘彩棉 2 号、新彩棉 1 号；绿色纤维的绿絮 1 号，新彩棉 3 号、4 号，湘彩棉 1 号等，在新、甘、川、湘、豫等省、自治区推广。但目前所选育出的彩色棉，其丰产性和纤维品质尚不及白色棉品种，且色泽也不够稳定，织物的色泽也不够理想，在选用时应予注意。

10. 为什么要选用双低油菜品种？

油菜是我国和世界的主要油料作物之一，油菜籽的含油量达 30％～50％，其饼粕中的蛋白质含量在 40％以上，是优质的蛋白质资源和饲料。但过去种植的多数品种，其芥酸和亚麻酸含量高达 40％～50％，而油酸和亚油酸的含量低。食用芥酸含量高的菜籽油，常导致人类生长不良，心脏中因积存脂肪而诱发心脏和冠状动脉的一系列病变。亚麻酸虽为动物所必需的脂肪酸，但它是一种不饱和脂肪酸，很易氧化而酸败成氧化物，有某种特殊的气味，影响食味，因而降低了食用价值和营养价值。另外，这类油菜的种子中的硫代葡萄糖苷（芥子苷）的含量高达 100～150 微摩/克，榨油后仍残留在饼粕中。虽然它本身无毒，但在硫代葡萄糖苷酶或水解酶的作用下，会分解、生成异硫氰酸盐、噁唑烷硫酮和腈等有毒物质，不仅降低了饼粕的适口性，而且还会导致人、畜的甲状腺肿大、新陈代谢紊乱和肾、肝等重要器官的功能病变。

油菜籽在压榨过程中，经过高温，虽可使酶失去活性，减少有毒物质的产生；或用微生物发酵法脱毒。但采用这些方法，成本较高，脱毒也不彻底，还会引起蛋白质的损失。

为解决这一问题，从 20 世纪 60 年代开始，国内外便着手双低（芥酸含量低于 1％，硫代葡萄糖苷低于 30 微摩/克）品种的选育，并取得了较大进展。如我国在 1985 年审定的双低品种秦油 2 号，在区试中比对照增产 27.4％。甘肃省新近育成的甘蓝型品种，芥酸含量为 0.35％，硫代葡萄糖苷为 27 微摩/克，已在甘、内蒙古、晋、新等省、自治区大面积推广。华中农业大学育成的双低杂交种华杂 3 号，芥酸含量为 1％左右，油酸、亚油酸含量增加 3 倍，硫代葡萄糖苷含量为 23.14～31.67 微摩/克，产量比双高品种中油 821 增产 7％，比双低常规品系 950 增产 15％。

11. 生育期较短的早熟品种，在生产上有什么积极作用？

品种的早熟性关系到作物种植面积的扩大、耕作改制特别是多熟制的推行和对不良环境条件的抗逆性。其具体作用有以下三个方面。

(1)可扩大作物栽培的范围和种植面积　新中国成立后，我国先后引进和选育了一批早熟、耐寒的粳稻品种，使我国水稻栽培地区逐步向北扩展，甚至连北纬 53°27′的爱珲、漠河地区也成了高产稻区。由于生育期仅有 80～90 天的东农 36 超早熟大豆品种的育成，使我国大豆的栽培地区向北推移了 100 千米以上，改变了这些地区的农业生产结构。

(2)可促进耕作制度的改革和复种指数的提高　选用早熟品种并合理搭配时，可顺利地进行耕作改制。如江苏省苏州地区过去在推行双三制(双季稻加一季麦类)时，麦类采用了比小麦早熟的元麦(大麦)，早稻选用了早熟的广陆矮 4 号，晚稻选用了早熟的农垦 5 号，保证了季季丰收，全年总产量稳定提高。

黄淮平原为我国的主要粮、棉产区，但在北纬 34°以北的广大地区，过去主要是一年一熟制，光能利用率仅为 0.1%～0.2%，粮、棉争地的矛盾突出。自 20 世纪 70 年代后，育成了一批短季棉品种，如中棉所 10、中棉所 16、豫棉 19、冀棉 21 等，并搭配早熟的小麦品种，麦、棉两熟制得到迅速发展。目前，河南、山东的两熟棉田分别达 80%以上和 50%左右，单位面积产值比一季棉田可增加 20%～25%。

(3)可避免或减轻病、虫等自然灾害的影响　如早熟的小麦品种在华北地区可避开锈病流行的高峰，减轻叶锈病、秆锈病和干热风及高温逼熟的危害。黑龙江省过去常受低温、冷害影响，每年损失粮食30多亿千克，后来，由于选用了一批早熟、高产的玉米、高粱、水稻、大豆良种，避开了低温、早霜的危害，保证了丰产丰收。浙江省选用早熟晚稻品种，不仅有利于品种搭配，减少专用秧田的面积，还可避免后期的低温危害。早熟的马铃薯品种，可避开晚疫病的危害。据调查，生育期短的无蜜腺的棉花品种，其植株上的红铃虫数量比生育期长的无蜜腺品种低24倍，比生育期长的有蜜腺品种低390倍。另外，选用早熟品种，还有利于农业生产结构的调整。

12. 为什么要选用抗病虫害的品种？

农作物常受病、虫的危害，尽管人们采取各种方法与之进行了不懈的斗争，但病、虫害对农业生产造成的损失，还是十分严重的。据估计：我国每年因病虫危害所损失的粮食，约占总产量的10%，占棉花总产量的12%～15%。国家和农民每年所投入的防治费近10亿元。施用农药不仅对某些病虫害的防治效果不佳，而且还增加生产成本，导致环境污染，非防治对象生物被毁，生态系统受到破坏。另外，某些病菌、虫瘿混入食物中，会严重影响人、畜的健康，如小麦腥黑穗病菌孢子中含有三甲胺，当面粉中三甲胺含量超过0.6%时，可引起人、畜中毒或致癌。所以，要减轻病虫害对农业生产的影响，人们寄希望于抗病虫害品种的选用，把抗病虫害品种作为20世纪60年代以来建立的有害生物综合防治体系的重要基础。

实践表明：选用抗病虫害的农作物品种，是防治病虫害最简便、经济、有效而无副作用的方法。我国广大冬麦区，自20世纪50年代以后，经过5次抗锈小麦品种的更换，有效地控制了小麦锈病的发生与危害。过去被人们认为是棉花“不治之症”的枯萎病、黄萎病，自20世纪70年代以来，先后育成并推广了一批抗枯萎病品种，基本上控制了枯萎病的危害。据计算，通过推广主要农作物的抗病（稻瘟病，小麦锈病，玉米大小斑病，棉花枯萎病、黄萎病）品种，全国每年可挽回粮食损失 225 亿千克，占总产量的 6%；减少棉花损失 4 亿千克，占总产量的 10%左右。

近年来，选育、推广转基因抗虫棉，其效果也十分显著。如栽种抗虫棉中棉所 30 时，其植株顶尖和蕾铃被害率比常规品种中棉所 16 分别减轻 31.2%和 22.6%；在 1996～1997 年黄河流域棉区的生产试验中，在少治虫或不治虫的情况下，它比对照平均增产皮棉 44.1%；在常规治虫下，增产皮棉 16.6%。该品种在生育期间，可减少用药量 60%～80%。据统计，近年来由于推广转基因抗虫棉，全国减少农药用量 1 万～1.5 万吨。可见，选用抗病虫品种是防治病虫危害，保证丰产、丰收的有效手段。尤其是对流行性强的气传病害，如稻瘟病、小麦锈病、白粉病，玉米大斑病、小斑病，烟草白粉病，红麻炭疽病等；对顽强的土传病害，如棉花枯萎病、黄萎病，多种作物的萎蔫病、根线虫病，烟草黑胫病等；用其他方法难以防治的病害，如小麦、水稻、谷子、烟草的病毒病和某些害虫时，必须采用抗病虫品种。

13. 选育农作物新品种的常用方法有哪些？

为了适应农业生产持续发展的需要和人民生活日益增长的需求，应重视不断地改良现有的农作物品种，培育新品种。其常用的方法如下。

(1)选择育种法　这主要是从现有品种群体中选择优良的自然变异类型，通过后裔鉴定，汰劣留优，培育出新品种。这是最古老的，也是最简单、有效和易为群众所掌握的方法。

(2)杂交育种法　用遗传性不同的亲本杂交，将分属于不同亲本品种的、控制不同性状的优良基因随机结合后，形成各种不同基因组合的杂种后代；通过对这些杂种后代的培育和选择，育成集双亲优点于一体的新品种。也可将双亲中控制同一性状的不同微效基因积聚于一个杂种个体，而培育出在某一性状上超过亲本的新品种。这是国内外广泛应用并卓有成效的育种方法。

(3)回交育种法 是指把 2 个品种杂交后，以其 F_1 与亲本之一再杂交若干次，经自交和选择而育成新品种的方法。当某一优良品种的综合性状较好，但仍有某一、二个缺点时，通过回交育种法，可将另一亲本相应的有利性状转育到综合性状优良的品种中去，使该品种性状更加完善。

(4)杂种优势利用 将 2 个或几个遗传性不同的亲本杂交所产生的杂种，主要是杂种第一代(F_1)。它具有明显的优势，不仅可以提高产量，改进品质，而且还可提高抗逆性和适应性。如玉米、高粱、水稻的杂交种，已广泛利用于生产，获得了显著的经济效益，是现代育种工作中的突出成就之一。

除上述常用的方法外，还有利用理、化因素诱发植物遗传性变异的后代，根据育种目标，对变异后代再加工，选育出新品种或新类型的诱变育种法；利用人工方法诱发植物染色体数目加倍或减半后的倍性育种法；通过不同种、属植物间的杂交，进行遗传物质的交流和渐渗，打破种(属)间的界限，创造出全新物种、类型或品种的远缘杂交法。

随着现代科学技术的发展，育种方法和技术也不断创新。近 20 年来，细胞培养、组织培养、原生质体培养、体细胞杂交、基因工程等生物技术在品种改良中，越来越显示出其独特的作用，已成为品种改良的主要途径和方法。

14. 什么叫引种？它对农业生产有何作用？

凡将外地或外国的植物、作物、品种（品系、类型）或种质资源引到当地，经过简单试验比较后，直接用于生产或作为育种材料应用的方法，称为引种。它是简单、易行、迅速有效地改良品种的方法，常为生产者和育种者所采用。

农业生产发展的历史证明：现今世界各地广泛种植的各种作物品种和类型，最初都是由野生植物经过人工引种、驯化变为栽培作物的；并通过相互引种，不断加以改进，而逐步发展起来的。也就是说，新作物、新品种都是先在个别的原产地区种植，然后通过引种，逐步传播、扩散到广大地区的。现代世界上不少重要的大田作物、果树、蔬菜、花卉、林木和药材等的品种，都起源于我国，然后被引到国外栽培的。同时，我国也从国外引进了许多作物或品种，丰富了我国的植物资源，促进了农业生产的发展。

我国农业生产的历史虽然悠久，但原先栽种的作物种类也不多。如在 1 500 多年前，黄河流域只有黍、稷、稻、麦、菽五谷。而目前作为主要粮食作物的玉米，是 400 多年前从南美洲引进的。甘薯和马铃薯原产于中美洲和南美洲，是分别于 16 世纪和 19 世纪引进我国后，先后传播到江南、华北、东北各地，成为主要农作物。

20 世纪以来，我国从国外引进了不少作物新品种，对促进我国农业生产的持续发展起了巨大的作用。如先后多次引进产量高、品质好的陆地棉品种，逐步取代了在我国长期栽培的中棉和草棉，促进了我国植棉业和纺织工业的发展。20 世纪 50 年代引进的岱字棉 15 和 90 年代引进的转基因抗虫棉新棉 33B，都曾成为我国年种植面积最大的品种。先后从意大利引进的南大 2419、矮立多、阿夫、阿勃等小麦品种，都曾成为我国主要麦区的主体品种。

我国不同地区间的相互引种，如矮脚南特、广陆矮 4 号、珍珠矮、桂朝 2 号等水稻早、中熟品种，曾从广东省大量引向桂、闽、湘、鄂、川、贵、滇、赣、浙、苏、沪、皖等省、自治区及河南安阳、陕西汉中等地区，一般比当地品种增产 20%～30%，有的高达 50%。陕西育成的碧蚂 1 号小麦曾引到甘、豫、鲁、冀、皖、苏等省及晋南等地种植，比当地品种增产 20%～50%。可见，引进外地良种，在发展农业生产中，是投资少、见效快、作用大的措施之一。

引进外地品种，不仅可直接用于生产，还可丰富种质资源，促进育种工作的发展。如我国利用国际水稻所育成的 IR 系列品种及其衍生系为恢复系，是我国杂交水稻获得成功的重要因素之一；转基因抗虫棉的引进，极大地促进了我国抗虫棉的选育工作。

15. 什么叫感光性和感温性？对引种工作有何意义？

植物在长期的生长、发育过程中，所形成的对光照长短和温度高低的反应能力，分别叫感光性和感温性。感光性强的植物或品种，在延长或缩短每日光照下，会加快或延缓其生长、发育速度；而感光性弱的品种，则受影响较小。感温性强的植物或品种，当温度提高时，可显著地加快其生长、发育，而提早开花、结实、成熟；而感温性弱的品种，温度升高对其发育影响较小。

作物的个体发育是分阶段进行的，不同发育阶段所要求的主导因素不同，如不能满足其要求，会延迟发育甚至不能进入下一个发育阶段；如能满足其要求，则生育加快。目前研究得比较清楚并与农业生产关系较密切的是春化阶段(感温性)和光照阶段(感光性)。由于各种作物或品种通过春化阶段所需温度及持续时间不同,可分为低温作物如小麦、大麦、油菜等和喜温作物如水稻、玉米、棉花、大豆、谷子等。前者在生育前期必须有一定的低温,才能通过春化阶段;而后者只有在较高的温度下,才能顺利完成春化阶段。只有春化阶段结束后,才能进入光照阶段。根据作物通过光照阶段时对光照要求的不同,可分为长日照作物如大麦、小麦、油菜、蚕豆、豌豆等,短日照作物如水稻、玉米、高粱、谷子、棉花、大豆、烟草等。在保证能正常生长的前提下,长日照作物在光照阶段要求每日的光照不少于12小时。光照时数越长,其发育进行得越快;反之,则发育延迟。而短日照作物则每日的光照时间越短,通过光照阶段越快;反之,则会延迟发育。

同一作物的不同类型或品种,由于在原产地的生育过程中所遇到的温、光条件不同,对温、光反应的敏感程度也会不一样。如早稻、中稻的发育是在长日照或光照日渐增长的条件下进行的,所以感光性弱;而晚稻是在日照较短或光照日渐缩短的条件下完成发育的,所以感光性强。水稻的感温性虽差别不太大,晚稻一般比早稻、中稻较强,而早稻又强于中稻。我国种植的小麦品种,依其对温度的要求,自南向北依次分为春性品种、弱冬性品种、冬性品种和强冬性品种。

植物个体发育过程中的感温性和感光性及其对温、光条件的要求,反映了本身的遗传性。掌握植物个体发育的规律及其所需的条件,对搞好引种工作是非常必要的。20世纪50年代,广东省某地从北方引进冬小麦品种,结果只分蘖不抽穗,颗粒无收;河北省唐山市从河南省引进蚰子麦,冬天全被冻死;湖南、湖北省从东北地区引进青森5号粳稻品种,在秧田里便开始幼穗分化甚至抽穗,产量大减。20世纪60年代,将广东省的矮秆水稻品种引到长江流域各省及南麻北种栽培等获得成功。以上事实从正、反两方面说明:了解作物、品种的个体发育及其对温、光反应的特性,对引种的成败具有重要的指导作用。

16. 我国冬小麦品种南北引种时,其表现如何? 其原因是什么?

生产实践表明:在一定的自然环境和栽培条件下所形成的小麦品种,都具有与其原产地相适应的特性。特别是对于冬季的低温、春季的日照长短不同、雨水多少有着强烈的反应。我国冬小麦在春化阶段对温度的要求不同而分为不同的类型,如在浙江省温州以南(1月份平均等温线为4℃以南)的品种多为春性;淮河以北(1月份平均等温线为0℃以北)的品种多为冬性;介于两地区之间的多为半冬性或弱冬性。北方冬麦区是我国冬小麦的北部边缘地带(除新疆外),包括河北省长城以南的冀东北平原,京、津地区,山西省的中部和东南部,陕西省渭北高原和延安地区,甘肃省陇东大部分地区以及辽宁省辽东半岛南部和山东省胶东半岛。该小麦区冬季严寒,雨雪少,日照比较充足。冬小麦品种为冬性或强冬性,抗寒能力强,在苗期要求通过一定的低温阶段和春季比较长的日照,才能拔节抽穗。如果把这些地区的冬小麦品种向南引种,由于南方冬季温度不是很低,不能满足所需要的持续低温,致使强冬性和冬性小麦不能通过春化阶段,半冬性或弱冬性小麦即使能勉强通过春化阶段,但在南方的短日照条件下,光照阶段延长,因而会延迟拔节、抽穗和成熟。引种到更南的地方,在温暖的气候条件下,分蘖很多,但迟迟不能拔节,以至难以抽穗，感染锈病严重。相反，把南方春性或弱冬性的小麦品种引到北方冬麦区种植，则因北方冬季严寒，常常不能安全越冬。如果作为春麦栽培，春化阶段可以通过，但因北方日照长，光照阶段很快完成，因此表现早熟而产量低。

在冬小麦引种时，根据一般经验，凡是从纬度、海拔高度、气候条件相近，特别是1月份平均温度近似的地区间相互引种较易获得成功。在北方冬麦区内，河北中部长城以南地区、山西中部和东南部、陕西渭北高原区、甘肃陇东北部地区之间互相引种较易获得成功。在黄淮平原冬麦区内，如河北中南部，山西南部，陕西关中平原，甘肃陇东中南地区，河南、安徽、江苏的淮河以北地区之间互相引种，较易获得成功。在长江中下游冬麦区，陕西汉中盆地，鄂、豫、皖、苏等省的淮河以南地区之间相互引种，均易获得成功。

综上所述，我国北方强冬性、冬性品种只能南北短距离引种。由北向南引种时，因为冬春温度高、日照短，度过春化和光照阶段比较慢，表现晚熟，在华南地区甚至不能抽穗。由南向北引种时，因为冬春温度低、日照长，度过春化和光照阶段比较快，表现早熟；如再往更北地区引种时，冬季不能安全越冬。据研究，我国冬小麦南北引种时，纬度每相差1度，小麦生育期会提早或延迟6天。

可见，引种时，必须对拟引种地区的生态条件、品种的生态类型及其特点有全面具体的了解，经过比较，做出正确的选择，才易获得成功。

17. 我国春性小麦品种南北远距离引种时，其表现如何？其原因是什么？

我国北方春麦区小麦、冬麦区春种小麦和南方秋播春性小麦均属春性小麦，其春化阶段短，通过春化阶段所要求的温度范围较宽，适应性强，引种的范围也较宽。如从意大利引进的南大2419、阿夫、阿勃等小麦品种，在长江流域、黄淮平原、西北春麦区和西南高原大面积推广种植，均表现很好。墨西哥育成的春性小麦品种，引种到亚、非、拉的20～30个国家，种植面积达0.4亿公顷，增产效果显著。由于墨西哥春小麦是在日照短和高原、平原两地、两季交替种植的条件下选育的，对日照反应很迟钝，所以，我国从南至北纬50°，南北跨越数千里，都可以种植。

我国春性小麦南北引种时，因品种的感温性和对光照的反应不同，而表现也不同。感温性强、光照反应迟钝的春性品种，引到南方秋种，因南方温度高，而生育期提早；引到北方春种，因北方温度低，而生育期延迟。感温性弱、光照反应敏感的春性品种，引到南方秋种，因南方日照短，而生育期延迟；在北方春种，因北方日照长，而生育期提早。感温性弱、光照反应迟钝的春性品种，引到南方和北方种植，其生育期基本一样，这样的春性品种适应性广，引种的地区范围大。而我国东北地区的春麦品种，因原产地日照长，所以对日照长度反应敏感，如果引至福建沿海一带种植，则会发育延迟。

18. 水稻异地引种时，其性状有什么变化？其原因是什么？

水稻为高温、短日照作物，将南方的品种北引后，因北方的日照长、气温低，其生育期会延长，抽穗期推迟，植株形状也有变化。但变化的程度，因品种的熟期不同而异。如早稻品种北引后，因生育期延长，植株相对增高，穗增大，粒增重，病害相对较少。广东早稻的早、中熟品种，引到长江以南地区时，生育期稍有延长，分别作为中熟或迟熟的早稻和中稻栽培时，能获得高产。晚稻品种的感光性强，北引后遇到长日照和低温，其生育期大大延长，抽穗晚甚至不能抽穗；即使能抽穗，也因低温而影响灌浆、结实。如广东晚稻的中、迟熟品种，引到韶关以北及浙江时，抽穗延迟；引到长沙、南京时，只抽穗不能成熟；引到京、津时，不能抽穗。上海松江的晚粳稻品种引到淮北地区时，不能成熟；引到北京时，能勉强抽穗但不能结实。所以，南种北引时，应选择早稻的早熟或中、迟熟品种，才易获得成功。

北方品种南引后，遇到短日照高温，常会提早抽穗，缩短生育期。另外，因南方昼夜温差小，夜间高温使呼吸作用加强，植株体内的养分消耗增多，积累减少。因此，东北、华北的粳稻引到华中、华南时，普遍表现早熟，植株变矮，分蘖减少，穗短，粒少，粒轻；但如采用早播种、早追肥、合理密植等措施时，也能获得高产 。辽南品种引到北京，可作麦茬插秧稻；吉林、黑龙江的品种可在北京作麦茬直播用。北种南引后，虽生育期有所缩短，经济性状会有降低。但因北方品种长期生长在长日照、春季低温、夏季高温的条件下，对温度的反应敏感，而对日照钝感或无感，可引到长江流域作早稻种植。

同纬度不同海拔间相互引种时，虽纬度相近的地区，日照等气候条件相近，但海拔不同，气温也有差异。一般海拔每升高 100 米，相当于纬度增加 1 度，日平均气温约降低 0.6℃。所以，海拔越高，气温越低。一般将原产高海拔地区的品种，引到低海拔时，植株会比原产地高大、繁茂，生育期缩短，故宜引用迟熟品种。相反，原产低海拔地区的品种，引向高海拔地区种植时，植株会变矮小，生育期延长，故宜引用早熟品种。

19. 玉米异地引种时，其性状会有什么变化？其原因是什么？

玉米的适应性广，异地引种较易获得成功。如解放前，山西从美国引进的金皇后品种，比当地品种增产 20%～30%；解放后，曾推广到 19 个省、市、自治区，年种植面积达到 66.67 万公顷以上，在生产上发挥过很好的作用。辽宁的辽东白品种，曾先后引到陕、甘、皖、浙、川、滇等省。河北北部的白马牙品种引到广西等 10 个省、市、自治区均表现很好。

北方玉米品种引到南方栽培时，一般表现为生育期缩短，株、穗、粒均变小。如辽宁的英粒子品种，过去在北京(北纬 39°57′)种植时，其生育期为 116 天，株高 204 厘米，每 667 平方米产量 258.7 千克；而在云南的元江(北纬 23°30′)种植时，生育期为 86 天，株高 193 厘米，每 667 平方米产量 241.1 千克。又如金皇后品种，在北京、唐山一带种植时，果穗长度一般为18～20 厘米，千粒重为 300～320 克；向南引到南京、盐城、上海一带时，果穗长度一般为 16～18 厘米，千粒重为 230～250 克。曹镇北(1983)研究指出：同一玉米品种，在海拔相近的条件下，向南移 1 个纬度，生育期一般会缩短2～3 天，株高降低 2%～3%，穗位降低 3%左右，果穗变小，千粒重降低 2%～4%，产量降低 5.5%。这主要是由于玉米是喜温、短日照作物，在纬度较低的南方，气温高、日照短，容易满足玉米生长发育过程中对温、光的需要，能较快地完成其阶段发育，提早成熟。南种北引时，一般不能适应，表现出幼苗矮小，发育延迟，雌、雄开花期间隔长，植株虽高大，但晚熟甚至不能抽穗；或果穗小、黑粉病重，产量低。如黑龙江省曾从辽宁省引进英粒子品种在哈尔滨、绥化地区种植，因生育期延长而不能成熟。实践表明:我国东北、华北地区的品种引到南方或西北地区栽培时,表现较好。尤其是北方的春播品种引到南方做夏播时,效果更好。高海拔地区的品种引到低海拔时,其性状变化的趋势与北种南引相似。

20. 为什么美国的陆地棉品种引种到我国栽培,一般表现较好?

我国从 1865 年开始引种陆地棉以来,曾先后较大规模地从国外引进品种有 100 多次,对我国棉花生产有很大的促进作用。其中从美国引种最为成功。如早在 1898 年湖广总督张之洞首次从美国引进陆地棉品种,在湖北种植成功后,20 世纪先后从美国引进金字棉、脱字棉、隆字棉、斯字棉、爱字棉、德字棉、福字棉、珂字棉、岱字棉,分别在南北棉区种植,表现较好。如 20 世纪 50 年代引进的岱字棉 15 号,在1950~1953 年的长江流域棉区的区域试验中,比我国自育品种增产 14.6%。因其产量高、品质好、适应性广,曾推广于南北广大棉区。1960 年种植面积便占我国当年棉田的 84.1%,是迄今我国种植面积最大的一个品种。90 年代引进的转基因抗虫棉新棉 33B 等,不仅减轻了棉铃虫的危害、损失,也促进了我国抗虫棉选育工作的开展。

为什么从美国引进的棉花品种,在我国主要棉区种植,较能适应、表现较好呢? 首先是由于棉花为常异花授粉作物,品种的遗传基础丰富、适应性较强,是比较容易引种驯化的作物。其次是遵循了引种工作的"气候相似理论"。尽管我国和美国在地理上相隔遥远,但两国主要棉区的气候、土壤等生态条件,基本上是相似的(表 1),所以,从美国引进的品种在我国主要棉区种植,一般均能适应,表现较好。这正如欧洲地中海沿岸影响小麦生长发育的气候条件，大致与我国长江流域相似，所以，从意大利引进的小麦品种都能适应一样。

表1　中美两国主要棉区生态条件比较　(汪若海，1987)

地　区	纬　度	无霜期（天）	年降水量（毫米）	年平均温度(℃)	7月平均温度(℃)	土　壤
中国的长江、黄河流域棉区	北纬 27°～40°	180～260	500～1200	11～15	26以上	冲积土为主
美国的主要植棉带	北纬 25°～37°	200～260	700～1250	15以上	26～29	冲积土为主

21. 为什么我国常有南麻北种的做法？

在我国，南麻北种能显著增加纤维产量。如广东省的D154圆果种黄麻引到浙江省，比当地的圆果种品种增产7%～40%；粤圆1号、2号引到江苏省海门地区，收获时，其株高比当地品种高20～28厘米，纤维产量高11%～26%。浙江省的新丰青皮、高雄青皮、白莲芝等黄麻品种，引到河北、山东等省种植，收获时株高比当地品种高65～89厘米，纤维产量高39%～81%。两广的马德拉斯红茎洋麻引到华北，比当地良种华农1号的纤维产量提高15%，并且抗炭疽病。河南省的固始魁麻引到河北、山东省种植，收获时株高比当地品种高11～30厘米，纤维产量提高13%～25%；引到黑龙江省比当地品种增产26%～79%。安徽省六安的寒麻引到黑龙江省种植，比当地良种增产49%～67%。吉林省临江大麻引到哈尔滨种植，纤维产量比当地品种增产30%～37%。可见，南麻北种，有明显的增产效果。这是因为上述麻类作物在生长发育过程中，都喜欢高温、短日照。在其生育期间，如延长日照或降低温度，则不利于其发育和生殖生长，将延迟开花，积累的物质大大增加；并由于生殖生长受到一定的限制，植株体内大部分营养物质都用于营养生长，因而植株高大，麻皮厚、纤维产量显著增长。

南麻北种时，如要在引种地区获得较高的种子产量，则对引种的距离有一定的限度。黄麻不应超过 5 个纬度，以 2～5 度为宜。大麻、苘麻不要超过 8～9 个纬度。根据现有资料，可供参考的适宜引种的范围是：吉林、辽宁省可从山东、河北省引种苘麻；河北、山东省可从安徽省、江苏省引种苘麻。河北、山东、山西省可从河南、安徽引种大麻；辽宁省可从山东省，黑龙江省可从辽宁、吉林省引种大麻。长江流域以北地区种植黄麻时，可从浙江、江西省引种；浙江、江西、湖南省则可从华南地区引种黄麻。

22. 在引种时，为什么要严格执行检疫制度？

在引种工作中，如不认真执行种子检疫制度，则会导致本地原来没有的病虫害及杂草随种子的引入而传播、蔓延，给生产带来威胁。新中国建立前，由于没有建立完善的检疫制度，1934 年从美国引进陆地棉品种时，带来了我国原来没有的枯萎病、黄萎病和红铃虫，至今仍在很多地区蔓延，给我国棉花生产造成重大损失。1937 年，随日本侵略军马料等物质传入的蚕豆象、甘薯黑斑病，至今时有发生，严重影响农作物产量；如将受害作物用做饲料时，会使牲畜中毒致死。四川省从广东省引进甘蔗时，把多种蔗螟带到四川。20 世纪 50 年代末，水稻白叶枯病只在华南、华中少数地区发生，后因矮秆品种的扩大推广，而将它传入到南方各省及北方稻区。这些都是在引种时，没有严格执行检疫所带来的后果 。

为了引种工作的安全有效，必须严格执行检疫制度。新引进的材料应先种植在特设的检疫圃中，加以隔离。如发现有新的病虫害和杂草，应将全部材料销毁。

23. 引进外地品种时，为什么要经过试验和不断选择？

对新引进的品种，经检疫并隔离种植合格后，在大量调进种子前，还应进行多点的比较试验或试种，以了解新引进品种对本地自然生态和耕作栽培条件的反应；了解新引进品种在当地条件下的性状表现和生产潜力，以明确其有无推广价值。与此同时，还应进行栽培试验，以便摸索和总结出能满足新引进品种生长、发育需要的条件，能充分发挥其生产潜力的栽培措施，做到良种良法一起推广，以达到增产、增收的目的。

另外，新引进的品种在试种、推广中，由于生态条件的改变，常会发生变异。因此，可采用单株选择法从中选出优良的变异单株(穗)，继续培育出新品种。如我国从引进的农垦 58 等水稻品种，阿夫、阿勃等小麦品种和岱字棉 15 等棉花品种中，都选出了各方面表现良好的新品种，在生产中应用。同时，新引进的品种在繁殖、推广过程中，也应进行混合选择，去杂去劣，以保持原品种的典型性和纯度，防止混杂、退化。

24. 为什么能从现有的推广品种中选育出新品种来？

一个新品种在推广种植初期，其群体中各个体所表现出的生物学性状和经济性状，如植株形状、茎秆高矮、叶片大小、成熟早晚、穗粒或棉铃性状、抗病性等，一般都是整齐一致而稳定的，这是各品种所特有的遗传性。但是，一个品种在种植过程中，常会不断出现新类型，即产生自然变异。如有些杂交育成的品种，尤其是复合杂交育成的品种，在推广过程中，还会出现性状的继续分离。有不少经济性状常受许多基因控制，其遗传性极为复杂，而它们往往也易受环境条件的影响，在选育时，很难确定其纯合程度。同时，一个杂交育成的品种，不管自交多少代，从外表上看似乎是纯合了，但其群体中总还残留有一定比例的杂合基因个体，即剩余变异。它们在育种过程中，由于生态条件的限制，不一定全都表现出来。当被推广后，由于栽培地区的扩大，在复杂、多样的生态条件下，可能有的条件与这些剩余的杂合基因型相适应而表现出来，形成了新的类型。

基因的自然突变频率虽然很低，但也仍然存在。如从长果枝的岱字棉 15 中选出的短果枝鸭棚棉；从高秆的南特号水稻品种中选出的矮脚南特，都是基因突变的结果。

此外，天然杂交后代的性状分离和自然条件、栽培条件影响所引起的性状变异，也是常见的。

由于上述原因，常会引起品种群体的遗传性变异。使原来是纯合的品种，变为一个混杂的群体。如邝立民等曾在广东省推广的红谷和齐眉等水稻品种中发现，每个品种中都有 30 多个变异类型。品种遗传性的变异，是从中选育出新品种的基础和源泉，因为它为选择提供了丰富多彩的材料。人们从这些变异材料中，选择符合要求的材料，通过后代鉴定和再选择，便可使优良的变异得到巩固和发展而成为新品种。如我国各地从水稻农家品种鄱阳早中，选出了南特号(1934)，从南特号中选出了南特 16(1943)，从南特 16 中选出了矮脚南特(1956)，从矮脚南特中选出了南早 1 号(1962)，从南早 1 号中又选出了南早 33 和 34(1971)等一系列品种。江苏省徐州农业科学研究所从引进的斯字棉 2B 中选出了徐州 209 (1955)，从徐州 209 中选出了徐州 1818(1961)，从徐州 1818

中选出了徐州 58(1971),从徐州 58 中选出了徐州 142(1973),又从中选出了徐州 142 无絮等品种。可见,从现有品种中可以不断选出新的品种来。

25. 怎样从现有品种中选出新品种?

根据育种目标,采用单株选择或混合选择等方法,从现有品种群体中,选出优良的自然变异个体(单株、单穗、单铃、单荚等),经后代鉴定,汰劣留优,便可培育出新品种。人们常将这一方法称为选择育种法。如果采用单株选择法时,因所育成的新品种是由自然变异中的一个个体发展而来,故又称系统育种法。自花授粉作物采用此法改良时,称为纯系育种法。这是改良和提高现有品种最简易、有效的方法。在我国水稻、小麦、棉花等作物的早期品种改良中,曾广泛应用这一方法。如在 20 世纪 50 年代,我国用这一方法选育的水稻、小麦和棉花新品种,分别占所育成品种的 61.2%、19.6% 和 74.4%。该法的主要工作内容和程序如下。

(1)选择优良的变异单株 在大田、丰产田或留种田中,根据育种目标和选择标准,选择优良的自然变异个体,分别收获,经室内考种后,淘汰不合要求的个体,对入选优株(穗、铃等)分别编号、脱粒和保存。

(2)株(穗、铃)行(系)鉴定 将上年入选的单株(穗、铃)分株(穗、铃)行种植,每隔 9 行种 1 行原品种的原种做对照。在生育期间进行观察鉴定,严格选优。入选株行(系)分收,经室内考种淘汰后,当选株行(系)分别脱粒、分别贮藏,下一年继续进行鉴定。

(3)品系比较试验 上一年入选的株行(系),应继续进行比较试验,即在小区面积较大、有重复而且准确性更高的试验条件下，鉴定入选品系的特征、特性，从中选出1～2个明显超过对照的最优品系参加区域试验。

(4)区域试验和生产试验 在不同的自然、生态及栽培条件下，对新品系进行鉴定、比较，以评定其利用价值、适应性和适宜推广的地区。同时，还要在接近大田生产条件的较大面积上进行生产试验，以对新品种进行更客观的评价。

(5)品种审定和推广 在2～3年的区域试验和生产试验中，对表现优异的品种(系)，可报请有关品种审定委员会审定。审定通过后，便可繁殖推广。其具体程序如图1所示。

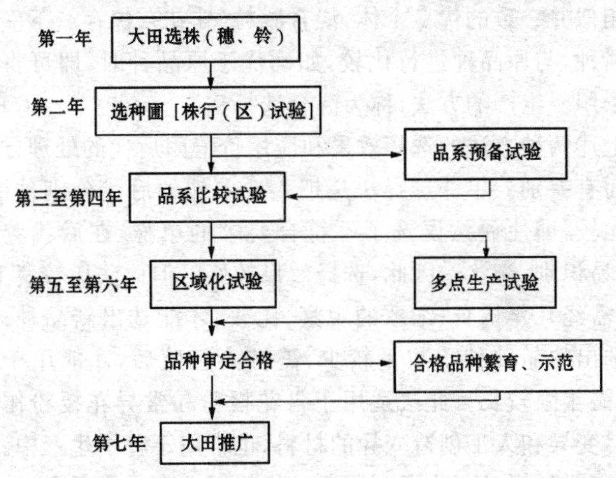

图1 选择育种的程序

26. 什么叫单株选择和混合选择？各有何优缺点及其应用范围？

单株选择法和混合选择法是育种和种子生产中最常用、最基本的选择方法。它们虽都是从选择个体(单株、单穗、单粒、单铃、单荚、单花等)开始,但对入选个体后代的处理方法是不同的。

单株选择法是将选出的优良个体,分别收获、脱粒(轧花)、编号、装袋,经室内考种、复选后,入选个体分别保存。下一年(或下一季)相邻分别种植成株(穗)行(系、小区),以原品种做对照。在生育期间,以每一单株后代为单位进行比较、鉴别,去劣留优,选出最优良的株行(系)。我国农民常用的"一株传"、"一穗传"等都是单株选择法。

在入选的优良个体中,将成熟期、株高、茎、叶、穗(铃)等性状相似并一致的优良个体,混合脱粒(轧花)、保存。下一年混合播种,与原品种进行比较,如确优于原品种时,即可将这些种子用于生产的方法,称为混合选择法。

上述两种方法的选择效果和应用价值因后代的处理方法不同而有差别。单株选择法是把入选单株的后代分别种植、鉴定比较,即使偶然误选了不符合要求的单株,在后代鉴定时,很易识别、淘汰。因此,选择效果较好。但此法比较费工、费时,需经几年认真、细致的观察、比较,才能选出新品种;而且新选出的品种种子数量较少,需扩大繁殖后,才能用于生产,所需年限较长。此法适用于自花授粉和常异花授粉作物的自然变异和人工创造变异的材料,也常用于种子生产中。

异花授粉作物,为了利用杂种优势而选育自交系时,也必须采用单株选择法。若选育直接用于生产的普通品种时,则效果小。因异花授粉作物,不论是自然变异或人工创造的变异材料,其遗传性都是杂合的;同时,单株选择时,只注意了母本的性状表现而无法控制父本,难以选出性状稳定的新品种。如将入选单株人工自交,便会导致自交衰退。所以,一般采用混合选择法。因通过混合选择所获得的群体,其性状和纯度比原始品种有所提高；同时，由于群体内各植株间还存在一定的遗传差异，能保持较高的生活力，避免近亲繁殖所引起的衰退。如玉米品种华农 1 号、野鸡红，白菜型油菜门油 1 号、3 号等都是用此法育成的。

混合选择法简便、省事，育成新品种所需的时间较短，但效果较差。因为混合选择所获得的后代，实际上是很多单株后代的混合体，其中包括在选择时因环境条件影响而偶然表现优异，但其本性并非优异的个体。对这些不良单株的后代，再进一步选择时，因已分散在全田中，很难全部被识别和彻底清除，因而会影响整个群体的优良程度。故其选择效果不如单株选择高。在品种提纯和原种生产中，常采用混合选择法，但所选单株必须是典型而优良的。单株选择法、混合选择法的程序如图 2，图 3 所示。

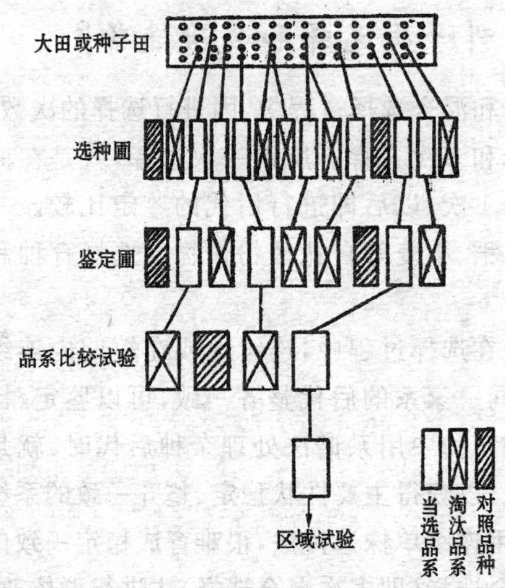

图 2　单株选择法的程序

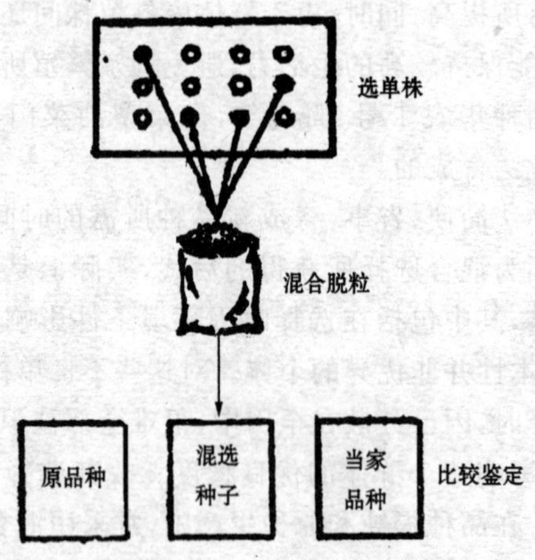

图3　混合选择法的程序

27. 什么叫一次选择和多次选择?

在单株选择和混合选择过程中,因进行选择的次数不同,而分为一次选择和多次选择。所谓一次选择,就是在同一选择过程中只选择1次,以后即进行后代的鉴定比较。一次单株选择常用于水稻、小麦等自花授粉作物的选择育种和良种繁育。

多次选择是在选择过程中,连续地或在短期内连续进行多次选择,直到同一家系的后代整齐一致,可以鉴定、比较时为止。如在杂交育种中用系谱法处理杂种后代时,就是采用多次单株选择法,以获得主要性状稳定、整齐一致的系统。但异花授粉作物,用连续单株选择法,很难育成稳定一致的高产系,而用连续混合选择(即多次混合选择)法进行群体改良时,就可选出相对一致的、综合性状有所提高的高产品种。

28. 什么叫集团选择或类型选择?

集团选择或类型选择是混合选择的另一种形式,也可以说是一种归类的混合选择,主要用于地方品种的改良。如当现有品种为一复杂群体,其中的类型多、又很难判断哪种类型更好时,便可按早熟类、晚熟类,矮秆类、高秆类,以及不同形状、色泽等的其他类型,分别选出单株,将性状类同的单株归为一个集团(类型),每个集团混合脱粒、种植。集团(类型)之间以及集团(类型)与原品种之间进行比较后,选出最好的集团(类型),育成新的品种(图 4)。

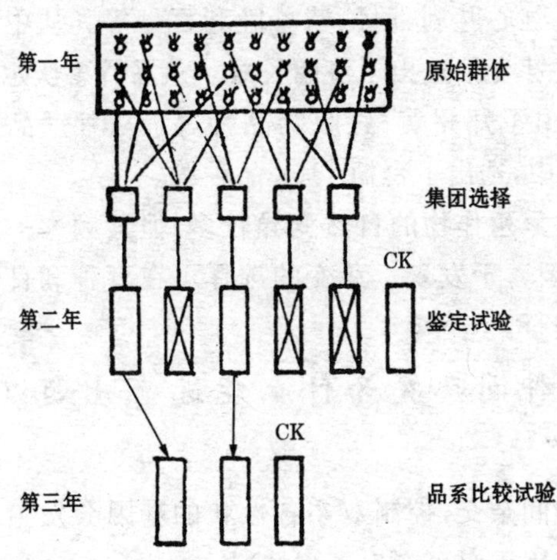

图 4　集团选择法的程序

采用该法,对某些特殊优异的单株,不能及时选出并单独繁殖,故定向选择的效果不高;应用于异花授粉作物的品种改良时,集团(类型)内可以自由传粉;但各集团间应隔离种植,以防止异花串粉。入选的优良集团繁殖时,还可从中继续选择。

29. 什么叫芽变？有何特点和作用？

无性繁殖作物的分生组织芽原基细胞内，常会发生自然变异，因传递这些变异的主要器官是芽条，所以称芽变。这是植物体细胞变异的一种形式。由芽变引起的性状变异，可表现在任何器官上，如甘薯的芽变后代，其叶脉、蔓色、顶叶色、薯皮色、薯肉色均会出现变异。甘蔗的芽变性状常出现在侧蘖色、节间条纹和茎秆硬度上。

有利的芽变一旦出现，通过选择即可用无性繁殖的方法把它们迅速稳定下来，培育成新品种。如从甘薯胜利百号的芽变中选出了红心胜利百号、紫蔓胜利百号等。从中蔓的华北 117 品种的芽变中选出了济南长蔓。从马铃薯沃尔巴品种的芽变中，选出了郑州黄、红眼窝品种等。从甘蔗品种台糖 108 中的芽变中，选出了台糖 1108 品种等。

虽然无性繁殖作物的自然变异较多，但其频率一般还是较低的，所以要善于发现。芽变的选择可在育种和良种繁育过程中结合进行。

30. 品种间杂交为什么能选育出超过双亲的新品种？

通过品种间杂交，控制双亲各性状的基因会发生分离和重新组合。基因重组可产生下列情况。

一是由于基因重组，在杂种后代中，会产生各亲本原有性状的新组合，从中可选出具有双亲各自优良性状的新品种。如用高产、感病的品种与低产、抗病的品种杂交后，其后代由于基因的重新组合，便可能选出高产、抗病的新品种，即聚集双亲分别具有的丰产、抗病的优良性状于一体。

二是杂种后代由于基因的重组和不同基因的相互作用或互补作用，可将分散在不同亲本中不同显性的互补基因相结合，产生双亲所没有的新的优良性状。如用两个感病的品种杂交，可选育抗病品种。如由感染棉花枯萎病的邢台 6871 和乌干达 4 号杂交，选育出抗枯萎病、耐黄萎病而丰产的棉花品种中棉所 12。

三是农作物的许多经济性状，多是由众多的微效基因所控制的。通过杂交，可将分散在不同亲本控制同一性状的各个微效基因，在后代中会很好地组配并积累，形成超亲现象，使其某一经济性状比双亲好。如一亲本的基因型为 aabbccDD，另一亲本的基因型为 aaBBCCdd，经杂交后，F_1 的基因型为 aaBbCcDd，自交后，可能分离出 aaBBCCDD 的类型。若显性基因是有利的，该类型的后代便比双亲好。如通过杂交，其后代可选出比早熟亲本更早熟的品种。

由于上述原因，品种间杂交历来是选育农作物新品种最常用、最有效的方法。

31. 进行杂交育种时，应如何选配亲本？

选配合适的亲本，是杂交育种成败的基础。一个优良的杂交组合，可同时选出许多新品种。如北方冬麦区曾在胜利麦×燕大 1817 的后代中，分别在北京市和河北、山西省选出了农大 183、农大 36、农大 311、农大 498、华北 187、华北 497、华北 672，北京 5 号、6 号、7 号，石家庄 407，太原 566，太谷 49 等 10 多个品种用于生产。在南方稻区，用高秆的陆财号与一些矮秆品种杂交，先后选出了圭陆矮、先锋 1 号、南陆矮、广陆矮 4 号等品种。在棉花中，用高产、高衣分的冀棉 1 号(邢台 6871)与优质的乌干达 3 号或 4 号杂交，分别在河南、河北、山东省育成了中棉所 12、河南 69、豫 302、商丘 40,冀棉 10、12,沧州 7311-38,鲁棉 2 号、3 号、5 号、6 号等品种。如亲本选配不当,即使组配了大量组合,劳而无获的实例也为数不少。因此,选配亲本应注意如下几点。

一是亲本应分别具有育种目标所要求的优良性状,双亲的优缺点应能互相弥补。因杂种后代的许多经济性状,往往和亲本性状的平均值密切相关。亲本的优点多,杂种后代的表现也好,出现优良类型的机会也多。为了用一个亲本的优点克服另一亲本相应的缺点,亲本之一的某一优点,应十分突出,而另一亲本的缺点应不很严重;双亲更不应有共同的缺点。这样,才能取长补短,获得理想的后代。如用高秆、不耐肥、易倒,但抗稻瘟病的陆财号品种与矮秆、耐肥、抗倒、易感稻瘟病的圭锋 70 杂交后,育成了兼具双亲优点的矮秆、耐肥、抗倒、抗稻瘟病的圭锋矮 6 号、8 号等。

二是亲本之一应是对当地条件较适应的推广品种。在当地推广的品种,一般对当地条件有较好的丰产性和适应性,用它与外来品种杂交,容易获得较理想的结果。如原北京农业大学在分析国内外推广的 150 个杂交育成的小麦品种中,双亲或亲本之一为本地品种的占 94%。广西壮族自治区农业科学院在分析了 5 000 多个水稻杂交组合后认为,利用本地推广良种做亲本,是育成适应性强、高产、稳产新品种的有效方法。

三是亲本应在血缘关系、生态类型或地理来源上有所不同。这样,由于亲本间的遗传差异大,其后代会具有较丰富的遗传基础,分离范围大,出现的变异类型多,易于选出符合要求的新品种。如我国杂交育成的棉花品种中,多数是用来自美国的岱字棉、斯字棉和来自非洲的乌干达棉及其衍生系统为亲本之一育成的。

此外，在选用亲本时，还应考虑亲本间配合力的高低。如碧蚂1号、4号小麦是姐妹系，有共同的血缘关系，前者的适应性和生产潜力均比后者好。但用它们做杂交亲本时，碧蚂4号的效果往往比碧蚂1号较好。这是由于两个品种的配合力不同所致。所以，不是所有的优良品种都是好的亲本；或者说，好的亲本一定是优良品种。

32. 杂交育种常用的组合方式有哪些？在不同的组合中，应如何配置亲本？

在杂交育种中，常用的组合方式主要有简单杂交和复合杂交。

简单杂交就是用两个亲本进行一次杂交的方式，简称单交，也叫成对杂交，即甲(母本)×乙(父本)。在这一组合方式中，用甲或乙做母本，其后代的表现有的差不多，有的则有差别。用同样两个亲本杂交时，如将父、母本互换时，一个便叫正交(甲×乙)，另一个叫反交(乙×甲)。但正、反交是相对的，如甲×乙叫正交，那么乙×甲便叫反交；如把乙×甲叫正交，则甲×乙便叫反交。如果正、反交的结果差别大，杂种后代的性状表现往往更接近于母本，所以，应用综合性状好的品种做母本，针对其主要缺点，用另一亲本加以改造，有的放矢，收效较快。如正、反交的结果差别不大，常以结实率高的品种做母本，以便提高杂交结实率；用有突出性状(或标志性状)的品种做父本，以便在后代中根据父本性状的有无，来识别真、假杂种。

复合杂交简称复交，就是用2个以上亲本进行2次或2次以上的杂交组合方式。这一组合方式可弥补第一次杂交后代存在的缺点。复交一共用 3 个亲本的叫三交(甲×乙)×丙。如河北农业大学用抗枯萎病的陕棉 4 号×陕 3765 后,再用丰产的 75-23 与之杂交,育成了抗病、丰产的冀棉 14。

用两个单交后代再杂交的方式(甲×乙)×(丙×丁),叫双交。如中国农业科学院用(华北 672×辛石麦)×(早熟 1 号×华北 672)等 3 个品种的双交法育成了北京 10 号小麦品种。原北京农业大学用(农大 183×维尔)×(燕大 1817×30923)4 个品种的双交法育成了农大 139 小麦品种。

三交或双交组合,往往是在一个品种要改良的性状不止一二个,手头又没有一个合适的品种可以同时弥补这些缺点时采用的。在三交组合中,应把综合性状最好的品种做第二次杂交的亲本;而在 3 个品种的双交组合中,应把它同时做 2 个单交组合中的亲本,这样它的遗传物质在后代中占到 50%,可保证其后代具有较好的综合性状。在 4 个品种的双交组合中,应至少有 2 个亲本的综合性状较好,再用另外 2 个亲本去弥补和改造其缺点。

此外,还有四交、聚合杂交等复交方式。

复交用的亲本多,后代出现的变异类型也多;同时,复交 F_1 便开始出现性状分离。因此,每一组合要多做些杂交花或杂交穗,以便有更多的杂种后代群体供选择用。

33. 为什么品种间杂种第一代(F_1)的性状比较整齐一致?而第二代(F_2)会出现各种各样的类型?

作物品种的各种性状,都是由位于细胞中不同染色体上的不同基因控制的。而体细胞内的染色体一般是成对的,所以控制某一性状的基因也是成对的。基因在染色体上的位置称为位点，处于某对染色体相对位点上的一对基因，称一对等位基因。如皮大麦(种子带壳)和裸大麦(种子不带壳)的刺芒和无芒，都是受一对等位基因控制的相对性状。它们的体细胞中分别具有 NN 和 nn 及 SS 和 QQ 基因，而性细胞通过减数分裂后，其雌、雄配子分别具有 N 和 n 及 S 和 Q 一个基因。如果将皮大麦与裸大麦杂交，父母本分别提供具有 n 和 N 基因的配子，受精后，合子的基因型恢复成对为 Nn，N 为显性，n 为隐性，即基因处于杂合状态，其 F_1 的每个植株均为含有 Nn 基因的杂合体。由于 N 基因的效应较大，抑制和掩盖了 n 基因的表现。所以，F_1 植株上结的种子都是带壳的，这就是 F_1 性状为什么整齐一致的原因。

因 F_1 是 Nn 的杂合体，减数分裂后产生的雌、雄配子各有 N 和 n 的基因，而且含有 N 和 n 的雌、雄配子数目都相等，当自交后，这些配子以同等的机会组成具有 NN、Nn、nN 和 nn 4 种基因型的合子并各是 1/4。因为纯合的 NN 和杂合的 Nn，都有显性基因 N，所以其表现型相同，均为皮大麦。而纯合的 nn，则是裸大麦。这样在 F_2 中，皮大麦与裸大麦的比例为 3∶1。同理，刺芒与光芒大麦杂交时，其 F_2 中刺芒与光芒植株也为 3∶1。总之，由一对等位基因控制的一对相对性状，在完全显性的情况下，其 F_2 具有显性和隐性性状的植株出现 3∶1 的分离，这也就是 F_2 为什么性状不整齐的原因。

若将 F_2 植株继续自交，纯合基因型 NN 和 nn 的个体，仍产生 NN 和 nn 基因型的后代，但杂合基因型 Nn 的个体，仍会发生分离，产生 NN、Nn 和 nn 三类基因型的后代。以后各代也是如此，只不过每自交 1 次，其后代植株中具有纯合基因型个体的比例就会增加；而具有杂合基因型个体的比例将逐渐减少。

但在不完全显性的情况下，即显性基因的作用不足以完全抑制或掩盖相对隐性基因的作用时，上述情况就不同了。如将开红花(CC)和白花(cc)的紫茉莉杂交，其 F_1 的基因型为 Cc，因显性基因 C 的作用不足以掩盖隐性基因 c 的作用，F_1 植株为开粉红花的中间型。F_1 自交后，F_2 出现 1/4 的红花(CC)、2/4 的粉红花(Cc)和 1/4 的白花(cc)，其比例为 1∶2∶1。所以，由一对等位基因控制的相对性状，在不完全显性的情况下，F_2 分离为 1∶2∶1 的显性、中间性和隐性性状的类型。

上述现象称为孟德尔的分离规律。这就是 F_1 的性状较整齐一致，而 F_2 会出现多种多样类型的原因。

每种作物的植株，都有许多性状，而每一性状各由 1 对或多对基因控制。所以，情况远比上述的要复杂得多，杂种后代分离出的类型也会更多。

34. 什么叫回交？它是怎样进行的？

当某一品种的优良性状比较全面，适应性也好，但有个别缺点需要改进；或某个单交组合的后代，其优良性状还不够突出时，便可采用回交法加以改良。即两个品种杂交后，用 F_1 再和其中的一个亲本重复杂交的方法。在这一过程中，重复使用的亲本叫轮回亲本。它是被改良的对象，是目标性状的接受者，故也叫受体亲本。只在开始时使用 1 次的亲本，叫非轮回亲本。它不仅具有轮回亲本所缺少的优点，而且该优点必须十分突出，是目标性状的提供者，也叫供体亲本。

在每次回交的后代中，选择表现出有非轮回亲本优点的单株，继续与轮回亲本杂交。这样，不仅可保持轮回亲本原有的全部优良性状，而且也可由非轮回亲本提供的优良性状使其缺点得到克服、改良。如当地推广的某个小麦良种，综合性状及丰产性均好，适应性也强，但其缺点是不抗病。为改良该品种，增强抗病性，便可采用回交育种法。其程序(图5)如下：

年次	回交程式	工作内容
1	当地良种(甲)×抗病品种(乙) ↓	甲为轮回亲本，乙为非轮回亲本，抗病性为显性
2	F_1×甲 ↓	F_1与轮回亲本(甲)回交
3	BC_1 F_1×甲 ↓	从第一次回交(BC_1)的F_1中，选抗病株与甲回交
4	BC_2 F_1×甲 ↓	从第二次回交(BC_2)的F_1中，继续选抗病株与甲回交
5	BC_3 F_1×甲 ↓	从BC_3 F_1中，继续选抗病株与甲回交
6	BC_4 F_1⊗ ↓	将BC_4 F_1自交纯化，从中选抗病株
7	BC_4 F_2⊗	自交纯化，并继续选优良的抗病株(系)

图5 回交育种示意图

通过图5所述程序后，经过改良的品种，不仅能保持原品种(甲)的优良性状，而且也增强了抗病性，使其更符合生产的要求，即可在原推广地区扩大繁殖、推广。

35. 在杂交育种中，多父本授粉有何作用？

将多个父本的花粉混合后，给母本授粉的方式，叫多父本授粉或多父本混合授粉。因为有多个不同遗传性的品种花粉参与授粉，所获得的杂种后代相当于一个多组合的混合群体。

其遗传基础较丰富，分离出的变异类型比用单一花粉授粉的较多，为选择提供了有利条件。该法简单易行，通过一次杂交可达到多次杂交的目的。所以，也常用于棉花的杂交育种中。如陕西棉花所用陕棉 3 号×（射洪 57-128＋徐州 1818＋Y-66-5）和中棉所 3 号×（辽棉 2 号＋射洪 57-681）分别育成了抗枯萎病的陕棉 401 和陕棉 4 号。辽宁棉麻所用 632-115×（2034＋新陆 209＋珂字棉 4104＋派马斯特 111A＋岱字棉 16＋64-15）育成了抗病的辽棉 7 号。新疆生产建设兵团农 2 师 34 团良种站从司 1470×（五一大铃＋147 夫＋司 1470＋早落叶棉＋司 3521＋新海棉＋2 依 3）后代中选出的军棉 1 号，其丰产性、纤维品质均较好，还耐旱、耐瘠薄、耐盐碱，20 多年来一直是南疆的主栽品种。

36. 杂种后代一般应怎样选择？

在品种间杂交育种中，亲本选配是基础，后代选择是关键。从 F_2（复交的 F_1）便开始性状分离，所以这一代的选择效果最明显。但对于不同性状的选择，也有其特殊性。某些质量性状如粒色及一些抗病性等，受环境条件的影响较小，稳定较快，可在早期世代选择，以缩短选择世代。而对一些数量性状，如分蘖力、成穗数、每穗粒数、粒重等，受环境的影响较大，稳定较慢；且易受杂种优势的干扰。所以，早期世代选择的可靠性较差，故应在晚代选择。

选择的具体方法和要求，虽因作物而异，但大体程序是相似的。现以小麦为例说明其方法。

F_1：按组合点播稀植（水稻应单本插）、每组合的两旁播种二亲本，以便比较。在 F_1 中，主要是淘汰不良组合和剔除假杂种。入选组合分组合混收。

F_2(复交的 F_1):仍按组合点播种植。每组合应有 2 000 株以上,并以播种亲本和本地主栽品种为对照。在 F_2 除继续淘汰不良组合外,主要是选择优异单株。选株时,要重点突出,在优良组合中多选;双亲遗传差异较大、来源较远、分离较大的组合中多选;复交组合多选等。对于质量性状或遗传率较高的数量性状,重点选、严格选,对受环境影响较大的性状,选择标准可放宽。要看得准,选得精,既不滥选,又不漏选。选择一般应在各性状表现最明显时进行。如在越冬后、抽穗时、发病时,分别进行抗寒性、早熟性和抗病性的选择。入选单株分别收获、脱粒,按组合和单株编号,如 96(1)-1,96 代表年份,(1)代表组合,1 是株号。

F_3:将 F_2 入选单株的种子,按组合、株号顺序点播,种成株行;并以亲本和本地主栽品种为对照。每个单株的后代称为一个系统。同一组合 F_3 的各系统间的差异,即为所选 F_2 植株间差异。系统内各植株间的有些性状已大体一致,但也有的还会继续分离。所以,F_3 更易鉴别,选择比较可靠。尤其是对抽穗期、抗寒性、抗病性、株高、穗长、每穗小穗数等性状的选择更有把握;对分蘖力、成穗数、穗粒数、千粒重等性状,也要注意选择。在 F_3,主要应选择优良组合中的优良系统及优良系统中的优良单株。成熟后,按组合、系统分株收获、脱粒。经室内考种后,淘汰不符合要求的系统和单株。入选单株按系统编号,如 96(1)-1-1 等。

F_4:按组合、系统、单株的顺序点播,每隔一定距离设置对照。F_3 的每个系统到 F_4 时,可分为几个系统,即称为系统群。系统群之间的差异,显示出 F_3 系统和 F_2 单株间的差异。即从 F_4 各个系统群的表现,便可判断所选的 F_2 单株是否合适,以此可总结经验,提高选株的技巧。F_4 主要是在优良系统群中选择优良系统。入选系统的各个性状已稳定一致，去杂去劣后，混收或分株收获、脱粒。经考种淘汰不良单株后，将同一系统的种子混合，便成为一个新品系。下一年再继续鉴定、评选。如入选系统的某些性状还不稳定和一致的，可继续选单株，下一年分株种成株行，鉴定评选，直到性状稳定一致后，再混合成一个新品系。入选系统中的个别优异单株，可分别采收、脱粒，翌年种成株行，继续鉴定、选择。这样优中选优，就可能选出更为优异的新品种。

上述的选择方法，是按系统一代一代地进行的，叫系谱法。这是自花授粉和常异花授粉作物常用的选择方法。另一常用的方法是混合法，即在 F_2、F_3 不选单株，只淘汰不良组合，按组合混收、混种。到 F_4、F_5 时再开始选单株。这样，可大大减少工作量，但育成新品种的时间较长一些。

在上述方法的基础上，演变出集团选择法、改良混合选择法、母系选择法、“单籽传”法等。总之，应根据作物的不同授粉习性、群体大小、育种目标及育种单位本身的条件等，灵活采用不同的方法。

37. 为什么要重视杂种后代的培育?

杂种后代接受了各亲本的遗传物质，特别是从 F_2 起，亲本的遗传基因有了各种各样的重新组合，会有丰富的性状表现。但杂种后代的性状表现(即表现型)，是其基因型和环境条件综合作用的结果。因此，要使杂种后代的各种性状均能充分发育和表现。但在选育过程中一定要给予相应的条件。如要选育抗寒性强的小麦品种，必须把杂种后代种植在寒冷的气候条件下，否则，就不能使其高度的抗寒性充分表现；要选育抗枯萎病、黄萎病的棉花品种，只有在重病地或用人工接种病菌的病圃中，才能鉴别其是否抗病；要选育高产品种，就要在高肥水条件下，才能鉴别其产量潜力等。

为了说明培育条件对杂种后代性状的形成和表现，原北京农业大学曾将在水浇地和旱地分别选育了 3～4 代的冬小麦杂种，同时种植在水浇地和旱地进行鉴定。在水浇地上鉴定时，历代在水浇地上选育的 15 个品系中，有 60％的品系产量高于对照品种 10％以上，平均比对照高 14.5％；而历代在旱地选育的 17 个品系，只有 41％品系的产量高于对照的 10％以上，平均比对照高 9.1％。在旱地鉴定时，历代在水浇地选育的品系，产量平均只有对照的 77.6％；而历代在旱地选育的品系，产量平均为对照的 91.1％，其他性状表现比较好。辽宁省锦州市农业科学研究所(1973)将朝阳棉 1 号的杂种后代在平原水肥地培育时，表现旺长晚熟，脱落严重，丧失亲本原有的抗旱、耐瘠特点；而将其后代在丘陵地区进行选育时，便能选育出耐旱、耐瘠的品种。棉花品种中棉所 12，其双亲都是感病的，由于将其后代连续在高菌量的枯萎病、黄萎病的混合病圃中选育，而成为抗病品种。这就充分说明，不同的选育条件对品种各性状的形成、发展和表现，有显著的影响。

杂种后代的培育条件对选择效果也有很大影响。因为杂种的某些性状如稻、麦的分蘖多少、穗子大小、穗粒数和粒重等对栽培条件的反应十分敏感。如果杂种后代不是种植在地力均匀、管理一致的试验田上，有时难以鉴别其优劣而误选，从而降低了选择效果。

此外，育种试验地的水肥条件，应能代表当地广大地区的生产水平并略高，使新选育出的品种在几年后仍能适用于提高生产水平的需要，延长品种的使用年限，扩大经济效益。

总之，应根据育种目标，给杂种后代以最适合的种植环境和选择环境，使杂种后代的性状沿着人们所需要的方向发展和有效地进行选择，从而选育出符合要求的新品种。

38. 什么叫多系品种？它是怎样选育的？

多系品种最早是用于抗病育种的。其选育方法是：先用回交法把多个不同的抗病基因转育到一个优良品种中去，育成大多数农艺性状相同，只有少数几个抗病基因不同的品系（即近等基因系）。然后，将其中若干系按一定比例混合用于生产，其余的品系繁殖备用。在应用时，选用哪些系混合？它们各占多大比重？可根据当时病菌生理小种的变化和组成等来确定。因多系品种各具的抗病基因不同，当生产上病原菌的生理小种发生变化时，只有少部分受影响，其余大部分仍能保持其抗性。就是感病的那部分植株，也因与许多抗病株相邻混种，可减轻病害的蔓延流行，减轻损失。而且，还可根据病原菌小种的变化情况，随时从多系品种中挑出感病的系，加入备用的抗病系，并调整其中各系的比例，因而可保持其抗病性的稳定。

现在，人们已将多系品种的概念扩大了，即在杂种后代中，选出若干形态、农艺性状基本相似，但某些经济性状各具特点的选系混合组成多系品种（亦称混系品种）用于生产。如马峙英（1986）、曲健木（1997）分别从所育成的冀合 355、冀合 3016 和冀合 321 等 3 个棉花品种中，各选出 6 个株系，并各以等量种子组合成混系（品种），分别在邯郸、石家庄和保定三地作对比试验，结果表明：各混系后代的产量，均高于其单系。如冀合 321 后代混系的子棉、皮棉产量比 6 个单系分别高 9.7％～11.1％和 5.9％～10.5％。其纤维品质的变化均在各组成系的范围内。

不少试验表明：多系品种的性状，不是各组成系的机械相加，而是各组成系性状间的互补，产生了补偿作用，可集群体的自我调节缓冲作用和个体缓冲作用于一体，有效地降低了基因型与环境的互补效应；且群体的遗传基础也较丰富，从而提高了对不利条件的适应性和性状的稳定性。

39. 怎样进行水稻的有性杂交？

水稻为自花授粉作物，稻穗为圆锥花序，穗的中轴为穗轴；轴上有穗节，由节着生枝梗，枝梗上又分出小枝梗。枝梗和小枝梗分出小穗梗，小穗梗末端着生小穗，即颖花(图 6)。水稻的护颖一般很细小，外颖和内颖(即谷壳)比较大。中间有 1 个雌蕊，分为子房、花柱和柱头三部分。柱头呈羽毛状的两个分叉。6 个雄蕊着生于子房基部，各个雄蕊由花丝和花药构成。雄蕊的花丝在开花前很短，开花时花丝很快伸长，把花药推出颖壳，散放出花粉。

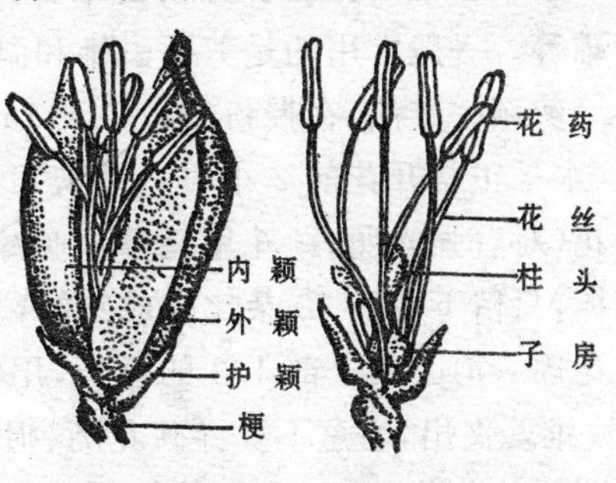

图 6　水稻的小穗(左)和颖花(右)

稻穗抽出后当天或次日就陆续开花。每穗开花顺序大体是从上至下，而每一枝梗顶端的第一朵颖花先开放，接着枝梗基部的颖花开放，再依次向上，每一枝梗的第二朵颖花最后开放。全穗颖花开完，一般需 5～8 天。在始花后 2～4 天开花最多。一个稻穗每天开花的时间和品种、气温有密切关系。开花最适温、湿度分别为 28℃～32℃和 80％～90％。籼稻一般比粳稻开花早，早稻比晚稻开花早；高温干燥天气比低温潮湿天气开花早；开花最盛时间多在中午前后，早的在上午 8～9 时开始开花。1 朵颖花从开颖到闭颖大约 1 小时。

水稻花粉的寿命很短，在花药内花粉的生活力可维持 10 多分钟；而在自然条件下只能保持 3～5 分钟，5 分钟后大部分死亡，10～15 分钟后完全丧失生活力。柱头受精能力在开花当天最高，以后逐渐减退，到第七天则完全丧失生活力。

水稻去雄的方法有剪颖去雄、温水杀雄、温气杀雄、化学杀雄等。一般常用的是剪颖去雄和温水杀雄。

剪颖去雄法：在授粉的头一天 16 时以后或在授粉当天清晨（水稻正常开花前 2 小时），用剪刀把母本穗上已经开过的颖花（对着强光照，颖花里已看不见雄蕊）和比较幼嫩的颖花剪掉，只留下 20～30 朵比较成熟的颖花。而后将这些留下的颖花逐一剪去其上部 1/3 的颖壳，用镊子从剪口处轻轻地将 6 枚雄蕊夹出，注意不要弄破花药、损伤柱头和子房。如有某朵颖花的花药破裂，则应剪掉这一颖花，镊子也应用酒精消毒，避免自花授粉。去雄后立即套袋隔离，待第二天盛花时授粉。

温水杀雄（图 7）或温气杀雄法是利用水稻颖花在42℃～45℃温度下经几分钟雄蕊中的花粉全部丧失生活力，而雌蕊却不受影响，仍能受精结实的这一特点而进行的。

温水杀雄法：是在母本开花前 1 小时左右，用热水瓶灌上42℃～45℃的温水，将选好的母本穗斜插进水温为 42℃～43℃或 44℃～45℃的水里 8～9 分钟或 5～6 分钟，取出稻穗晾干；当天颖花就会开放，而其花粉已被杀死，这样一次可处理 1～3 个稻穗。然后把穗顶部已经开过的颖花和当天不能开的颖花全部剪掉，接着立即授粉。

温气杀雄法：此法和温水杀雄法基本相同，所不同的是，热水瓶里灌上 60℃左右的温水，去雄时将水倒出，空瓶内的气温正好为 45℃左右，可保持 7～8 分钟，将空瓶套到稻穗上，堵住瓶口，经 5 分钟，就可杀死花粉。

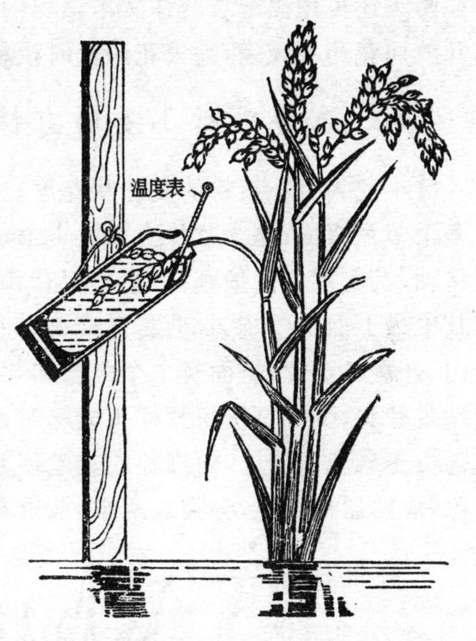

图 7　水稻温水杀雄操作技术

采用温水杀雄法或温气杀雄法，均须严格掌握杀雄的温度和时间。温度高的时间短些；温度低的时间略长些，但不能超出 42℃ 10 分钟、45℃ 5 分钟的范围。温度太低，时间太短，不能杀死花粉。温度太高，时间太长，又会损伤雌蕊。籼稻温度可低些，为 43℃；粳稻温度可稍高，为 45℃。操作要细心，以防止折断穗子。

采粉和授粉：选父本快要开放的颖花，其花药已伸到颖花顶部，花药膨松的，如花药已伸出颖壳散粉的，或花药离顶部比较远的，都不能采用。授粉的方法一般有两种：一是将正在开花的父本稻穗，置于已去雄的母本穗的上方，用手轻轻振动稻穗，使其花粉落到母本柱头上；二是用镊子夹取父本成熟的花药放进已经去雄的母本穗的颖壳里，擦破花药，让花粉落在柱头上。每个颖花放 1～2 枚花药。注意不要碰伤雌蕊。

在晴天还可用黑纸袋套住父本稻穗约10分钟，促使颖花提前开放而花药不破裂，夹去花药及时授粉。

40. 怎样进行小麦的有性杂交？

小麦为自花授粉的复穗状花序。麦穗中间是穗轴，由20多个节片组成；每个节片上长有1个小穗；小穗的下段为一小穗轴，其上有2片护颖；护颖之间有3～5朵发育较好的小花，其中最下面的2朵小花发育最好。1朵发育完全的小花有内、外颖各1片；里面有1个雌蕊和3个雄蕊；雌蕊在当中，上端是柱头，下端是子房。柱头成熟时，出现2个羽状分叉。雄蕊位于雌蕊的四周，由细长的花丝顶着花药；花药成熟前呈绿色，成熟后呈黄色，分裂成两半，散出花粉粒（图8）。

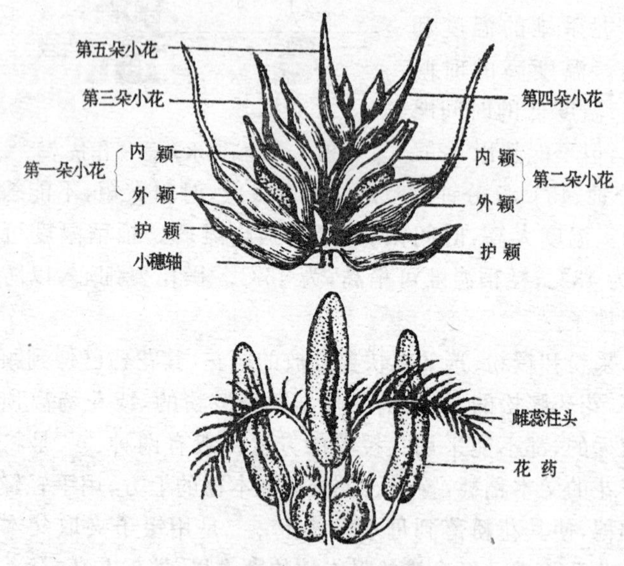

图8 小麦的小穗（上）和花器构造（下）

小麦从抽穗到开花需 3～6 天。每天的开花时间主要在 10 时以前和 16 时以后。主茎穗上的花先开，然后按分蘖先后顺序开花。同一穗上，中部小穗的花先开，再向上、向下依次开放。同一小穗中，基部的花先开，再依次向上开。全株和全穗开花分别需要 3～8 天和 3～5 天。每朵小花由内、外颖开放到闭合，需 15～30 分钟。

小麦去雄、授粉的方法如图 9 所示。

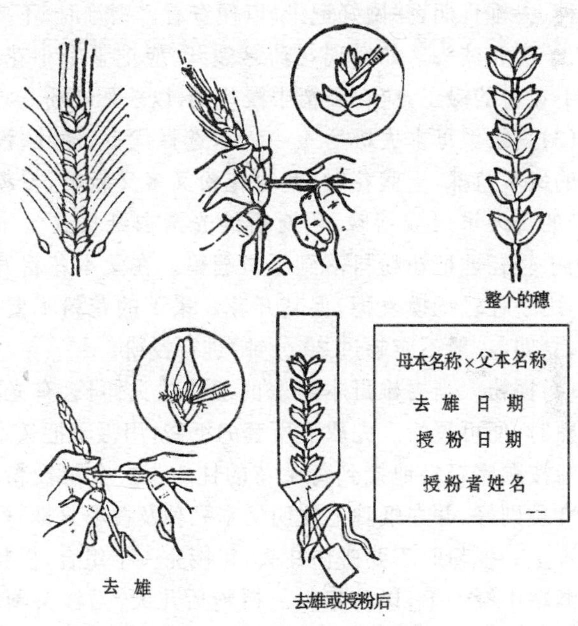

图 9　小麦杂交操作技术示意图

(1)整穗　选择健壮、无病虫害的母本优良植株，在抽穗后 1～2 天，先剪去麦穗上、下两端的小穗，留下中间的 10 来个小穗，每个小穗只留下面 2 朵发育最好的小花，其余的均剪去,有芒的品种,也应将芒剪去。

(2)去雄 一般采用人工裂颖法去雄。即用左手大拇指和中指捏住穗轴,用食指轻轻地压小花内、外颖的顶部,使之张开。右手用镊子轻轻地伸进花朵中,夹出完整的3个花药,按顺序由穗的一侧到另一侧,从上而下依次把每个小穗做完,不应遗漏。去雄后,立即套上透明纸袋,并用大头针别住下端袋口,以防止外来花粉进入。还要在去雄植株上挂牌,注明母本品种、去雄日期,并做好记录,以便查看。去雄时,不要碰破花药、子房和柱头。如发现花药已裂开,应把整个小花去掉。已沾上花粉的镊子,应在酒精中浸片刻,以杀死花粉。

(3)采粉 母本去雄后1～2天,选择优良、健壮、没有病虫害的父本植株,于盛花时(此时花粉又多又新鲜,授粉后易受精)的每天早晨或傍晚,用对折的光滑白纸接在父本麦穗下,用手轻轻地把花粉抖落到纸折缝里。在父本花将开而未开时,用手轻轻抚摸麦穗,促其开花。采下的花粉不要曝晒、受潮,立即(一般不应超过20分钟)进行授粉。

(4)授粉 当去雄母本雌蕊的羽状柱头伸长、有光泽,发育成熟时,便可授粉。先取下所套的纸袋,用镊子把父本的新鲜花粉按顺序轻轻地授到每朵花的柱头上。全穗授粉完后,仍把套袋别好,并在纸牌上注明父本品种及授粉日期,同时记录在本上。授粉时不要碰伤柱头,每授完一个组合,授粉工具应在酒精中浸一下,以防串粉。授粉后几天,当柱头萎缩时,便可取下纸袋,让已受精的子房在自然条件下充分发育。

此外,还可采用捻穗授粉法授粉,即在整穗后,先将每朵小花的内、外颖剪去1/3左右,将其内的全部花药取去,并套上纸袋,挂上纸牌。待父本盛花时,剪下整个麦穗并剪去内、外颖,用手抚摸一下,再将已去雄的母本穗上所套的纸袋的顶端剪开，将父本麦穗倒插入纸袋中，捻转几下，花粉就会落到母本穗上。然后，将纸袋顶端用大头针别住，以防止外来花粉进入。只要掌握好父、母本的开花适期，用该法杂交的成功率可达90%以上。该法手续简便，短时间内可做大量杂交穗。

杂交后，要防止鸟兽伤害。成熟后，按不同组合(必要时，也可按单株、单穗)单收、单脱、单晒、单藏，以防止混杂。收获时，在纸牌上标注收获日期后，放进装麦粒的纸袋中；在袋上注明组合名称、收获日期，并记录在本子上。

41. 怎样进行谷子的有性杂交？

谷子为总状圆锥花序，穗轴上着生第一级分枝，其上再产生第二级和第三级分枝，第三级分枝上再成簇聚生着几个小穗，每个小穗中有两个护颖和两朵花，其中位于下面的1朵花退化不能结实，只留下退化的外稃；另一朵位于上方的花为能结实的完全花。每个完全花有内外稃，内外稃之间有1个雌蕊和3个雄蕊。雌蕊在中央，柱头成熟时出现白色羽毛状的两个分叉；雄蕊在雌蕊的周围，花丝上有黄色或橙白色的花药(图10)。

谷子抽穗后，一般3～4天便开始开花。开花时，先由穗的中上部小穗开始，然后向上、向下，基部小穗开花最晚，一个穗子的开花时间可延续10～15天，其中以第三至第五天为开花盛期。每天开花时间为5～7时和22～24时，一朵花开放的时间需60～90分钟。了解谷子的开花习性后，便可按下列方法进行有性杂交。

(1)整穗选花 杂交前一天下午，在母本品种中选取生长健壮、无病虫害而正在开花的植株，用剪刀或镊子去掉上部和下部的小穗，留下中部3～8个小穗，并摘除已开过的花和瘦

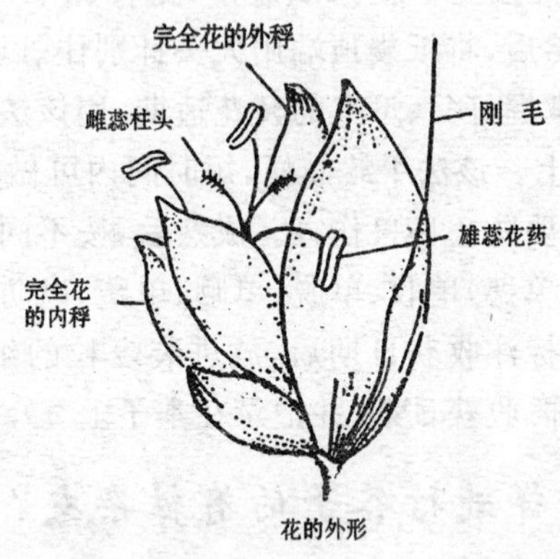

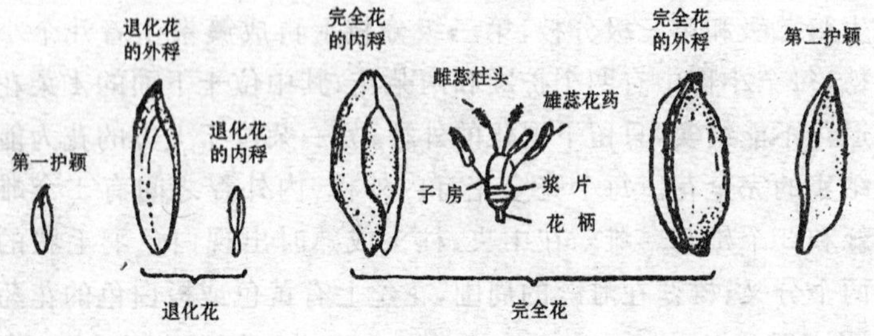

图 10 谷子花的构造

小幼嫩的花。留下颖壳已膨胀、饱满，并呈淡绿色而适合做杂交的花（图 11）。

（2）去雄 常用的去雄方法有如下两种。

①人工单花去雄 在清晨，当花将要开放、稃片硬化时，利用花朵自然张开的力量，拨动外稃，用镊子小心地将 3 个雄蕊摘除干净，切勿碰伤花药及柱头。

②温水杀雄 因谷子的雌、雄蕊对温度的敏感性不同，雌

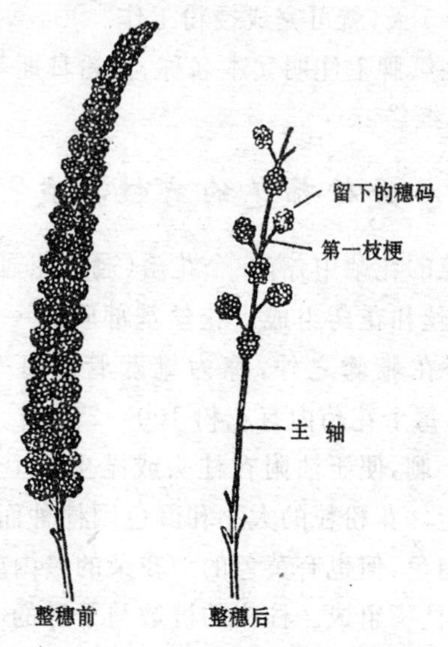

图 11 谷子整穗示意图

蕊的耐温性强，所以用一定的温水处理，可杀死雄蕊而不损伤柱头，以达到去雄的目的。温水去雄的温度和时间大体上如下：谷皮厚的品种为 46℃～47℃，10～12 分钟；谷皮薄的品种为 45℃～46℃，10～12 分钟。具体做法是，在暖水瓶中装入温度合适的温水，将修整好的谷穗轻轻地浸入瓶中，到预定时间后取出，风干后套上纸袋，挂上纸牌，注明母本品种名称。

(3)授粉 在授粉的前一天下午，用牛皮纸袋套好父本穗。授粉时，取下纸袋，摇动谷穗用磁盘等容器收集花粉，然后用毛笔蘸上花粉，轻轻地涂抹或弹落到已去雄的雌蕊柱头上。授完粉后再套上纸袋。授粉工作必须连续进行 2～4 天。或者先将父、母本相邻种植，开花时将已去雄的母本穗和 2～3 个父本穗同时装在一个纸袋里，每天早晨开花时，轻轻振动纸袋，连续3～5 天，就可完成授粉工作。

授粉后在纸牌上注明父本名称、授粉日期等。授粉后5～7 天便可摘除纸袋。

42. 怎样进行棉花的有性杂交？

每个棉花的花朵中，有 5 个花瓣(冠)，花冠内有雄蕊和雌蕊，雄蕊由花丝和花药组成。花丝基部联成一管与花瓣基部相连接，并套在雌蕊之外，称为雄蕊管。每个雄蕊有花药 100～150 个，每个花药内有花粉 100～200 粒。花粉呈球形，表面有许多小刺，便于沾附在柱头或昆虫体上，或互相沾附，不易被风吹走。花粉粒的大小和颜色因棉种而异。陆地棉的花粉多为乳白色，但也有黄色的。花朵的最内层是雌蕊，它由子房、花柱和柱头组成。柱头的棱数与子房的心皮数(即棉铃的瓤数)相同，柱头常伸出于雄蕊管之外，极易天然杂交。苞叶基部、苞叶内相连处及花萼内有蜜腺，能分泌蜜汁，引诱昆虫采粉、传粉(图 12)。

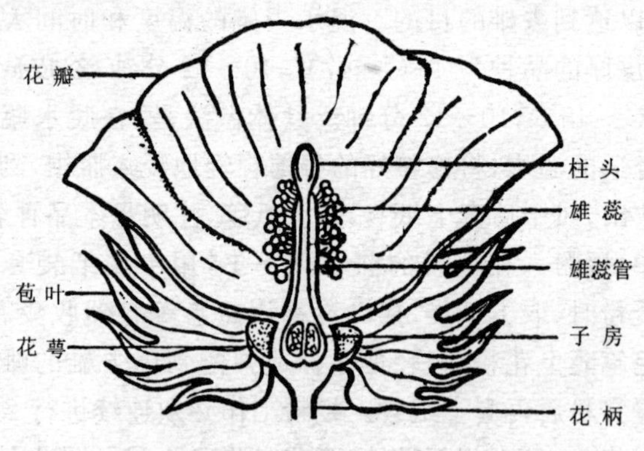

图 12　棉花的花器构造

棉花现蕾后 25～30 天便可开花。棉株上花朵开放的顺序是由下而上,由内而外,沿果枝呈螺旋形进行。相邻果枝的同一节位上的花朵开放时间,一般相隔 2～3 天;同一果枝的相邻节位上的花朵开放时间,一般相隔 6～8 天,因品种、气候及栽培条件不同而有变化。

棉花开花前,花冠是卷抱着的。开花前一天下午,花冠迅速增长达 3 厘米左右,伸出苞叶之外。

棉花的杂交方法是,在开花前一天下午,花冠迅速伸长时,在母本品种内选择典型的、生育健壮、无病虫害的植株,用中部果枝靠近主茎的第一至第二节位的花朵进行去雄。去雄的方法很多,最常用的是徒手去雄(图 13),即用手指轻轻拨开苞叶,用大拇指顺着花萼基部,将花冠连同雄蕊管一起剥

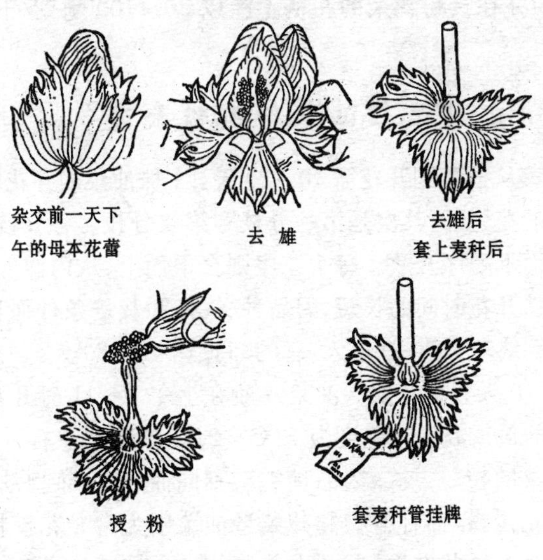

图 13 棉花杂交操作技术

掉，只留下雌蕊及苞叶。剥冠时，切勿伤及花柱和子房。去雄完后，最好用清水喷洗柱头，不使花药残留。然后将长约3.33厘米的粗麦秆管或蜡纸管套在柱头上，进行隔离，以防止昆虫传粉。隔离用管套上后，必须高出柱头1～2厘米。花朵去雄后挂牌注明母本名称及去雄日期。

在去雄的当日下午，将父本第二天可开放的花朵的花冠顶部用线束紧，不使开放，以保证父本花粉的纯净。翌日上午，取父本花粉授在去雄母本的柱头上后，仍套上隔离用管，并在纸牌上做标记；授粉可在上午8～12时内进行，以上午9～11时内授粉的效果最好。一般每个杂交组合应去雄授粉30～50朵花。杂交铃吐絮后，按组合分别采收。

为了提高授粉花朵的成铃率，可摘除同一果枝上未杂交的花朵，并在授粉花朵的花柄上涂以50～100毫克/千克的赤霉素。

43. 怎样进行油菜的有性杂交？

油菜从抽薹到开花需10～20天。1株油菜的开花顺序是：主轴上的花先开，其次是第一分枝和第二分枝。各分枝上的花朵自上而下顺序开放。每个花序则自下而上、从内向外依次开放。单株开花时间的长短，因品种、气候和栽培条件而异，有的从初花到终花只需10多天，有的却长达40～50天。一般在开花后5～10天为盛花期。油菜一般在上午6～11时开花最多，其开花的最适温度和湿度为18℃～24℃和85%左右。

油菜的授粉方式，因品种类型不同而异，白菜型油菜为典型的异花授粉，而甘蓝型和芥菜型油菜则为常异花授粉。

油菜为总状花序，花朵由花萼、花冠、雌蕊和雄蕊组成。4个绿色或淡绿色的萼片在花朵的最外围。花瓣4个，一般为黄色，开放时呈“十”字形。6 个雄蕊中分 4 长 2 短，每个雄蕊由花丝和花药两部分组成。雌蕊 1 个，位于花朵的最内层，由花柱、柱头和子房三部分组成；花柱较短，柱头圆球形，子房有假隔膜，分成 2 室(图 14)。1 朵花由萼片开裂到花瓣完全平展，需 24～30 小时；从开花到花瓣、雄蕊完全脱落要 5～7 天。开花前 5 天，雌蕊便已成熟，即可接受花粉而受精结实。成熟的油菜种子内部，只有胚乳残迹而无胚乳。每个子房内有 25～40 个胚珠，但在成熟的角果中，一般只有 20～30 粒种子。油菜的杂交技术如下。

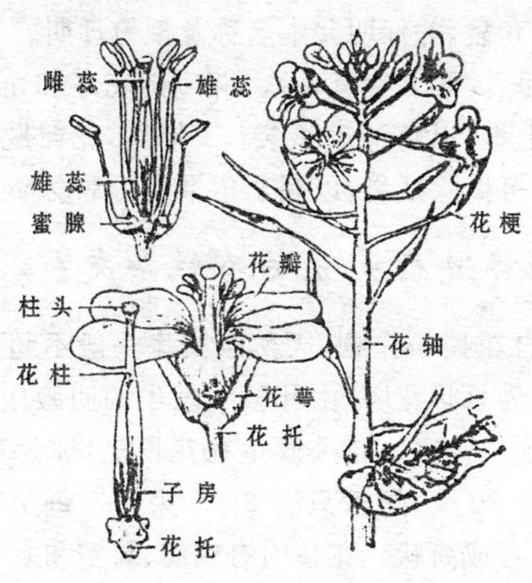

图 14　油菜的花器构造

(1)选株、整序　杂交时应选择典型、生育健壮的父、母本植株作为亲本株。在入选的母本株上，选主轴上的花序，摘除花序基部已开花朵和花瓣已露出的大蕾以及其他幼蕾，并摘去顶芽，留下成熟花蕾 10～20 个。

(2)去雄　去雄一般在每天露水干后进行，用左手拇指和食指扶住花蕾，先用镊子把花冠拨开，轻轻地夹去6个雄蕊，不要碰伤雌蕊，然后套袋隔离。挂上纸牌，标明母本名称、株号、花号及去雄日期。

(3)授粉 经去雄的花朵，估计当天能开花的，去雄后即可授粉。如蕾期去雄的，一般在去雄后第二天上午授粉。为保证父本花粉的纯净，父本株开花前一天，应将采粉花朵套袋隔离。授粉时，取父本正在开花、花药刚破裂的花朵，直接将花粉撒在去雄的柱头上，或从刚开花的花朵中，收集花药放在小玻璃管或培养皿中，稍许，待花药破裂后，取花粉授粉。授完粉后，继续套袋，并标明父本名称及授粉日期。

杂交后每2～3天检查1次，并应随花序和角果的伸长，及时将纸袋上提，以免冲破纸袋。1周后，花瓣脱落、幼果开始膨大后，即可摘除纸袋，以利于角果的正常发育。

44. 怎样进行大豆的有性杂交？

大豆为自花授粉作物，天然杂交率一般不超过0.1%～3%。大豆花为总状花序，由叶腋中发生的叫腋生花序，由顶部形成的叫顶生花序。花朵簇生在花梗上，称为花簇。花簇长者有花10～30朵，短者只有3～5朵花。每朵花有花萼5片，其下部联合成筒状。花萼内有旗瓣、翼瓣和龙骨瓣等5个花瓣。龙骨瓣包着10个雄蕊，其中9个连在一起成管状，仅有1个分离生长，叫单体雄蕊。在雄蕊中央有1个雌蕊，它由子房、花柱和柱头三部分组成。柱头呈球形。子房一室，内含胚珠1～4个(图15)。

大豆开花的顺序因结荚习性不同而异。无限结荚类型的花由内向外、由下向上开放，开花期较长，一般为30～40天。有限结荚类型则由中、上部开始，然后往上向下顺序开放，花

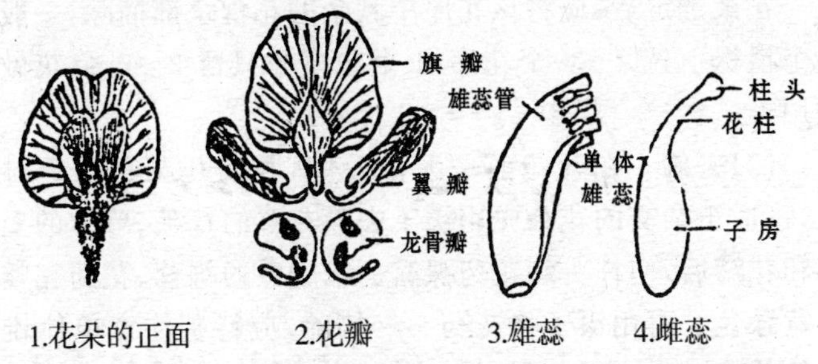

图 15　大豆的花器构造

期较短，一般为 20 天左右；花密集在主茎及分枝的顶端。大豆从幼蕾到开花，一般间隔 5～7 天。每天早晨 6 时开始开花，8～10 时盛开。开花盛期一般在始花后的 5～10 天。每朵花开放的时间一般为 2 小时左右。大豆有性杂交的方法如下。

(1)母本植株及花朵的选择　杂交前应选择基部有 1～2 个花序已开放、生长发育良好、健壮、无病虫害的植株。如母本为有限结荚习性，则应在选定植株的主茎上，选取上部节间及顶端的花朵作为杂交用。去雄用的花朵，以花冠露出花萼 1～2 毫米但尚未伸出萼尖的花朵最适(图 16)。

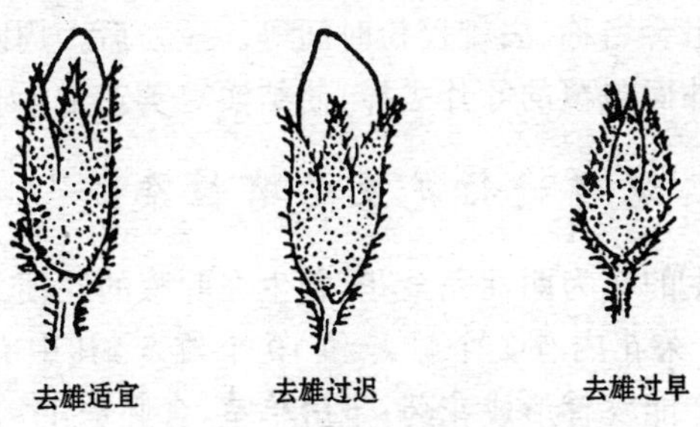

图 16　大豆去雄时的花蕾

花朵选定后，应将该花序中其余的花蕾全部摘除，一般在一个植株上选 2～4 个花序，1 个花序中只留 2～4 朵花做杂交用。

(2)去雄 在开花前一天 15～19 时或开花当天 7 时之后，将适于杂交的花朵先用镊子去除花萼的茸毛、萼片的上半部和花瓣后，使柱头和花药裸露。未成熟的雄蕊、花药完整且呈黄绿色。再用镊子将花药一一摘除，应特别注意单体雄蕊上的花药，因这个雄蕊较短，常隐藏在柱头的下面。去雄时，如不小心将花药弄破，应摘除该花朵并将镊子用酒精擦洗。

(3)授粉 上午去雄后可同时授粉，也可于翌日上午 7～10 时(前一天下午去雄的)授粉。授粉时，父本花朵宜选择生长健壮、花朵初开而龙骨瓣尚未分开者，先摘除萼片和花冠，取出呈黄色并已开裂的花药，或将花药在指甲上压开后在母本柱头上涂抹，便可完成授粉工作。

因大豆花朵小，在杂交时，一般不用套袋隔离方法，而应在授粉后，用靠近杂交花的 1 个叶片包住杂交花朵，用叶柄或大头针别上。

去雄授粉后，即在花序着生的下一个节间上挂上纸牌，标明杂交组合名称、去雄授粉时间等。授粉后 1 周左右，应将杂交花朵外面包覆的叶片去掉，使结实豆荚正常生长发育。

45. 怎样进行花生的有性杂交？

花生的花为两性完全花，着生在叶腋的花梗上，形成总状花序。1 朵花内有 1 个雌蕊和 10 个雄蕊，其中有 2 个退化，只有 8 个能发育形成花药；子房单室，含胚珠 1～5 个，花柱细长，柱头呈头状。此外，还有生长在花萼管基部外侧的两个苞片和花瓣外围的 5 个花萼。花冠由 5 个花瓣组成，呈蝶形，黄色，外面最大的1片为旗瓣；中间两片狭长、形似翅膀的为翼瓣；里面最小的、联合在一起的两片为龙骨瓣（图17）。

每个花序一般能开2～7朵花。开花顺序一般是自下而上，由内向外，左右轮流开放。一簇上先开1朵花，也有几朵同时开放的。

花生从播种到开花，一般需45～50天，花期可长达2～3个月，因品种而异，以开始开花后的20～40天为开花盛期。每天开花时间，因各地区不同时期的气候条件而异，一般在早晨5～7时开花。1朵花从初开（旗瓣微裂）到全开（旗瓣全部张开），一般需0.5～1小时，开花受精后，当天下午花瓣和花粉管均枯萎或脱落。花生的杂交方法如下。

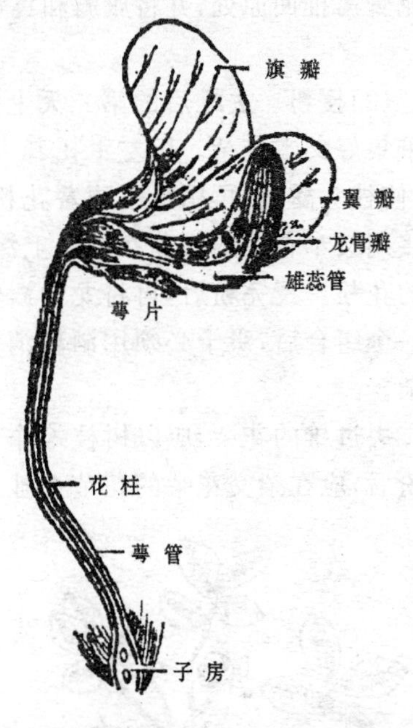

图17　花生的花器构造

(1)去雄　在开花的前一天16～19时，选择花萼微开、刚显露黄色的花蕾，用左手拇指和中指捏住花萼基部，右手用镊子轻轻将旗瓣和翼瓣拨开，用左手食指和拇指压住拨开的花瓣，再用镊子轻轻将龙骨瓣从脊部处分开，露出雌蕊和雄蕊。然后用镊子从雄蕊管基部往上移动，将8个雄蕊全部去掉，再将龙骨瓣推回原处，并将旗瓣和翼瓣恢复原状，以防止昆虫传粉。

(2)授粉 去雄后的第二天上午6～9时授粉。授粉时，先采集好父本花朵。用左手托着去雄花朵，用镊子压开龙骨瓣，使柱头露出，再用镊子蘸着花粉在柱头上轻轻地涂抹，或直接用父本花朵的雄蕊在柱头上涂抹，柱头便可沾上足够数量的花粉。授完粉后，再将龙骨瓣恢复原状包住柱头。每授完一个组合后，镊子必须用酒精消毒，以杀死残留花粉，防止混杂。

去过雄的花朵，应以树枝等作为标志，以便授粉时查找。授粉后，应在杂交花朵的花节上挂上纸牌，标明父、母本名称和去雄授粉日期(图18)。授粉后10天左右，待果针伸出后，用红塑料绳套在果针上；或在授粉后用红塑料绳系在杂交花朵的花序上，作为标志。

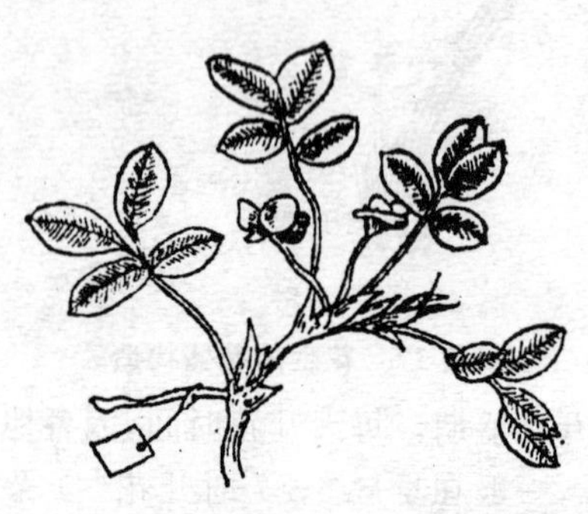

图18 花生受精后长出的子房柄
(柄上挂牌)

果实成熟后要及时收获，以组合为单位单收、单晒后妥善保存。

46. 怎样进行马铃薯的有性杂交?

马铃薯花序为有限聚伞花序。花着生在侧枝顶端，通常每个花序有10余朵花。花的下部有细长的花柄，花柄中部有一圈花柄环，花柄环形成离层，因而花朵易脱落。花萼联合，顶端5裂。花冠下部联合成管状，上部展开为五角形，有黄、白、紫等颜色。雄蕊一般为5个，花丝短，花药长而直立，呈淡黄色或橙黄色。成熟的花药顶端开裂而散布黄色花粉，花粉粒有可孕和不孕两种。可孕花粉粒的形状、大小均整齐、圆而平滑；不孕花粉粒的形状、大小均不规则。雌蕊1个，柱头呈头状，子房2室，含多个胚珠。

马铃薯开花顺序是自上而下，由里向外，其延续时间常为5～7天或更长，每朵花从花冠开始开放到凋萎，一般为5～6天，因品种而异。花朵开放多在白天，且集中在上午6～8时。

虽然马铃薯栽培品种多为自花授粉，但二倍体种多为自交不亲和的。杂交的步骤与方法如下。

(1)花序修剪和去雄 在杂交前一天下午，选取预计第二天早晨能开放的花朵作为去雄花朵，而将花序中已经开过的、很小或发育不全的花朵全部剪除，留下3～5朵即将开放的花蕾，用镊子将雄蕊一一去掉。如母本是自交不孕的，可不去雄。

(2)授粉 马铃薯花粉的生活力一般能保持5～7天，因此，可在杂交前1～2天收集父本的花粉。其方法是在上午选择父本当天开花的新鲜花朵，摘下没有裂孔的花药，摊放在纸上，在室内晾干1昼夜，然后将散出的花粉连同花药装在花粉瓶里，并放置在干燥器中，保存在阴凉的场所或存放在0℃左右的冰箱中，授粉时取出花粉涂抹在去雄的柱头上。授粉后用0.1%～2%萘乙酸羊毛脂膏涂在花柄环四周，以防止脱落，并用1.5～2厘米长的麦秆管套在花柱上，进行隔离。挂上纸牌，标明组合名称、杂交日期等。

当柱头受精后1周左右，子房便膨大；当浆果直径达1.5厘米左右时，用纱布包住，以防止脱落或外伤。浆果成熟后，应及时采收。收后风干 2～3 天，以促进后熟。当浆果变白、变软并有香味时，便可将其放在清水中浸泡、揉碎，把果内的种子洗净后晾干，放在干燥处保存，以备明年播种。

47. 如何促进甘薯开花及进行有性杂交?

甘薯在北纬 23°以北地区，大多数品种不能在自然条件下开花。所以，在这些地区进行有性杂交时，首先必须用人工方法促进开花。其常用的方法如下。

(1)短日照处理法 从 5 月下旬开始，将盆栽植株在暗室或遮光箱中每天给予 8～10 小时的光照处理，经 1～2.5 个月后，便可开花。但因长时间的短日照处理，光合作用时间短，植株会生长不良。

(2)嫁接法 以甘薯的近缘植物(如牵牛花、月光花、天茄儿等)为砧木，甘薯为接穗嫁接后，能有效地促进开花。嫁接的具体方法是在早春(1 月底或 2 月初)将砧木和接穗分别育苗。2 月底至 4 月初，当砧木长到 8～10 厘米时，便可嫁接。常用的嫁接方法为劈接，即先将砧木的顶部切去，仅留基部 2 片子叶，在子叶节以上留 2 厘米长的茎，用刀片从茎中央往下切一深 2 厘米左右的切口，然后选取粗细合适的甘薯幼苗，用刀片迅速而准确地削成楔面，对准砧木的形成层，将接穗插入。嫁接后用线捆扎，并用棉花包住(图 19)，放在 25℃并保持 95%以上湿度的高湿箱中，置于阴凉处，或用玻璃罩罩上。写明砧木及接穗名称、嫁接日期。3～6 天后即可成活。成活后的植株先放置在见光处 1～2 天，然后再移至太阳下；并将砧木的叶片去掉，并经常修剪砧木的萌枝。

(3)重复法 将拟促进开花的材料，先与近缘植物嫁接，然后给予短日照处理，促进花芽的形成和开花。

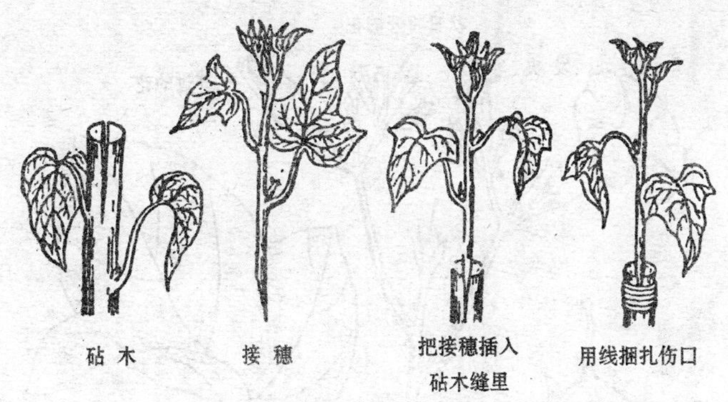

图 19　把甘薯茎嫁接在牵牛花或月光花上

怎样进行甘薯的有性杂交？甘薯的花着生在主茎的顶端或从叶腋里抽出，一般由 5～7 朵花丝集成为聚伞花序，每个花由 5 个花瓣联合成喇叭形，类似牵牛花。花色有紫红、淡红或白色。雌、雄同花，有 5 个长短不一的雄蕊和 1 个雌蕊；柱头分叉，呈球形；花柱极细，一般长 1.5 厘米左右；子房上位，呈卵圆形（图 20）。

甘薯从现蕾到开花，需 20～25 天。其开花顺序一般是沿蔓茎自下而上，由内向外，各花序顺序开花；在一个花序上，主轴上的花先开，然后同一花序两边侧枝上的花蕾顺序交互开放。花朵在夜间开始膨大，第二天早晨 6～7 时开放，中午闭合、枯萎。每天开花的时间和数量，受气温影响较大。

杂交的方法是：在开花前一天的下午，选取主茎及第一、第二侧枝上现蕾较早的 3～5 朵花（其余去掉），将花蕾已伸长而快开的花朵，拨开花冠，夹除雄蕊，套袋或用曲别针或发夹将花冠夹住，防止昆虫传粉。挂牌注明去雄日期和母本品种名称。由于甘薯为异花授粉作物，自交率很低（0.2%～

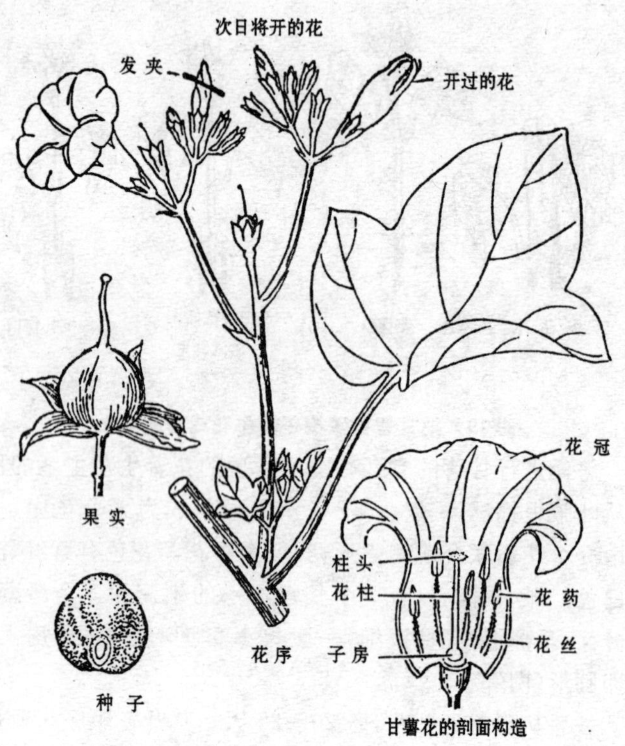

图 20　甘薯的花、果实和种子

0.4%)，所以，也可在当天上午去雄，甚至不去雄。去雄后，第二天上午或开花当天 6～10 时，收集父本花粉涂在母本柱头上，授粉后仍套袋，并在纸牌上注明父本名称和授粉日期。授粉 4～5 天后，即见子房膨大，30～60 天后蒴果果柄变枯、果皮变枯黄色时，种子已成熟，便可采收。

将晒干后的杂交种子用纸袋装好，放在低温干燥处贮存。翌年 2～3 月先用浓硫酸处理种子或用小刀划破种皮，浸种催芽后，便可播种育成实生苗。

甘薯品种间杂交时，常会遇到有的组合孕性很高，有的很低，甚至有的完全不孕。因此，有人将其分为 14 个不孕群（常用的为 4 个群）。群内品种间杂交时不孕，而群间杂交可孕。为此，在进行杂交育种时，必须先确定所用亲本品种属于哪个不孕群。其方法，是用各品种与已知群别的代表品种杂交，如授粉后 3～5 天，便观察到子房明显膨大时，则两品种是可亲和的。如果两亲本是不亲和的，则授粉后，子房不膨大而枯萎脱落，这样，便可知被测品种与已知群别品种为同一不孕群。

48. 在农业生产中，为什么要推广杂交种？

生物界普遍存在的杂种优势现象，不仅早已被人们所认识，而且在玉米、高粱、水稻、小麦、谷子、棉花、油菜、向日葵、烟草等大田作物及果树、蔬菜、家禽、家畜、家蚕等的生产中，广泛而有效地用以提高产量、改进品质，增强抗逆性等，发挥了巨大的经济效益，是现代农业科技中成果最突出的领域之一。

李凤龙（1997）报道：山东省的玉米生产，在 1958 年以前主要推广坊杂 2 号等品种间杂交种，全省平均单产比普通品种提高 30%～34%；1958～1970 年，主要推广双跃号等双交种，单产平均增产 82.28%；1971～1975 年间，主要推广群单 105、烟三 6 号等单、三交种，平均单产又提高 26.4%；1976～1979 年、1980～1989 年和 1990 年后先后应用丹玉 6 号、中单 2 号、鲁玉 2 号、鲁玉 3 号等紧凑型及紧凑、大粒型的掖单 12、掖单 19 等单交种，其单产分别比上一时期提高 25.27%、52.19%和 15.2%。

在我国水稻生产发展过程中，20 世纪 60 年代初期，育成并推广的矮秆品种，比原来应用的高秆品种增产 20%～30%；70 年代选育、应用了三系杂交稻，其单产比一般矮秆品种提高 20%左右；90 年代选育、推广两系杂交稻后，又比同类型的三系杂交稻增产 5%～10%，比同熟期的三系杂交稻增产 10%～15%。而且，稻米品质和抗性均有提高。据统计，1976～1999 年，全国累计推广杂交稻 2.5 亿公顷，增产稻谷 3.4 亿吨。全国杂交稻平均单产比常规稻高 27.3%。

我们在分析国内外近 40 个陆地棉品种间杂交种一代，其皮棉产量平均增产 20%(1988)。汪若海等(2005)分析了 2000～2004 年在全国各类棉花品种区试中，121 个杂交棉的产量平均比常规棉提高 10.2%，其绒长和比强度分别高 0.8 毫米和 0.75cN/tex。

我国杂交油菜的应用成效也很大。如第一个通过审定的秦油 2 号，在 1984～1986 年的省区试中，比对照增产 27.4%。至 1996 年便推广 733.3 万公顷，增产油菜籽 33 亿千克，增值 62 亿元。新近育成的双低杂交油菜如华农 3 号、油研 7 号、蜀杂 7 号等，平均比双高和双低的常规品种分别增产 10%左右和 15%以上。其产品品质大有提高。

可见，在农业生产中，应用推广杂交种，有着巨大的增产潜力和经济效益。

49. 表示杂种优势大小的常用方法有哪些？

杂种优势的大小，常用下列方法表示。

(1)平均优势或中亲优势 即杂交种(F_1)的产量或某一性状值，超过双亲的平均产量或相应性状平均值(MP)的百分率。

$$平均优势(\%)=\frac{F_1-MP}{MP}\times 100$$

(2)超亲优势或真实优势 即 F_1 的产量或某一性状值超过较好亲本的产量或相应性状值(HP)的百分率。

$$超亲优势(\%)=\frac{F_1-HP}{HP}\times 100$$

(3)超标优势或对照优势、竞争优势 即 F_1 的产量或某一性状值超过作为对照(CK)的当地推广良种的产量或相应性状值的百分率。

$$超标优势(\%)=\frac{F_1-CK}{CK}\times 100$$

另外,也有用杂种优势指数,即 F_1 的产量或某一性状值与双亲相应性状平均值之比,等等。

50. 为什么农作物的杂交种能显著增产?

农作物杂交种为什么能增产?这要从杂种优势形成的遗传机制谈起。解释杂种优势形成的遗传假说有许多种,如显性假说、超显性假说、遗传平衡假说和有机体生活力假说等。常用的有显性假说和超显性假说。

显性假说认为,有利性状大都由显性基因控制,通过杂交,双亲有利性状的显性基因都聚集在杂交种里,由于双亲显性基因的互补作用,从而产生了杂种优势。例如,有两个自交系,假定它们有 4 对互为显隐性关系的基因位于同一染色体上,基因型分别为 AAbbCCdd 和 aaBBccDD,杂交后杂种的基因型为 AaBbCcDd(一般大写字母代表显性基因,相对应的小写字母代表隐性基因)。即:

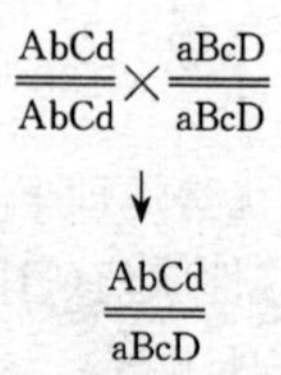

假定这 4 个基因的作用相等，显性基因的型值为 4，隐性基因的型值为 2，则两个亲本的值分别为 12，而杂种的值为 16。所以，由于杂交种中显性基因的作用，使得杂交种能增产。

超显性假说认为，基因的杂合性及其基因间的互补是产生杂种优势的根本原因。即杂合等位基因之间以及非等位基因之间是复杂的互补关系，而不是显隐性关系，但处于杂合态时比纯合态时的作用大。例如，两个玉米自交系的基因型分别为 $a_1a_1b_1b_1c_1c_1$ 和 $a_2a_2b_2b_2c_2c_2$，杂种的基因型为 $a_1a_2b_1b_2c_1c_2$。如果基因是催化生物合成的酶的控制者，纯合体 a_1a_1 能产生一种酶，而杂合子 a_1a_2 能合成两种酶或者第三种酶，使生理活性、生物合成等的增加，最后表现在增加产量上。

不管用何种假说来解释杂种优势，都离不开杂合性这一点，所以遗传上的异质性或者说杂合性是杂种优势形成的基础。

51. 杂交种的优势常表现在哪些方面？

杂交种优势的表现是多方面的，除产量外，某些营养器官（根、茎、叶等）的数目和大小、生长发育进程、生长势、光合效能、产品品质、抗逆性和适应性等均可显现不同程度的优势。同时，不同作物、不同性状所显现的优势程度也不一样。如在产量因素中，玉米的行粒数和粒重，水稻、小麦、高粱的穗粒数和粒重，棉花的单株成铃数和铃重，油菜的有效分枝数和结荚数等的优势最明显，是构成各自产量优势的主要性状。

多数杂交种的发芽、出苗及幼苗生长快而旺，分蘖（分枝）力强，根系发达，光合效率高，干物质积累快而多，为增产提供了良好的物质基础。上海植物生理研究所（1977）的研究指出：杂交稻南优3号与常规稻陆矮4号相比，每株根数多1.2倍，发根力高1.55倍，根系的鲜重和干重分别高6.2倍和2.96倍。广西壮族自治区农业科学院的研究表明：杂交稻各生育期的叶面积指数比常规品种大1.5～2.5；绿叶功能期长5～10天。河北省海兴县（1985）在盐碱地上种植的8个杂交小麦，在播种时基本苗数相同的情况下，有7个冬前的分蘖数比对照的每667平方米多3.3万～18.3万个，平均多10.4万个。山西省棉花研究所的观察是：杂交小麦的单株次生根数平均比对照的多9.9条。

河北师范大学在19个杂交小麦的研究中，有7个（占36.8%）的抽穗期早于双亲，有12个（占63.2%）介于双亲之间并倾向于早熟亲本。

有些杂交种的产品品质也有一定的优势。河北师范大学分析的11个杂交小麦中，有8个的籽粒蛋白质含量超过双亲。中国农业科学院棉花研究所的试验表明：由于棉花杂交种一代结铃早，纤维成熟好，纤维长度增加89%，强度提高6.6%。山东省棉花研究中心用24个杂交组合试验，F_1的绒长比双亲平均增加1.24毫米。中国农业科学院油料研究所分析了72个杂交油菜的含油量平均比亲本高6.3%，最高的高出亲本16.5%。云南省育成的矮D_1杂交油菜，不仅产量比对照（昆明高棵）高80.4%，菜籽的含油量、油酸和亚油酸含量分别高达43.48%、35.4%和33%（邢怀珊，1997）。

由于杂交种的生活力强、生育旺盛，其抗逆力和适应性均高于亲本。河南省的试验表明：在春季低温多雨的年份，棉花杂交种的病苗率比一般品种减少65%，死苗率减少25%。

52. 影响杂种优势大小的因素有哪些？

杂种优势虽是生物界的普遍现象，但也不是任何两个亲本杂交所产生的杂种，或杂种的所有性状都表现出明显的优势。杂种优势的有无、大小，常因作物种类、繁殖、授粉方式、不同组合、亲本纯度、具体性状及环境、栽培条件等的不同而有差别。

一般的趋势是：异花授粉作物比常异花授粉作物和自花授粉作物的优势大；在一定范围内，亲本间的亲缘关系远、遗传差异大的亲本所组配的杂交种优势大；纯度高的亲本所组配的杂交种比纯度低的亲本所配制的杂交种优势大。如玉米自交系间杂交种常比自由授粉的品种间杂交种产量高；马齿型和硬粒型间的杂交种比硬粒型和硬粒型间或马齿型和马齿型间杂交种优势大。籼、粳亚种间杂交稻比品种间杂交稻的优势大。陆地棉和海岛棉间杂交种比陆地棉品种间杂交种的许多性状优势大。另外，在同一组合中，产量性状的优势一般大于品质性状。如我们在分析国内外30多个棉花杂交种时，其产量和铃数的平均优势分别为21.9%和14.4%；而衣分、绒长、强度和细度的平均优势则仅为0.6%～1.91%。

杂种优势的大小与环境、栽培条件也有密切关系。如玉米单交种新单1号，在河南种植时，有很强的优势，而种植在北京时，优势不明显；而群单105在河南、北京种植时，其表现正好与新单1号相反。原北京农业大学1989年在华北地区5个点对14个小麦T型杂交种进行的试验表明：在北京，只有 8 个杂种表现出 1.1%～18.6%的超标优势；在河北省海兴县，所有 14 个杂交种都具有 2.4%～24.7%的超标优势；而在山西省太谷县，只有 2 个杂交种表现出超标优势。他们还用 12 个杂交种进行了不同年份的比较试验。在 1983 年，其平均优势为 17.22%，超标优势为 13.34%；而 1984 年，这 12 个杂交种的平均优势为 10.71%，超标优势为 4.78%。同一杂交种，在不同地点、年份间所表现出的优势差别充分说明：杂种优势的大小与环境、栽培条件有密切关系。所以，选用杂交种，必须因地制宜、因种制宜，并尽可能创造能使该杂交种得以充分表现的栽培、管理条件。

53. 选用农作物杂交种时，应具备哪些条件？

为了在生产上广泛而有效地应用杂交种，不论是何种作物，还是采用哪种杂交制种方式，都应具备下列条件。

(1)有强优势的杂交组合 要想在生产上通过应用杂交种获得高产、优质的农产品，首先必须选用经过比较试验证明是强优势的杂交组合。强优势组合是指该组合 F_1 的主要农艺性状(如产量、品质、熟性、抗逆性等)不仅应具有较高的平均优势，而且还应具有超亲优势和超标优势。因杂种优势的大小，常受环境、栽培条件的影响，所以，选用杂交种时，必须因地制宜。

(2)要有纯度高的亲本 只有用纯度高的亲本配制出的杂交种，F_1 群体才是高度一致的杂合基因型，性状才会整齐一致、优势大；否则，F_1 会发生性状分离，生长发育不整齐，优势也不大。所以，在应用杂交种时，应具有与作物授粉习性相适应的亲本繁殖、制种体系、良好的隔离条件和严格的防杂、保纯措施，以保证亲本的纯度和制种工作的顺利进行。

(3)繁殖、制种的工序简单易行，种子生产的成本低、质量高 杂交种一般在生产上只有利于F_1，这就需要年年繁殖亲本和配制杂交种，才有生产实用意义。如亲本繁殖和制种技术复杂，耗费的人力、物力过多，不但会增加种子成本，也难以保证杂交种子的质量，降低生产效益，而不利于杂交种的广泛应用。为此，应用杂交种时，不仅要有简易有效的亲本繁殖和保纯方法，能不断地提供数量多、纯度高的亲本种子，以供制种使用，而且还要有简易有效的制种方法与技术，尤其是要设法免除或简化去雄的工序，以便能生产出数量多、质量好、成本低的杂交种子供生产应用。

54. 生产上应用的杂交种有哪些类别?

由于配制杂交种时所用亲本类型和组配方式的不同，生产上利用的杂交种有下列几种类型。

(1)品种间杂交种 这是用两个优良品种作为亲本组配的杂交种。它是自花授粉和常异花授粉作物常用的方式。异花授粉的玉米在利用杂交种的初期也是利用品种间杂交种。如20世纪50年代推广的农大4号、农大7号、坊杂2号等，比一般品种增产5%～10%。

(2)自交系间杂交种 因亲本自交系的数目和组配方式不同，可分为以下4种。

①单交种 是用两个优良自交系，经过一次杂交(自交系甲×自交系乙)而配成的。如中单2号(M_{o17}×自330)和丹玉13(M_{o17}×E_{28})等。单交种一般生长健壮，性状整齐一致，优势强，增产幅度大；选育年限短，配制简单，是目前生产上广泛利用的玉米杂交种。但单交种是生长在母本自交系的植株上，其制种产量较低，生产成本较高。

②三交种　是由3个自交系经过两次杂交配成的杂交种，即(自交系甲×自交系乙)×自交系丙。如河南省农业科学院以(黄早4×32)育成的郑单8号为母本再与齐302自交系杂交所育成的郑三3号。三交种是以单交种做母本，制种产量比单交种高，制种程序比双交种简单，但杂种产量稍低于单交种。

③双交种　由4个自交系组配而成，即(自交系甲×自交系乙)×(自交系丙×自交系丁)。如河南省新乡农业科学研究所育成的新双1号[(矮154×小金131)×(W59E×W153)]。双交种的双亲都是单交种，制种产量高，种子成本低；其遗传基础较单交种广泛，适应性强。但其产量和性状整齐度均低于单交种，制种工序也较单交种复杂。

④综合杂交种　是用多个生育期和株高等性状相对一致的优良自交系的等量种子混播在隔离区内让其自由授粉或用多个自交系的花粉混合后授粉的方法所配制的杂交种。如曾在河南省大面积推广的混选1号便是由10～26个自交系组成。综合杂交种一般适应性广，优势较稳定，制种程序也较简单，一次制种可多年应用。

(3)品种自交系间杂交种　是用一般品种和自交系或单交种、双交种做亲本组配成的杂交种，常称顶交种。如曾在我国推广的武顶1号(野鸡红×武105)、成顶1号(门可B×金皇后)、桂顶1号(中单2号×墨黄9号)等，它虽可比普通品种增产10%左右，但性状不整齐，生产上应用的不多。

上述几种杂交种的关系如图21所示。

(4)雄性不育系杂交种　是用雄性不育系做母本与恢复系配制成的杂交种。杂交时不必去雄，既节省劳力、降低成本，也可保证制种质量。生产上用的杂交水稻、杂交高粱都属于这一类。

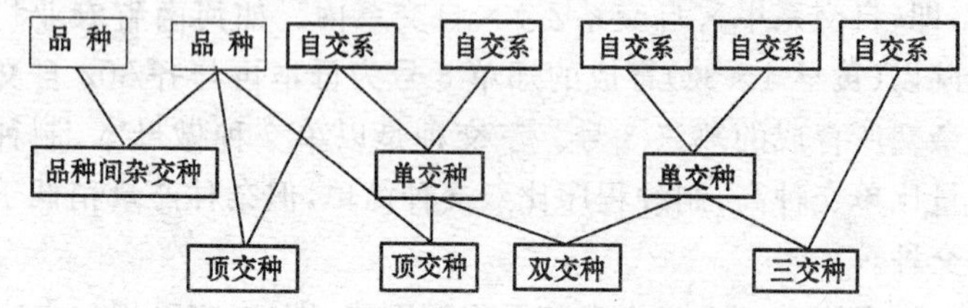

图 21 各类杂交种的关系

(5)自交不亲和系杂交种 是用自交不亲和系做母本与正常品种杂交或用 2 个自交不亲和系做父母本配制的杂交种。制种时也不必去雄，如某些油菜杂交种。

就亲本类型而言，上述两类杂交种中，有的也属于品种间杂交种。

(6)亚种或种间杂交种 水稻中的籼稻、粳稻杂交种和棉花中陆、海杂交种属于此类。因亲本间血缘关系较远，遗传差异较大，所以杂交种的优势较大，增产潜力也大。

55. 杂交种的第二代为什么常出现优势衰退现象？

杂种优势的主要遗传基础是基因型的高度杂合性。但高度杂合的 F_1 会产生多种多样基因型的配子，在 F_1 群体中，各植株间自由授粉的条件下，不同基因型配子的自由组合，便产生不同基因型的后代，即出现性状分离，植株间的性状参差不齐、纯度差。同时，在这一分离群体的不同植株中，虽有少数植株还会像 F_1 一样是高度杂合的，具有一定的优势的；但大多数植株则是基因的纯合体，它们的性状会趋向父母本，所以就表现不出优势。但这种优势衰退的程度，因亲本性质、数目和具体的杂交组合不同而异。如玉米杂交种中，亲本的遗传差异越大、亲本的纯度越高、组合中的亲本数目越少，F_1 的优势越大，则 F_2 的衰退现象也越明显。据中国农业科学院作物研究所的试验，F_2 的平均产量与 F_1 相比，玉米品种间杂交种减产 11.8%，双交种减产 16.2%，三交种减产 23.4%，单交种减产 34.1%。山东省棉花研究中心用 14 个陆地棉品种间杂交组合试验表明：F_2 平均比 F_1 减产 13%。江苏省农业科学院经济作物研究所等从 146 个陆地棉品种间杂交组合中，筛选出 4 个高优势组合进行了 2～3 年的对比试验，除 F_2 平均比 F_1 减产 10.3%外，枯萎病病指也提高了 52.2%。

若用雄性不育系配制杂交种时，F_2 还会分离出一定比例的雄性不育株，对产量的影响会更严重。

56. 在生产上为什么常用棉花杂交种的第二代？

长期的研究和实践表明：无论陆地棉品种间杂交种或陆海杂交种的第一代，在产量和纤维品质上均有一定的优势，一般可增产 10%～20%。但除印度和我国外，在生产上大面积推广杂交种的还不很普遍。

棉花为雌、雄同花，人工去雄不如玉米简单方便，用工量大。如去雄不及时、不彻底，容易自交结实，影响杂种质量。目前尚未选育出理想的三系，以简化制种工序。棉花的花粉粒较大并富有黏性，不易借风力传播授粉，其天然杂交率比玉米、高粱低得多，制种还需人工授粉，否则结实率低。棉花蕾、花、铃的自然脱落率高，在人工去雄、授粉的情况下，脱落率更高；棉花的每个花朵，在充分授粉的条件下，也只能结 30～40 粒种子，还容易产生不孕籽，不能做种用；棉花的开花期不集中，也给去雄、授粉工作带来一定困难。这些不利因素，使制种工效低，制种成本高。另外，棉花为双子叶植物，2 片子叶又大，出苗顶土能力差。为了保证一播全苗，必须加大播种量。这样，便需配制出足够数量的杂交种子，才能满足在生产上种植 F_1 的需要。

F_2 一般会出现优势衰退和性状不整齐的现象。但在 F_2 的分离群体中，仍会保留部分杂合体，只要组合选配得当，它仍会保持一定的优势。邢以华等(1987)对 21 个陆地棉品种间杂交组合的试验中，有 13 个组合(占 80.9%)F_2 的皮棉产量比对照高 7%～15%，其纤维品质与 F_1 差异不大。袁振兴(1998)的试验指出：湘杂棉 2 号的 F_2 比泗棉 2 号增产 7.6%；F_2 的绒长、比强度、绒长整齐度、麦克隆值和气纺品质指标分别为 F_1 的 99.3%、99.2%、97%、95.8%和 102.4%。杨桦等(2005)用 4 个特早熟杂交组合的试验表明：F_2 的霜前子、皮棉产量的竞争优势分别为 13.8%～41%和－1.3%～48.7%。可见，只要组合选配合适，在生产上应用 F_2 还是有一定的增产效益的。据试验，手工制种时，利用 F_2 的制种面积只占大田面积的 0.02%，只相当于利用 F_1 的 60%，这样降低了制种成本，有利于杂交种的推广。目前在我国主要推广的中杂 019、中棉所 28、冀棉 18、苏杂 6 号、皖棉 13、湘杂棉、鄂杂棉等杂交棉，有近 90%是应用 F_2。

57. 什么叫自交系？选育玉米杂交种时，为什么要用自交系？

自交系是指一个单株经连续自交后，所获得的性状整齐一致的后代。玉米是异花授粉作物，在一般大田种植的条件下，不同品种(系)、不同植株之间，容易串花(粉)，95%以上的籽粒，都是由别的植株花粉授粉结实的。如果用人工套袋，将本株的花粉授在同株的花丝上，使之受精结实，这便叫自交。第二年用自交的种子播种，从中选优良单株继续自交，这样连续自交4～5代后，其后代的生育期、苗色、株型、叶型、株高、穗位及果穗性状等都会整齐一致，便成为一个自交系。制种用的自交系如M_{o17}、自330、X178、昌7-2、掖478等，都是这样选育出来的。

选育玉米杂交种时，为什么一般都不用现成品种而用自交系来配制杂交种？这是因为用纯合的亲本杂交时，其杂种的优势最大。玉米是异花授粉作物，天然杂交率高，每个品种实际上都是一个混杂群体，遗传性很不纯。用这样遗传性不纯的亲本杂交，不仅双亲的不良性状会遗传给杂交种，优势低。而且F_1会出现性状分离而生长不整齐，而用自交系杂交时，便可克服这些缺点。

在一般的玉米品种群体中，制约某些性状的隐性基因常被同时存在的相应显性等位基因所掩盖，所以通常不表现出隐性性状。但通过人工自交，后代会发生性状分离，许多不良的隐性性状得以表现，如出现白苗、花苗、畸形、卷叶、窄叶、小穗、不育、雄花结籽、容易感病、倒伏等，通过选择，汰劣留优。这样，其遗传基因会愈来愈纯合而成为纯合体，后代不再分离。所以，自交系不仅可克服原有品种的缺点，使其优良性状得到积累、加强；而且每个单株的性状都很稳定一致。当然，对天然异花授粉的玉米，进行多代自交后，其生活力会不同程度地衰退，如生长势弱，植株变矮，果穗变小，单株产量降低等，不能用于生产。但用遗传性不同的自交系再杂交后，F_1的生活力不仅不衰退，而且可聚集各亲本自交系的优良性状，表现较大的杂种优势，性状也整齐一致。另外，玉米为雌、雄异花，人工自交也简单易行，选育自交系并不太难。所以，常用于玉米的杂种优势利用中。

58. 怎样选育玉米自交系？

选育自交系，首先要选好原始材料（基本材料）。作为选育自交系的基本材料应是适应当地气候特点、栽培制度和肥水条件，生长健壮，抗逆性强及具有其他特点。它可以是优良品种、生产上推广的自交系间杂交种或由多个各具特点的优良自交系组成的综合群体（综合种）等。

直接从一个优良品种中选育的自交系叫一环系。如自交系野鸡红和金 02、金 03，就是分别从陕西韩城的农家品种野鸡红和金皇后品种中选出的。从不同自交系间杂交种中选育的自交系叫二环系。二环系用的基本材料虽然是杂交种，但它的亲本都是遗传性比较纯的自交系，所以选育自交系所花的时间并不一定比一环系长，而且杂交种结合了亲本自交系的优点。所以，选育出优良自交系的机会也比一环系多。目前，生产上应用的优良自交系，大多是从单交种或双交种选育出来的，一部分是从综合群体中选育出来的。

选育自交系的方法是：第一年把收集来的合适基本材料，每种材料种成一个小区，每个小区一般应种 200～300 株，然后选优良的单株进行自交（图 22）。当入选株上的雌穗从叶腋中抽出而尚未吐丝时，用 20 厘米长、10 厘米宽的半透明纸袋套住雌穗苞叶上端，以免串粉。待花丝露出苞叶 1.6～3.3 厘米、本株的雄穗（天花）已经开花散粉时，及时进行授粉。在授粉前一天下午田间没有花粉时，用剪刀或小刀在雌穗苞叶顶端以下 1.6～3.3 厘米处将花丝连同苞叶割去，再套上纸袋，以刺激雌穗各部位的花丝整齐地抽出，便于第二天授粉并

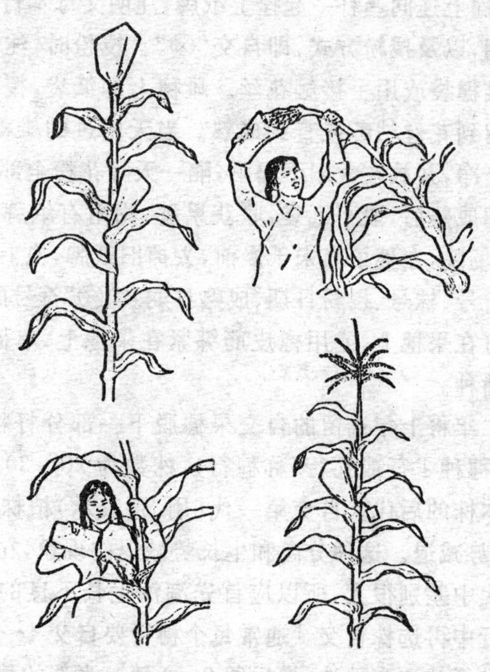

图 22　玉米自交操作技术

上左:套袋　上右:采粉　下左:授粉　下右:套袋挂牌

提高授粉效果。与此同时,用 30 厘米长、20 厘米宽的大牛皮纸袋(或仿羊皮纸袋)套好本株的雄穗,下部折起包紧雄穗穗柄,用曲别针夹紧,以防止纸袋被风吹落,并有利于收集花粉,防止其他花粉混入。翌日上午露水干后大量散粉时,就可进行自交授粉。其方法是:先把雄穗轻轻弯下并拍打纸袋,振落花粉,小心地将纸袋取下,并使花粉集中到纸袋的一个折角里,然后用草帽边缘遮住花丝上方,取下雌穗上的纸袋,很快把雄穗袋里的大量花粉撒到花丝上,仍套好雌穗袋。授完粉后，在雌穗上连同茎秆一起拴上纸牌，注明父母本行号、株号、授粉日期，以及授粉方式，即自交“⊗”。授粉时，注意不要用手伸进雄穗袋或用手接触花丝。雌穗上的纸袋，授粉完后要一直保留到花丝枯萎或直到成熟。当天用过的雄穗袋，要把花粉倒干净，并放在太阳下曝晒，隔一天等花粉全部死亡后再用。雌穗成熟后，取下纸袋，收获果穗，用附有纸牌的绳子捆紧，运回场院，在穗子尚未干燥前，去掉旧纸牌，换上写有同样父母本行号、株号、授粉日期、成熟日期及“⊗”符号的新纸牌，用鞋钉钉在果穗上，或用橡皮筋绑紧在果穗上，单穗保存，以备下年播种。

第二年将上年选留的自交果穗脱下一部分籽粒，以穗为单位，每穗种 1 行或几行(称穗行)，株数为 20～30 株。代表一个基本株的后代。自交第一代(用 S_1 表示)植株会出现分离，生长势减退。这种分离和生长势减退的现象，在不同基本株的后代中差别很大，所以应首先淘汰生长不良的穗行。在入选穗行中再选株自交。通常每个穗行要自交 4～5 株，收获前后再进行株选和穗选，最后留 2～3 穗。当选的穗仍要登记编号，单穗保存。第二年仍旧种成穗行(为 S_2)，每行 20～30 株。各穗行之间仍有明显差别，所以仍要淘汰不良穗行。在入选的穗行中继续选 4～5 株套袋自交，最后选留 2～3 个自交果穗，编号登记，单穗保存。

从其本株开始连续自交和选择 4～5 代后，分离的各个后代中，株间的一些主要性状如叶色、叶型，株型、株高，穗位，开花期以及雌、雄穗的各种性状已基本整齐一致，就成了自交系。性状一致的自交系可用系内株间杂交(称姊妹交)进行留种，或采集系内典型株的花粉，混合后进行授粉留种。也可继续自交留种，一般自交 10 代后，性状不再分离，但自交代数太多，生活力会降低。自交5代以后，可采用自交和姊妹交或系内典型株混合授粉、隔代交替的方法留种。

有时，从同一基本株自交第二代起会分离出不同的类型，这些类型如果各有特色，就可以分别继续进行选择，直到性状稳定一致。这样从同一基本株选育出来的几个不同类型，互称姊妹系。

在以推广单交种为主的情况下，有意识地选留优良的姊妹系，对于改良单交种和提高亲本自交系的繁殖系数有实际意义。

59. 怎样比较自交系的优劣？

一个优良的自交系除应生长健壮、植株较矮、穗位适中，抗病、抗倒，果穗大，产量高、品质好，生育期适当外，更重要的是具有较高的配合力。配合力是指一个自交系与另一些自交系或品种杂交后，杂种一代的产量表现。表现高产的叫高配合力，表现低产的叫低配合力。

要比较自交系配合力的高低，必须进行配合力测定。测定自交系的配合力时，应该用同一品种或杂交种做父本，用被测的几个自交系做母本，用人工套袋的方法分别进行杂交，这种测定自交系配合力和杂交方式叫测验杂交，简称测交。测交所得的杂交种叫测交种。测交用的父本叫测验种。测验种对测交种的产量影响很大，当然也就会直接影响到配合力测定的准确性，所以一定要选用比较可靠的测验种。

实际上，测定自交系的配合力时，通常用待测自交系与多个自交系同时杂交，再测定杂交种的产量高低。如果某个自交系与它们杂交得到的杂交种（F_1）都表现高产，说明该系和众多自交系的配合力都很好，这种配合力称为一般配合力。

如果某自交系和众多自交系杂交，得到的杂交种只有其中某个或少数组合的产量高，而其他组合都很低时，这种特别高与特别低相差很大的配合力，称为特殊配合力。一般配合力高的自交系可用于广泛地配制杂交种，而特殊配合力高的自交系只能和特定的少数自交系杂交，才能得到好的杂交种。

也可在测定自交系配合力时，有意识地和选配杂交种相结合。通常选用经过实践证明是优良的自交系或单交种做测验种，换句话说，用来做测验种的自交系或单交种就是准备在生产上推广的杂交种的一个亲本，也就是一旦测交种产量高，很可能在生产上被广泛应用。为了增加可靠性，可以选用不止一个测验种，然后求出平均产量。如用甲、乙、丙 3 个自交系做测验种，测定 1、2、3、……等 10 个自交系的配合力，分别配成(1×甲)、(1×乙)、(1×丙)、(2×甲)、(2×乙)、(2×丙)、……等 30 个测交种，用每个被测自交系与 3 个测验种杂交得到的三个测交种的平均产量来表示它的配合力高低。

测定自交系配合力的时期，通常有早期(代)测定与晚期(代)测定两种。

早代测定是在自交第一代到第三代(S_1～S_3)内进行。据研究，自交系从第一代以后，彼此间在性状上虽有很大差异，但其本身的配合力则没有多大变化，即自交早代与晚代测定的配合力是一致的。因此，自交系配合力的测定不必一定要等到自交系达到整齐一致后才进行，这样可及早肯定优良系而淘汰不良系，使优良系尽早加以利用，并可压缩试验规模，节省人力和物力。进行早期测定时，由于各自交穗行中株间分离很大，测交时一定要记录株号，同时进行成对测交，也就是所选单株一面自交，同时用花粉与测验种杂交，第二年种自交穗行并比较测交种产量，再在入选穗行中选单株自交。

晚代测定是指在自交第四代(S_4)以后进行测定,此时自交系的性状已基本整齐一致,测定结果对于自交系优劣的取舍比较安全,但困难在于 S_4 以后已分离出很多的系,势必增加测交工作的负担,浪费人力物力。这种测定肯定优良自交系的时间较晚,将延迟优良系的利用。

60. 怎样改良玉米自交系?

一个自交系经过配合力测定和比较试验或生产试验,证明是优良而丰产的系,但还存在某个缺点,如不抗某种病害、抗旱性或抗倒性差,或者自身雌、雄花期不协调,苞叶过长等,这些缺点影响杂交种的高产、稳产或限制了推广地区。有时在杂交种推广过程中,某个亲本自交系丧失或减弱了某种抗性,从而影响杂交种的继续使用。在这种情况下,就得考虑用新的、优良的自交系代替或者对原有的系进行改良。例如丹玉 13 号($M_{o17}\times E_{28}$),开始推广很快,由于 E_{28} 自交系感青枯病严重,推广面积很快下降。夏播优良自交系黄早 4,在应用过程中小斑病日趋严重,各地纷纷进行改良,然后再利用。改良自交系的原则是希望不丧失原有的高配合力及其他优良性状,而克服其不良性状。

改良玉米自交系的方法,最常用的是回交法。这是用待改良的系与具有目标性状(如抗性强)的系或品种杂交,使后者的抗性转育到待改良的自交系中。其做法是:先杂交,用杂交子代与待改良的系连续回交。在杂交和回交后代中都要选抗性强、其他性状又更像待改良系的植株回交。连续回交4~5 次后,再自交 1~2 次,就可得到抗性强、同时又保留了原有优良系特性的自交系。回交次数多少,要看是否把抗性性状都结合了进去,直到符合需要为止(图 23)。

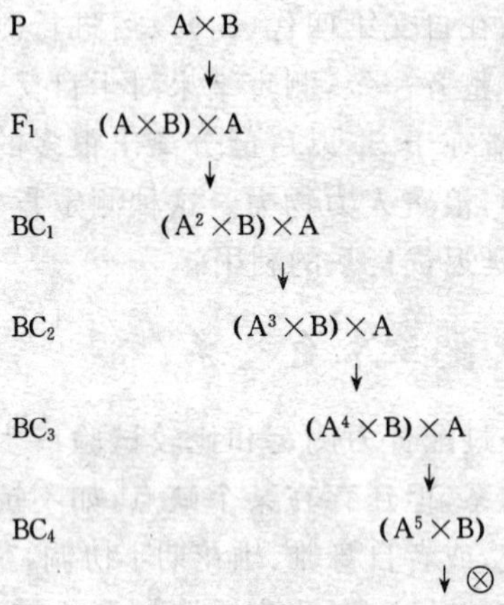

图 23 回交改良法示意图

A——待改良的自交系 B——具有 A 所缺少的优良性状的自交系

$BC_{1……4}$——代表回交 1 代,回交 2 代……回交 4 代

如果需要改良的性状属于单基因隐性性状,则每回交 1 次,接着要自交 1 次,从其后代中选表现此性状的植株进行回交; 否则,有可能丢失从 B 系转移来的性状。

改良自交系的第二种方法是系谱法。其做法是,用待改良的系与具有它所缺少的优良性状的自交系或品种进行杂交,然后连续自交,直到新的自交系整齐一致而又改良了原有的不良性状为止。

不论用回交法或系谱法改良原有的自交系,用做改良原有自交系不良性状的亲本(B 系或品种)也必须是优良的材料,它除了具有原有自交系所缺少的优良性状外,其他性状和配合力也应比较好,更不应有严重的缺点,否则,会给杂交和回交后代同时带来很多不利性状,可能导致改良失败或增加很多困难。

61. 什么叫植物的雄性不育性？它有哪些类型？各有何特点？

在自然界中，植物的雄性不育比较普遍。至今，已在 18 个科的 110 多种植物中发现具有这一特性。植物雄性不育的最大特点是雄蕊发育不正常，不能产生可育的花粉。但雌蕊发育正常，可产生正常的卵细胞，并可接受正常的花粉而受精结实。导致植物雄性不育的原因是多种多样的。其中一类是由于生理上的不协调或受某些环境因素的影响而造成的，这类不育性不能遗传，没有实践意义。二类是由于染色体数目和性质的不协调而引起的染色体雄性不育，如在远缘杂交中常发生这类不育，在育种中的意义也不大。三类是由基因控制的可遗传的雄性不育，是育种中最常利用的。

可遗传的雄性不育，根据控制基因的不同，分为以下三类。

(1)细胞质雄性不育　它是由细胞质基因控制的，一般不会受父本细胞核基因的影响而改变。因此，它表现为母系遗传。如果用 S、F 分别表示雄性不育和可育的细胞质，其间的遗传关系可用图 24 表示。

从图 24 可以看出：用细胞质雄性不育系与雄性可育的正常品种杂交，F_1 全为雄性不育。用 F_1 各个体与雄性可育的父本连续回交多代，其后代仍表现为雄性不育，体现出细胞质遗传的特点。这说明这类雄性不育是受细胞质基因控制，而不受父、母本核基因的影响。

(2)细胞核雄性不育　该类不育性是由细胞核内基因控制，其遗传方式遵循孟德尔的分离规律；同时，雄性不育性多为隐性，而正常可育是显性。用核雄性不育株与可育株杂交，

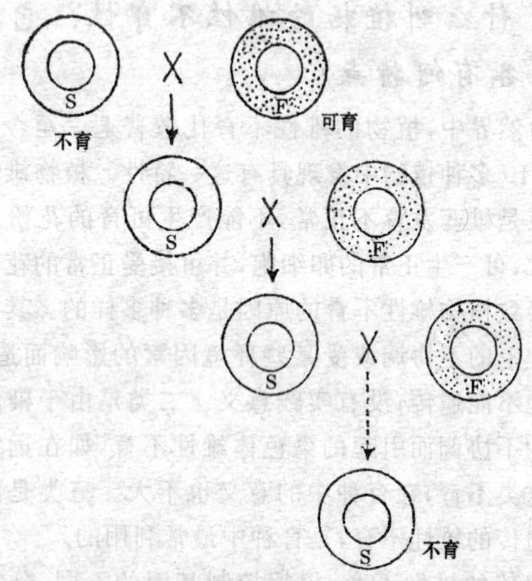

图 24　细胞质雄性不育的遗传

F_1 均为雄性可育，F_1 自交所产生的 F_2 会出现分离，不育株与可育株的比例为 1∶3(图 25)。这类雄性不育类型，已在水稻、小麦、大麦、棉花、甜菜等作物中发现，有的已用于杂交制种。

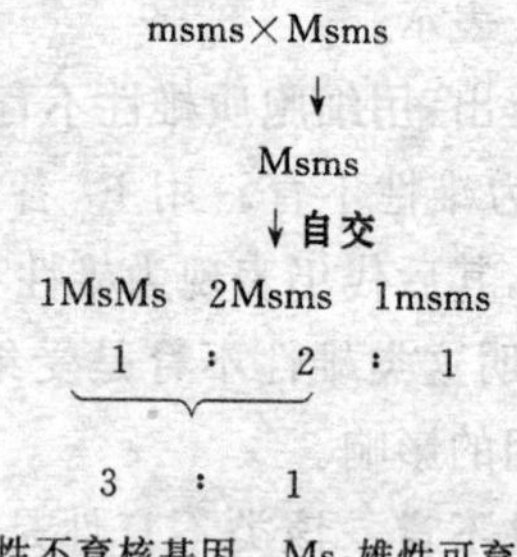

图 25　细胞核雄性不育遗传的表现

(3)核质互作雄性不育 这类雄性不育是受细胞质基因和核内基因相互作用共同控制的。细胞质中存在着不育基因,同时在细胞核内也存在1对或多对能够影响细胞质不育性的基因。核内基因的正常可育对不育为显性,用F、S分别代表细胞质的可育和不育基因,用rf、Rf分别代表核内的可育和不育基因。当一个植株的细胞质和细胞核中分别有S和rfrf基因,基因型为S(rfrf)时,则表现为雄性不育。如细胞质和核中分别存在S和Rf基因时,不论是纯合[S(RfRf)]还是杂合[S(Rfrf)]均表现出雄性可育。可见,Rf核基因对细胞质不育基因S和核不育基因rf都为显性。当细胞质中有可育基因F时,不论核基因如何,均表现雄性可育。可见F基因对rf核基因也是显性。现将上述情况的基因型和表现型列于表2。

表2 核质互作雄性不育基因型和表现型综合表

细胞质基因	核基因		
	Rf Rf	Rf rf	rf rf
正常F	F(Rf Rf)可育	F(Rf rf)可育	F(rf rf)可育
不育S	S(Rf Rf)可育	S(Rf rf)可育	S(rf rf)不育

从表2中可以看出:用S(rfrf)不育系与可育的F(rfrf)杂交,所得的S(rfrf)仍为不育,即可保持其后代的不育性,故称F(rfrf)为雄性不育的保持系。如用S(rfrf)不育系与可育的F(RfRf)或S(RfRf)杂交时,得到的S(RfRf)都是可育的,故称F(RfRf)或S(RfRf)为雄性不育系的恢复系。

随着雄性不育性研究工作的深入发展,原先认为是由细胞质基因单独控制的雄性不育类型中,实际上大多数也属于核质互作类型,只是它们的恢复系难以找到。所以,有人将可遗传的雄性不育只划分为两类，即核型和核质互作型，这是二型学说。但较普遍认同的还是前述的三型学说。

62. 什么叫三系？在杂交制种时，为什么要利用三系？

三系指的是雄性不育系、雄性不育保持系和雄性不育恢复系。

雄性不育系是指具有雄性不育特性的品种和品系，简称不育系。它常常是细胞质和细胞核来自于不同种属的核质组合，其遗传组成为 S(rf rf)。不育系的雄性器官不能正常发育，没有花粉或不能形成功能正常的花粉，但雌蕊正常，能接受外来花粉而受精结实。因此，在制种时用它做母本，可以不去雄。

雄性不育保持系是用来给不育系授粉，保持其不育性的品种或品系，简称保持系。保持系的遗传组成为 F(rf rf)，它除雄性的育性不同外，其他特征特性同不育系完全一样。从遗传上讲，保持系和不育系的细胞核完全一样，仅是细胞质不同，因而保持系不仅能一代一代地保持其不育系的不育性，而且能保持其遗传特性世代不变。在制种时所用的不育系要通过保持系授粉而得到种子。

雄性不育恢复系是带有恢复基因的品种或品系，用它给不育系授粉后，所得到的杂种种子恢复了正常的雄性可育，因此叫雄性不育恢复系，简称恢复系。其遗传组成为 F(RfRf)或 S(RfRf)。在制种时用恢复系做父本与不育系杂交得到的杂种种子，其后代是可育的。

图 26 可表示三系的关系。

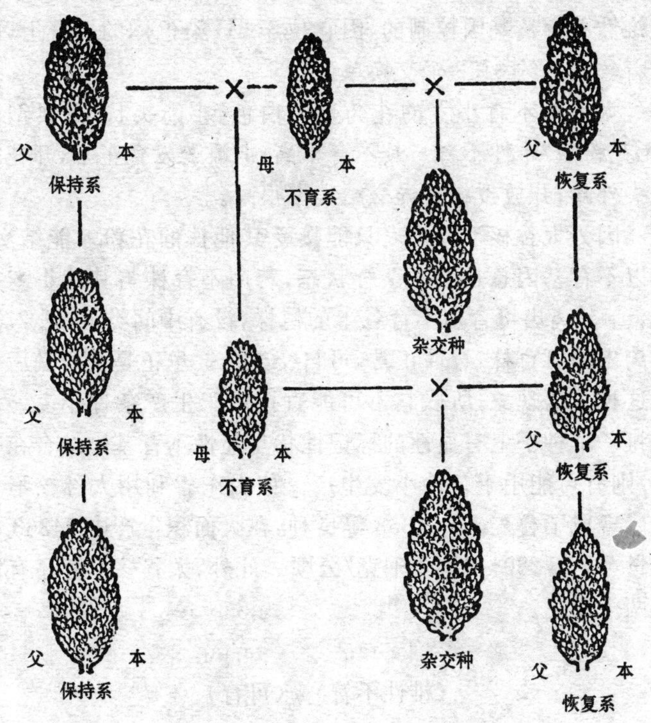

图 26 雄性不育系、保持系、恢复系在制种中的关系

63. 小麦太谷核不育是怎么回事？它有何意义？

太谷核不育，是山西省太谷县水秀乡郭家堡村高忠丽1972 年在大田发现的一株小麦雄性不育天然突变体，以后经研究称之为太谷核不育。

染色体上存有控制雄性育性的基因，这些基因的突变或缺失都可能引起雄性不育。以往曾发现许多由核基因控制的雄性不育，但绝大多数都为隐性。太谷核不育则是由一个显性雄性不育核基因控制的，因它位于4D染色体的短臂上，距离着丝点大约31.2个交换单位。

太谷核不育小麦的花药呈黄白色、小箭头状，是典型的"无花粉型"雄性不育。其不育率高，但雌蕊发育正常，开花时柱头外露，开放授粉时异交结实率很高。

因为太谷核不育小麦只能接受其他株的花粉才能结实，所以不育基因总是处于杂合状态，若用不育株与其他小麦杂交，F_1 分离出可育与不育各半的植株，没有中间类型(图27)。分离出的可育株，育性正常，可自交纯化。也正是由于其后代的这种分离现象，所以它不可能直接用于生产杂种小麦。但若将一个种子上有显性的标记性状与显性不育基因结合在一起，则有可能用于杂种小麦生产。如山东省利用太谷核不育先后育成了鲁麦15、54368等良种，在大面积生产中54368的产量可达8 280～9 000千克/公顷。此外，太谷核不育还有以下两个用途。

$Ta_1 ta_1$ × $ta_1 ta_1$

(雄性不育)↓(可育)

$Ta_1 ta_1$ ∶ $ta_1 ta_1$

不育∶可育＝1∶1

图27　太谷核不育小麦与其他小麦杂交的结果

一是小麦的轮回选择。通过太谷核不育基因，在各轮回世代的交替过程中，从不育株上获得大量的互交体，而从可育株中获得育性稳定、遗传基础广泛、性状优良的杂交个体。在轮回选择过程中，可根据育种目标的要求，随时向群体中加入新的种质，提高群体的总体水平，是实现超亲育种的重要方法之一。目前，我国已有一批经轮回选择后的群体开始在生产上应用。

二是远缘杂交。利用太谷核不育基因的特点开展远缘杂交，既省时、有效，又可克服假杂种的干扰。黑龙江省农业科学院把太谷核不育基因引入小黑麦、小偃麦、硬粒小麦等材料中。进行种、属间杂交后，获得不少农艺性状优异的材料，创造出可为育种直接或间接利用的各种遗传资源。

64. 什么叫光、温敏核不育水稻？

湖北省仙桃沙湖原种场的石明松1973年在大田种植的晚粳品种农垦58中，发现有些植株在长日照(每天14小时以上)下抽穗的表现为雄性不育，而在短日照(每天13.5小时以下)下抽穗的是雄性可育。后经多人研究认为：这种由光照长短变化而诱发的育性转换特性，是受细胞核内隐性基因控制的，故将具有这种特性的水稻称为光敏核不育水稻。经研究表明：光长对其育性转换的敏感期，主要是在第二次枝梗分化到花粉母细胞的形成期。我国已选育出这类不育系农垦58S、N5088S和7001S等。此外，有些材料在一定的生态条件下，短光照诱导不育性，而在长光照下是可育的。说明诱导不育性的临界光长是不同的。

1979～1980年间，武汉大学等在农垦58不育材料中发现：早播的不育，晚播的可育。孙宗修等(1988)用人工气候室的不同光、温处理，也发现不育系5460S的育性变化，主要受抽穗前8～11天到花粉母细胞减数分裂时的温度高低所制约，人们将具有这一特性的水稻称为温敏核不育系。如我国选育出的安农S-1、5460S、衡农S和G0534S等。这类不育材料也可分为高温不育型和低温不育型等。

此外，也还有光、温敏互作不育型，即在一定的光、温相互作用的条件下，表现出育性的转换。

由于不育性受光照长短和温度高低所制约，这样，在杂交制种时，可将母本种植在长日照、高温下，使之不育，免除去雄工序。而在短日照、低温下抽穗的为可育，用以自交繁种，以保持其光、温敏核不育的特性，因而可一系两用，既做不育系，也做保持系，简化了制种工序，具有广泛而巨大的实用价值和经济效益。我国已先后选出一批各具特色、开花习性好、异交率高、配合力好、育性达标的各类光、温敏核不育系，它们具有不育性稳定、制种纯度高、容易繁殖等优点，已用于杂交稻的生产中，促进了我国杂交稻的持续发展和始终处于世界的领先地位。

65. 什么叫水稻的广亲和性？怎样选用广亲和系？

在籼稻和粳稻杂交时，F_1 常会出现明显的不育现象，结实性差，这就难以利用籼、粳稻间的强大杂种优势。但人们发现，某些品种与籼稻或粳稻品种杂交时，杂种后代的育性和结实性都很正常，将其称为广亲和性。具有该特性的品种（系）称为广亲和系。利用这一特性能有效地克服籼、粳稻亚种间杂交时的不育障碍，为利用籼、粳间的杂种优势创造了条件。选用广亲和系的途径和方法有以下 4 种。

(1)广亲和系 国内外均具有该类特性的资源。顾兴发等(1993)从来自云南省的 101 个地方品种中筛选出具有广亲和性的窝爱嘎、矮嘎、花糯等 6 个品种。以现有资源为基础，采用常用的育种方法，便可选出广亲和系。如江苏省农业科学院以钴$^{60}\gamma$射线处理来自云南省的螃蟹谷和上海崇明的汲滨稻的干种子，分别获得了突变体 729 和 726；从二者杂交的后代中，选出了中粳型的02428广亲和系。以它为母本与中籼品系3037杂交，配制出化杀杂种亚优2号。湖南省杂交稻研究中心以原产于印度尼西亚的广亲和品种爪哇稻“培迪”与籼、粳品种杂交，选育出了培C_{311}、轮回422和培矮64等广亲和系。还以02428与轮回422杂交选出了零轮广亲和系。

(2)广亲和核质互作不育系 用具有广亲和性的品种做父本与不育系杂交、回交，可转育成广亲和的不育系。如浙江大学、扬州大学分别以野败02428A为基础，分别育成了野败型、红莲型、BT型的细胞质的同核异质广亲和系(真系秋光A等)。也可选用广亲和系与其他品种杂交，选出具有广亲和性和保持力的品系，再用核置换方法转育成不育系。如中国农业科学院水稻研究所采用这一方法育成了汕亲A、064A等。将它们与籼、粳稻的恢复系杂交，可获得亚种间杂交种。

(3)广亲和的光、温敏核不育系 湖南省杂交稻研究中心用光敏核不育的农垦58S×培矮64的后代再与培矮64回交，选育出目前已被广泛应用的广亲和光敏核不育系培矮64S。扬州大学、华中农业大学等用杂交法也分别选出了具有一定广亲和性的光、温敏核不育系密矮64S、33001S、T095、8925S和8926S等。

(4)广亲和恢复系 选用广亲和系与优良的籼、粳稻恢复系杂交，可选出广亲和的恢复系。它既与不同籼、粳稻品种杂交有广泛的亲和性，可克服籼、粳亚种间的杂种不育；也对不同细胞质具有广谱的恢复性，可克服核质互作所引起的雄性不育。应用这类恢复系，既可与核质互作不育系配制三系亚种间杂交种，也可用以配制二系亚种间杂交种，大大提高了制种成效。

66. 在生产上为什么要推广籼、粳杂交稻?

籼稻一般生长繁茂,分蘖力强,耐热性强,省肥易倒,较抗稻瘟病,米粒中直链淀粉含量较高,胀性大,米胶较硬,食味较差。而粳稻一般耐寒性较强,茎秆坚实,耐肥抗倒,较抗白叶枯病,米粒中直链淀粉含量较低,胀性小,米胶较软,食味好。两者杂交时,因属于两个亚种,遗传差异较大,比品种间杂交的优势大。所以,人们除利用两者杂交以选育出具有双亲优点的新品种外,便是利用其潜在的杂种优势。

在我国籼、粳杂交稻的利用中,首先是从间接利用和部分利用开始的。如袁隆平院士等曾用矮秆的早籼不育系与具有粳稻血缘的爪哇稻或韩国栽培的矮秆籼稻做恢复系杂交,育成了南优 2 号,汕优 2、6 号等一批强优势的籼稻组合。谢华安等用具有部分热带粳稻血缘的圭 630×IR30,选出了高配合力的恢复系明恢 63 及杂交种汕优 63 等。

后来,由于选育出了两用系和广亲和系,便直接利用籼、粳亚种间杂交种获得成功,简化了制种手续,降低了制种成本,已广泛用于生产。其中由湘、粤、苏、辽等省选育出的培矮 64S 系列组合最为突出。据辛业芸(2002)报道:该组合系列 1992 年在湖南省中稻区试中,单产为 9.47 吨/公顷。1995 年在黔阳、湘潭和汉寿分别做中稻、双晚和一季加再生稻生产时,每公顷产量分别达 13 吨、12 吨和 15 吨。可见,它在不同种植制度下,均可获得高产。1998 年 65396(培矮 64S×E32)在联试中比汕优 63 增产 14.96%,1999 年在云南省永胜县平均每公顷产量达 16.6 吨,其中一块地高达 17.07 吨/公顷,并抗白叶枯病和稻瘟病。云南省选育的榆杂 29,1994 年在宾川创一季每公顷产量达 16.63 吨的世界纪录;以后连续 3 年,一季单产平均达15吨/公顷。其稻米品质也好，在籼、粳稻区均可种植（李舒友等，2002）。

大量试验、试种表明：籼、粳杂交稻比品种间杂交种可增产15%～20%，且稻米品质也得到了改良。

67. 为什么要应用陆、海杂交棉?

陆地棉和海岛棉虽分属两个不同的种，但它们的染色体组（AADD）及染色体数目（2n＝4X＝52）均相同，彼此间杂交不存在杂交不亲和及杂种不育的问题，较易获得杂交种。

陆地棉具有早熟、高产等特点，海岛棉的纤维品质为陆地棉所不及。所以，国内外不少学者进行了陆、海杂交棉的研究，希望将海岛棉的优良纤维品质转育到陆地棉中去，培育出既高产又优质的新品种；由于陆、海杂交时，双亲间的遗传差异大于陆地棉品种间杂交，其 F_1 的优势较大。如浙江农业大学（1964）用14个陆、海杂交组合试验，其 F_1 的皮棉产量分别比陆地棉和海岛棉亲本高21.8%和121.6%；纤维长7.01毫米和1.06毫米；细度高31.2%和5.8%；强力虽稍低于海岛棉亲本，但比陆地棉亲本高2.4%。原北京农业大学（1983）用4个组合测定：F_1 除衣分、细度为负优势外，子、皮棉产量，单株结铃数、绒长、强力、断裂长度的平均优势依次为99.1%、89.2%、76.1%、9.45%、17.13%和8.9%。

陈长明等（1997）用93个三系陆、海杂交棉的比较试验表明：其产量比新海3号（海岛棉）高25%以上。在1993年参试的25个组合中，有7个组合比当地主栽品种军棉1号增产10%以上。1994年试验的307H×36211组合，比军棉1号增产皮棉23.3%。不少组合的绒长达34.4～37毫米，比强度达25.2～26.79g/dtex，麦克隆值3.5～3.7，纤维品质达到或超过了中长绒棉品质的要求。

68. 转基因抗虫杂交棉是怎样选育出来的?

以转基因抗虫棉品种(系)与不抗虫的品种(系)杂交所组配的杂交种,即为转基因抗虫杂交棉。如中棉所29(中杂1号)、38(中抗杂A)、39,鲁研15,冀杂66等。也可用父母本均为转基因抗虫棉品种(系)杂交而组配成抗虫杂交棉,如中抗杂5等。

这类杂交种的制种方法与一般制种方法相同。但作为亲本的抗虫棉,必须纯度高。在非抗×抗的组合中,虽然抗虫棉既可做母本,也可做父本,但一般以不抗虫的材料做母本,抗虫的做父本为好,如中棉所29(高产、抗病的 P_1 ×抗虫的 RP_4)等。这样的杂交种,既具有不抗虫亲本的丰产性(一般比反交时增产30%左右)和抗病性,又具有抗虫棉亲本的抗虫性和结铃性,制种产量也比反交时高30%左右。

用抗虫基因来源不同的两个亲本组配成的杂交种(抗×抗),其产量、品质和抗虫性均有一定的优势,其 F_2 的抗虫性也不会发生分离,抗虫效果与 F_1 类同。否则,F_2 会出现一定比例的不抗虫棉株而影响产量。在制种时,二亲本可互作正、反交。正交母本(A)的去雄花朵,可用做反交时父本(A)的花粉。反交时的母本(B)去雄的花朵,可留作正交时父本(B)的花粉。这样,去雄和采粉一次完成,可简化工序,节省劳力,提高制种效率,降低制种成本。如将二亲本之一转育成雄性不育系后,便可进行不育化制种。

69. 什么叫自交不亲和系?在选育杂交种时,为什么要利用它?

有些作物如油菜、甘薯、向日葵、黑麦等的一些品种,虽然花朵中的雌、雄蕊发育正常，也能散粉，但自交或系内兄妹交时，均不能结实或结实很少；却可接受另一品种的花粉结实。这一特性叫自交不亲和性。它是植物在长期进化过程中所形成的、防止近亲繁殖和保持遗传变异的一种重要机制。具有这一特性的品种(系)，叫自交不亲和系。在杂交制种时，用自交不亲和系做母本，不去雄，便可与另一自交亲和的品种(系)杂交，获得杂交种子。如果双亲都是自交不亲和系，则可互做父母本，从其植株上所收获的种子都是杂种。因而，在杂交制种时，可免除去雄工序，减少工作量，降低制种成本，有利于杂交种的广泛应用。华中农业大学用甘蓝型油菜自交不亲和系74-201与另一自交不亲和系75-53杂交时，其杂种率高达98.5%；F_1 自交或兄妹交时，一般都能正常结实，恢复了自交亲和。这说明利用自交不亲和系配制的杂交种，完全可用于生产。

据观察：自交不亲和性常与花龄大小有关。在正常开花期(开花前1～2天到开花后6～7天)，自交不能结实。制种时，如选在这一时期内授粉，可以不去雄，并能保证杂种质量，但在蕾期进行剥蕾授粉，自交可结实，这有利于自交不亲和系的繁殖和保存。

为了解决自交不亲和系繁殖，需要人工剥蕾的麻烦，华中农业大学育成了自交不亲和系的临保系和恢复系，实现了自交不亲和系的三系法制种(傅廷栋1981)。胡代泽等(1983)认为：也可用喷施盐水法来繁殖自交不亲和系。

70. 无性繁殖作物在利用杂种优势时，有何特点？

在农业生产上利用杂种优势的方法，常因作物的繁殖、授粉方式不同而异。无性繁殖作物如甘薯、马铃薯、甘蔗等经有性杂交后，其 F_1 不仅性状整齐一致，而且也会表现出明显的杂种优势。所以，从 F_1 中选择具有明显优势的优良个体后，用无性繁殖的方法，使杂种后代能在较长时间内维持像 F_1 那样的优势水平，即杂种优势得到稳定、巩固，而不必每年生产 F_1 种子，这是无性繁殖作物利用杂种优势的主要特点。

71. 什么是小黑麦？它在生产上有何应用价值？

黑麦一般茎、叶生长繁茂，根系发达，耐旱、耐瘠，抗寒性、抗病性均较强；而小麦则产量高、品质好。人们为了将这两种作物的优良特性结合起来，从小麦与黑麦杂交的后代中，经过人工染色体加倍（如用一定浓度的秋水仙碱等化学药剂处理等），便可获得一种新作物——小黑麦。这一品种改良的方法叫倍性育种。如果用普通小麦（六倍体，AABBDD）为母本与黑麦（二倍体，RR）杂交，F_1 经染色体加倍后，便可获得可育的八倍体小黑麦（AABBDDRR）；如用四倍体的硬粒小麦或波兰小麦（AABB）为母本，与黑麦杂交，其 F_1 经人工加倍后，便可获得可育的六倍体小黑麦（AABBRR）。它们已在 50 多个国家推广了 100 多个不同类型的品种，是多倍体育种的突出成果。欧洲栽培的多是六倍体小黑麦，而我国栽培的多为八倍体小黑麦。

我国育成的小黑麦主要在云贵高原、内蒙古与黑龙江交界处等高寒、干旱地区应用。其产量不仅超过当地种植的小麦，也高于黑麦。小黑麦茎、叶生长繁茂，叶片大而肥厚，一般占植株中地上部鲜重的 45% 左右，因而产草量比小麦高 30%～35%。叶片中的蛋白质和氨基酸含量比茎秆高。如中国农业科学院育成的小黑麦中新 830，鲜草产量比大麦平均高 40.7%～42.3%，赖氨酸和胡萝卜素含量均比大麦高 50%，是很受群众欢迎的营养价值很高的饲料作物，发展很快。1996 年在北京郊区的种植面积占秋播麦类饲料的 80% 以上。

72. 什么是三倍体甜菜？它是怎样获得的？

三倍体甜菜产量高、品质好，已广泛用于生产。如中国农业科学院甜菜研究所选育的甜研 301 比对照二倍体品种的块根产量高 18.7%，产糖量高 25.9%。并抗褐斑病。黑龙江省甜菜糖业研究所选育的双丰 304，比对照二倍体双丰 1 号的块根产量高 9.4%～19.8%，产糖量高 4.9%～16.5%。吉林省洮南甜菜育种站选育的洮育 4 号，比二倍体洮育 1 号的块根产量高 23%，产糖量高 24.2%。三倍体品种块根中的有害氮和灰分含量少，糖质优良，抗褐斑病力也强，很受群众欢迎。

怎样才能获得三倍体甜菜？首先要将普通的二倍体品种人工加倍成同源四倍体，再用它做母本与二倍体品种在严格的隔离区内按一定的行比(一般为 3∶1)相间种植。因甜菜是异花授粉作物，可以进行自由传粉杂交；而且，同源四倍体是自交不育的。所以，母本四倍体甜菜上结的种子，便一定是与二倍体父本花粉杂交产生的三倍体种子。如用四倍体做父本、二倍体做母本时，也能获得三倍体种子，但频率要低些。这是因为用二倍体做父本时，其花粉在母本柱头上萌发的速度比四倍体花粉快，受精较好。所以，用四倍体做母本比用二倍体做母本能获得较多的种子。

由于三倍体甜菜植株的染色体在减数分裂时无法均衡地分配到两个子细胞中，所以不育率高，不能获得种子，只能利用杂种第一代。这样，就必须每年按上述办法制种。配制杂交种时，首先必须繁育出四倍体和二倍体原种及母根，在相距1～2千米的隔离区内，按规定行比相间种植，还应合理安排四倍体和二倍体母根的种植时期，保证父、母本的花期相遇。为了减少繁杂的制种手续和保证杂交制种的质量，也可探索雄性不育系的利用。

三倍体种子一般种皮厚、籽粒大、发芽力弱，必须加大播种量；必须精细整地，保证有良好的发芽条件。三倍体甜菜的生育期较长，应早播晚收，以获高产。

73. 什么是无籽西瓜？它是怎样获得的？

无籽西瓜一般是指由四倍体西瓜做母本和二倍体西瓜做父本杂交得到的 F_1 杂种，它是三倍体。由三倍体种子产生的 F_1 植株，虽可正常开花，但雄花的花粉多呈畸形，几乎没有受精能力；雌花的胚珠也由于染色体组不完整而高度不育。用普通的二倍体西瓜授粉(俗称为助媒)后，虽不能正常受精，但由于激素的影响，可促进子房膨大，产生无籽果实，所以称无籽西瓜。无籽西瓜实际上是不带硬壳的瘪籽，而并非真正完全无籽。

无籽西瓜培育的步骤如下。

(1)诱导四倍体 因一般西瓜品种都是二倍体，要获得四倍体，必须采用人工诱变的方法。目前最有效的诱变方法是用秋水仙碱(素)处理，即化学诱变。处理的方法有以下3种。

①浸种法 先将普通西瓜的种子用清水浸泡5～6小时，再用0.2%～0.4%秋水仙碱溶液浸泡24小时左右，用清水冲洗干净后催芽播种。

②滴液法 在普通西瓜播种出苗后、子叶展开而真叶尚未出现时，将0.2%～0.4%秋水仙碱溶液滴在生长点上，每

天早晚各滴1次，连续处理2～4天便可。或者，用吸有秋水仙碱溶液的脱脂棉球放在生长点上，让药液渗透入生长点。

③芽苗倒置法　种子催芽后，当胚根长1厘米左右时，将发芽种子倒浸(胚根朝上)在0.2%～0.4%秋水仙碱溶液中，胚根用湿纱布盖住，在30℃的恒温箱中处理15～16小时，用清水冲洗1～2小时，便可播种育苗。

(2)亲本选择　在获得的四倍体西瓜中，选择坐果率高，坐果节位低的植株上的产籽量多，发芽率高，果皮薄的单瓜，繁殖出原种，作为母本。选择产量高、抗性强、皮薄、瓜瓤鲜红、含糖量高、果肉致密、疏松、纤维少、具有显性果皮(如深色果皮、有条纹的果皮等)和配合力高的二倍体品种做父本。

如果用二倍体做母本，四倍体做父本，虽也可得到三倍体杂种，但这样的三倍体植株，雌花中的胚珠在发育过程中会生成硬壳，像有种子一样，而不能得到真正的无籽西瓜，所以一般不用这种组配方式。

(3)制种方法　将母本和父本按4～6∶1的行比，分区种植在同一地块作为制种区，其周围1 000米内不能种植其他品种，以防蜜蜂传粉。在花蕾期，摘除母本植株上的全部雄花，迫使母本接受父本的花粉受精结实，产生三倍体的杂种种子。父本植株上的种子全部为自交种子，可作为来年制种区的父本用。如果母本去雄不彻底，也可能在母本上产生少量的四倍体的自交种子。为了简化制种手续，母本也可不去雄，任其自由传粉，收获后根据不同倍性种子的形态特征进行粒选。一般三倍体种子的脐部较厚，珠眼突起，种壳上有较深的木栓质纵裂，种胚不充实，种壳常凹陷，种子扁平不饱满。四倍体种子虽与三倍体种子相似，但种胚充实、饱满，种子圆壮，种壳上无木栓质纵裂或较浅。二倍体种子小而狭长，脐部较窄，种壳薄，表面无纵裂。

三倍体种子的采收量常与开花、授粉期间的温、湿度有密切关系，这主要与父本花粉的发芽率和生活力有关。在气温为23℃～27℃和70％～80％的相对湿度条件下，父本花粉的生活力最高，三倍体的采种量也最高。所以，应选择适期播种。为使父本能提供足够数量的花粉，父本的播期一般应比母本早5～7天。

由三倍体种子长成的植株，还必须用二倍体西瓜的花粉授粉（助媒），才能产生无籽西瓜。

（4）亲本的保纯、留种 获得优良的四倍体西瓜后，不必年年进行人工诱变，产生四倍体，只需进行繁殖、保纯、提纯，便可连续提供制种用的母本种子。繁殖留种时，与一般二倍体品种应有300米以上的隔离；不同的四倍体品种间应有1 000米以上的隔离。因四倍体西瓜的种子繁殖系数低，发芽率和耐寒性差，所以一般播种期应比二倍体晚10～15天，并用大苗移栽。因四倍体西瓜的瓜蔓粗、节间短、分枝少、不易徒长，而繁殖的目的主要是获得种子而不是直接供食用，所以，种植密度可稍大，一般以每667平方米种植800～1 000株为宜。为了多获种子，应多施磷、钾肥。

父本可用严格隔离的方法。自交保纯留种。

74. 转基因抗虫棉是怎样选育出来的？

将其他植物、动物和微生物体内的抗虫基因，分离出来或用人工方法合成抗虫基因后，再通过一系列的生物技术操作，将这些抗虫基因转育到现有品种中去；或者通过杂交方法，将另一品种的抗虫基因转入到生产上应用的品种中去，以增强棉株对某些害虫的抗虫性，从而减轻或消除害虫的危害，降低人工防治的成本。这样的棉花品种，便称为转基因抗虫棉。

目前，应用最多的是转 Bt 基因抗虫棉，它主要来自苏云金芽孢杆菌的毒素蛋白基因（即常称为 Bt 基因）。该基因可产生伴孢晶体毒素蛋白。当害虫吞食后，在昆虫肠道的碱性条件下，被水解成毒性肽，能破坏昆虫肠道的上皮细胞及体内器官，导致昆虫死亡，对农、林业中的鳞翅目害虫（如棉铃虫等）的杀虫效果好，而且无毒副作用。国内外已选出不少这类品种，如新棉 33B、中棉所 30、中棉所 31 等。这类只具有 Bt 一个基因的抗虫棉，常称为单价转基因抗虫棉。

现已证明：转化和抗虫效果较好的还有存在于豇豆成熟种子中的豇豆胰蛋白抑制基因（CpTI），对棉铃虫、烟芽夜蛾等害虫也有毒害作用。如果将 Bt 基因和 CpTI 两个杀虫基因同时转化到现有的棉花品种中去，便可育成双价转基因抗虫棉。中国农业科学院生物技术研究所构建了 Bt 和 CpTI 二基因的复合体，并与河北省石家庄市农业科学院合作，将其转化到石远 321 品种中，育成了 SGK_{321} 双价转基因抗虫棉；他们还与中棉所合作，将其转化到中棉所 23 品种中，育成了中棉所 41。这两个双价转基因抗虫棉已于 2001 年、2002 年分别通过了省和国家的审定，并已在生产上发挥作用。

此外，慈姑蛋白酶抑制基因（API）、马铃薯蛋白酶抑制基因（PI-Ⅱ）等也有杀虫作用。也许不久将会被转入到不同作物中去而培育出更多的转基因抗虫品种。

75. 在新品种选育过程中，为什么要进行一系列的比较试验？如何进行？

在选育新品种的过程中，为了准确地从各种各样的材料中不断地汰劣留优，从中获得符合要求的少数材料。最终入选的少数材料，是否适应当地的生态和生产、栽培条件；它们的产量、产品品质、生育特性、抗逆性等是否优于现有品种，有无应用价值等，均需通过一系列的田间比较试验，才能得到准确的结论。因为品种的性状表现，是由它的遗传性与外界条件综合作用的结果；同时，对品种性状表现的鉴别，不能单凭目测印象，而应经过多年科学、周密的田间比较试验，才可能准确，即有比较，才能真实、准确地加以鉴别。所以，为了提高新品种选育的成效，在选育过程中，必须进行一系列的田间比较试验。

品种（系）的比较试验就是应用田间试验技术手段，通过合理的统计分析方法，对新品种（系）的主要农艺性状，做出科学、正确的评价，为当地选用良种提供依据。

进行品种（系）比较试验时，必须做好下列工作。

(1)做好试验方案 根据当地的自然、栽培条件及生产、生活的实际需要，选择若干个材料或品种（系），以当地主栽品种作对照，进行比较试验。在比较试验时，应以当地农业生产的技术水平为依据，合理确定比较试验的各项观察项目与标准。

(2)选择好试验地块 为使试验得到可靠的结果，应选择能代表本地地形、土质、肥力水平、耕作栽培条件及地势平坦、肥力均匀和远离村庄、道路、树林的地块，安排试验。

(3)正确的试验设计 科学的田间试验设计，能有效地降低试验误差，提高试验的准确性。试验设计的主要内容有以下4项。

①合理的小区大小和形状 安排试验时，应根据参试品种的数目，试验地面积的大小，土壤差异情况，农作物种类和试验结果换算方便，人力、物力条件等，决定小区面积。如土

壤差异大，小区面积应大；土壤差异小，小区面积可小些。大株作物的小区面积应大；小株作物的面积可小。小区形状一般以长方形为好，其长宽比多为 3～10：1，这样可便于田间操作和观察记载。

②正确的小区布置　在安排试验时，应使同一重复内的各个小区都能具有相同的土壤肥力条件，保证各小区间的土壤差异降低到最小。如在同一重复内，一个小区的土壤肥力较高，另一小区的肥力较低，这就很难判断出种在这两个小区的品种间差异是由品种本身的不同还是土壤肥力不同的影响所造成的。所以，在同一重复内布置试验小区时，应根据前茬、土壤肥力和地形、地势等来合理安排，以减少试验误差（图28）。

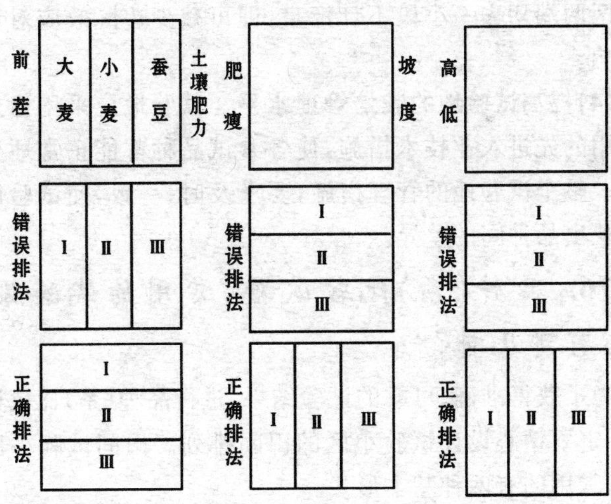

图 28　小区排列的方向和前茬、土壤肥力、地形差别的关系

③设置重复　重复就是在品比试验中，每个品种种植的

小区数。如在一个品比试验中，每个品种种植了3个小区，便叫3次重复。在田间试验中设置重复的主要目的是为了减少试验误差，提高试验准确性。尤其是在试验地不平整、土壤肥力不匀的情况下，从不同地段的多个小区上（即多次重复）取得的产量，必然要比从单个小区上所得的产量可靠和准确。其次，只有设置重复才能通过统计分析估计出试验误差。在品比试验中，可根据试验地面积、小区大小、土壤差异情况和参试品种的种子数量等情况，采用3～6次重复为宜。

④设置保护行　为使试验地免受人、畜危害并减少边际影响，通常要求在各重复间设置2～3行保护行；试验地四周设置4行左右的保护行。保护行中一般种植本地的当家品种。为了精确起见，有时将品比试验中各小区的边行1～2行和小区两端切去一小段不计产量，即可减少边际效应对试验的影响。

(4)提高试验地的栽培管理水平　试验地应采用当地广泛应用的先进农业技术措施，使各参试品种都能正常地生长发育。整个试验地的管理措施，要求及时、一致，使试验能真正反映出品种间的差异。

76. 品种(系)比较试验，常用的试验设计方法有哪几种？

为了获得准确、可靠的试验结果，进行品种（系）比较试验时，一定要精心设计试验小区的田间排列。田间试验小区的排列，常用的有两种基本形式。

一是顺序排列。它是按各参试品种（系）的生长习性、植株高矮、成熟早晚或来源等归类，依次排列（图29）。这样，不仅便于田间管理和观察记载，还可减少边际影响。如果试验地的土壤肥力呈方向性差异时，采用这一排列方式，难以获得准确的试验结果。

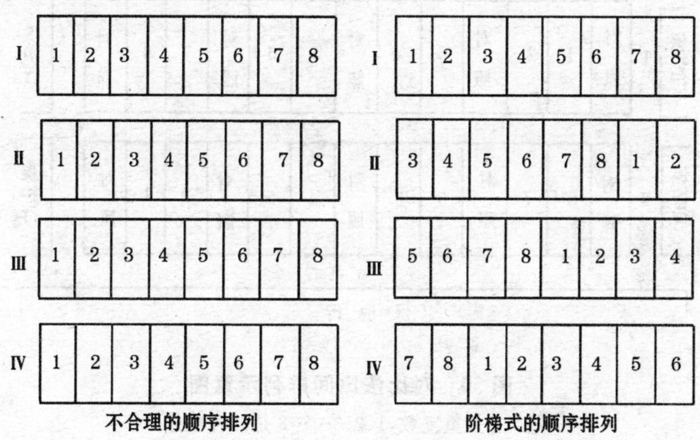

图 29　顺序排列和阶梯式顺序排列示意图

Ⅰ、Ⅱ、Ⅲ、Ⅳ是重复数，1、2、3……8 是品种编号

二是随机排列。在每个重复中，各参试品种（系）的位置，没有固定次序，而是随机的。这样，可减少或避免因土壤差异而造成的误差，提高试验的准确性。

进行品比试验时，常用的田间试验设计有以下 3 种方法。

（1）对比法　将每个参试品种（系）与对照相邻排在一起，即每隔 2 个试验小区设 1 个对照小区（图 30）。这样，每个参试品种（系）小区都紧邻对照，两小区间的土壤、肥力状况较接近，可直接进行对比，其试验结果有一定的可比性和准确性，也便于观察、记载。但对照区占的面积太多，土地利用不够经济。

（2）间比法　参试品种（系）较多时，常采用间比法排列。它是将各参试品种（系）按顺序排列，每 4 个小区设 1 个对照

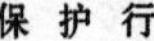

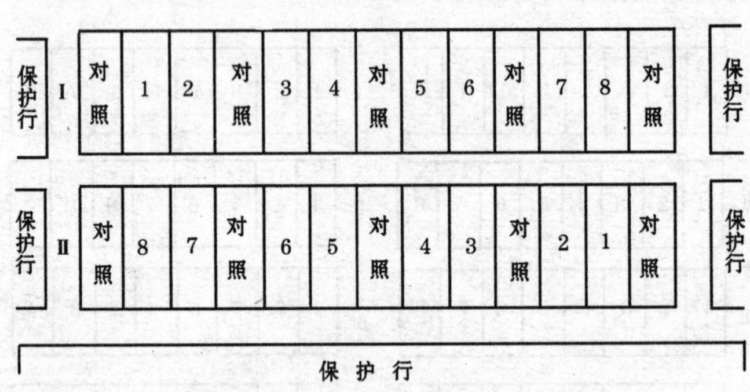

图 30　对比法田间排列示意图

Ⅰ、Ⅱ是重复数，1、2、3……8 是品种编号

区，构成一组（图 31）。此法简单，也便于观察、比较。因对照区较多，可适当减少重复次数。各重复可排成 1 排或多排。排成多排时，应使各重复的同一品种（系）小区错开，以免排在同一直行小区上。

（3）随机区组法　各参试的品种（系）和对照品种，在同一重复中的位置，都是随机安排的；每个重复中只有 1 个对照小区（图 32）。这样，可以克服顺序排列的缺点，比较客观地估计试验误差和获得较准确的试验结果。采用这一设计时，参试品种（系）的数目不宜太多，一般应设 3～6 次重复。

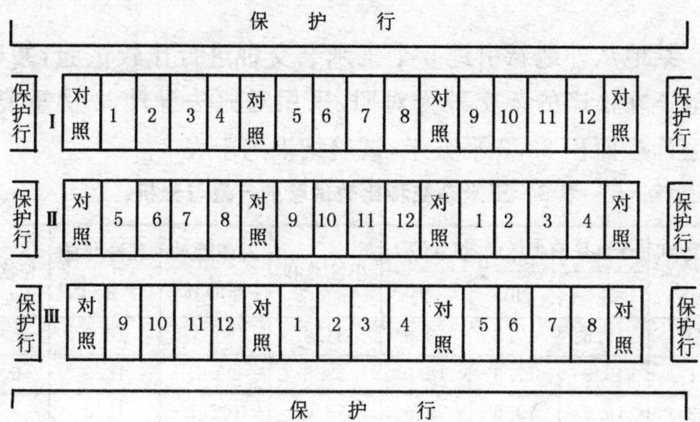

图31　间比法田间排列示意图

Ⅰ、Ⅱ、Ⅲ是重复数，1、2、3……12是品种编号

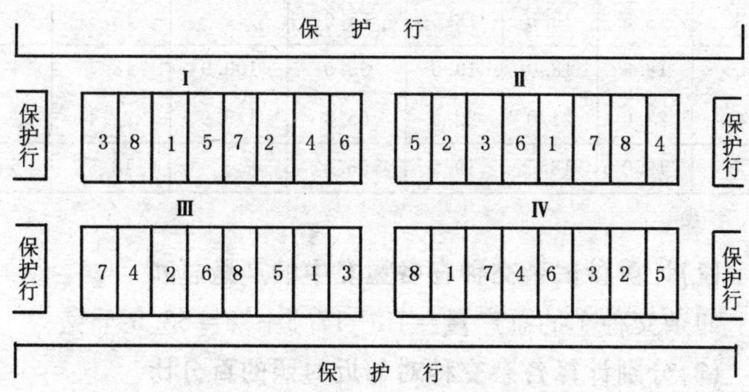

图32　随机区组法田间排列示意图

Ⅰ、Ⅱ、Ⅲ、Ⅳ是重复数，1、2、3……8是品种编号

77. 怎样分析对比法的试验结果?

对比法的试验结果分析较简单，现以下例说明其分析方法。

某地从外地新引进6个玉米杂交种进行比较试验，并以当地正在推广的杂交种为对照，采用对比法设计，3次重复，小区计产面积33.3平方米，试验结果列于表3。

表3　玉米杂交种比较试验的产量与分析

杂交种代号	各重复的小区产量(千克)			小区总和	对邻近对照的%	理论产量(千克/区)	位次
	Ⅰ	Ⅱ	Ⅲ				
CK	18.5	17.5	18.0	54.0		18.5	5
1	18.0	17.5	18.0	53.5	99.1	18.3	6
2	19.5	19.0	19.5	58.0	102.7	19.0	3
CK	19.0	18.5	19.0	56.5		18.5	5
3	19.0	18.0	19.0	56.0	99.1	18.3	6
4	20.0	19.5	20.0	59.5	108.2	20.0	2
CK	18.5	18.0	18.5	55.0		18.5	5
5	18.5	18.0	19.0	55.5	100.9	18.7	4
6	22.0	21.0	22.5	65.5	115.9	21.4	1
CK	19.0	18.5	19.0	56.5		18.5	5

(1)计算参试杂交种在各重复中的产量总和

如杂交种1的总产量＝18＋17.5＋18＝53.5千克

(2)分别计算各杂交种对邻近对照的百分比

如杂交种1对邻近对照的% $=\frac{53.5}{54}\times100=99.1\%$

杂交种6对邻近对照的% $=\frac{65.5}{56.5}\times100=115.9\%$

(3)计算全试验所有对照小区的平均产量

对照小区的平均产量 $=\frac{54.0+56.5+55.0+56.5}{12}=$

18.5 千克

(4)求各杂交种的理论产量 理论产量就是将各参试品种的产量矫正为小区间地力均相似情况下的产量。其计算方法是:将全试验中对照小区的平均产量乘以某品种对邻近对照产量的%。如:

杂交种 1 的理论产量=18.5 千克×99.1%=18.3 千克/区

杂交种 6 的理论产量=18.5 千克×115.9%=21.4 千克/区

(5)按各杂交种理论产量的高低排列位次 从分析结果看,参试杂交种中以杂交种 6 产量最高,其次是杂交种 4,其他的与对照不相上下。

78. 怎样分析间比法的试验结果?

间比法试验结果的分析方法较多。现以一个水稻品系鉴定试验为例,介绍一种简便而准确性较高的方法。

(1)将各小区产量按下式折算成 667 平方米产量 列于表 4 中。

表 4 水稻品系鉴定试验的结果及分析 (千克/667 平方米)

品系代号	重复				总产量	平均产量	为邻近对照平均产量的%	位次
	Ⅰ	Ⅱ	Ⅲ	Ⅳ				
CK_1	422	442.5	383.5	402	1650.0	412.5	100	8
1	428	439.5	412.5	426.5	1706.5	426.6	103	5
2	441.5	452.5	426.5	449.5	1770.0	442.5	106.8	2
3	433.5	442.0	369.5	408.0	1653.0	413.3	99.8	9
4	429.0	458.5	438.0	452.0	1777.5	444.4	107.3	1

续表 4

品系代号	重复				总产量	平均产量	为邻近对照平均产量的%	位次
	Ⅰ	Ⅱ	Ⅲ	Ⅳ				
CK_2	407.5	453.0	387.5	415.5	1663.5	415.9	100	8
5	432.5	443.5	415.0	441.5	1732.5	433.1	103.1	4
6	423.0	414.0	406.5	378.0	1621.5	405.4	96.5	11
7	431.5	424.0	449.0	413.5	1718.0	429.5	102.2	6
8	412.5	438.0	379.0	416.0	1645.5	411.4	97.9	10
CK_3	422.5	443.0	400.0	431.5	1697.0	424.3	100	8
9	387.5	433.0	442.5	414.0	1677.0	419.3	100.5	7
10	424.0	422.5	433.5	438.0	1718.0	429.5	103.0	5
11	457.5	413.5	443.5	442.0	1756.5	439.1	105.3	3
12	391.0	357.5	396.5	413.0	1558.0	389.5	93.4	12
CK_4	418.5	436.0	379.5	405.0	1639.0	409.8	100	8

(2)计算各参试品系及对照的小区总产量和平均产量并逐项填入表 4 中。

(3)分段计算相邻两对照区的平均产量

第一段两对照（CK_1 和 CK_2）的平均产量 $=\frac{412.5+415.9}{2}=414.2$ 千克/667 平方米

第二段两对照（CK_2 和 CK_3）的平均产量 $=\frac{415.9+424.3}{2}=420.1$ 千克/667 平方米

第三段两对照（CK_3 和 CK_4）的平均产量 $=\frac{424.3+409.8}{2}=417.1$ 千克/667 平方米

(4)分段计算各品系为邻近两对照平均产量的百分率并填入表 4 中。如：

品种 $1=\frac{426.6}{414.2}\times100=103.0\%$

品种 $4=\frac{444.4}{414.2}\times100=107.3\%$

品种 $5=\frac{433.1}{420.1}\times100=103.1\%$……余此类推。

(5)按照各品系较邻近对照增(减)产百分率的大小,排出位次 列于表 4 中。

从分析结果可以看出:只有品系 4 和 2 比对照增产稍多,品系 12、6 比对照减产稍多,其余品系与对照差不多。

79. 怎样分析随机区组试验的结果?

按随机区组设计的试验,其结果主要采用方差分析法。现以一个小麦品比试验为例,说明其分析的方法(表 5)。

表 5 小麦品比试验的小区产量 (千克)

品系代号	重复				品种总计 Tt	品种平均 $\overline{xt}$
	Ⅰ	Ⅱ	Ⅲ	Ⅳ		
1	7.7	8.4	7.7	8.2	32.0	8.0
2	8.5	8.5	8.6	7.6	33.2	8.3
3	7.9	7.9	8.5	8.5	32.8	8.2
4	7.5	7.6	7.6	6.9	29.6	7.4
5	6.5	7.5	7.1	7.3	28.4	7.1
6	7.8	8.0	7.9	7.7	31.4	7.9
7	7.0	7.9	7.0	7.7	29.6	7.4
8(CK)	7.6	8.3	7.4	8.1	31.4	7.9
区组总计	60.5	64.1	61.8	62.0	248.4(T)	
区组平均	7.6	8.0	7.7	7.8		

(1)分别计算各个品种及每个重复(区组)的总产量及其平均数 列于表5中。

(2)自由度的分解

总自由度(df)=n(重复数)×k(品种数)−1=4×8−1=31

区组(重复)df=n−1=4−1=3

品种 df=k−1=8−1=7

误差 df=(n−1)(k−1)=(4−1)(8−1)=21

(3)平方和的分解

矫正数 $C=\frac{T^2}{nk}=\frac{248.4^2}{4\times8}=\frac{61702.56}{32}=1928.2$

总平方和(SS) $=\sum_{1}^{nk}x^2-C$

$=(7.7^2+8.5^2+\cdots\cdots8.1^2)-1928.2$

$=1936.76-1928.2=8.56$

区组间 SS $=\frac{\Sigma T^2 r}{k}-C=\frac{60.5^2+64.1^2+61.8^2+62.0^2}{8}-C$

$=\frac{15432.3}{8}-1928.2=1929.0-1928.2=0.8$

品种间 SS $=\frac{\Sigma T^2 t}{n}-C=\frac{32^2+33.2^2+\cdots\cdots+31.4^2}{4}-C$

$=\frac{7732.88}{4}-1928.2=1933.22-1928.2=5.02$

误差 SS =总 SS−区组 SS−品种 SS=8.56−0.8−5.02

=2.74

(4)方差分析和 F 测验 计算各变异部分的均方(MS)=平方和 SS/自由度 DF。如品种间的 MS=5.02/7=0.72;区组的 MS=0.8/3=0.27 等。并将上述计算结果列于表6中。

表 6　结果的方差分析

变异来源	自由度(df)	平方和(SS)	均方(MS)	F	$F_{0.05}$	$F_{0.01}$
品种间	7	5.02	0.72	5.53**	2.49	3.65
区组间	3	0.8	0.27	2.08		
误　差	21	2.74	0.13			
总变异	31	8.56				

用品种间均方与误差均方之比，求得 F 值即 $F=\frac{\text{品种间 MS}}{\text{误差 MS}}=\frac{0.72}{0.13}=5.53$；同理，区组间的 $F=\frac{0.27}{0.13}=2.08$。

从上表中查得 P＝0.05 和 0.01 时的 F 值分别为 2.49 和 3.65。其方法是按上表中品种间自由度（即大均方自由度）是 7，试验误差（即小均方）的自由度 21，在大表中找出这 2 个自由度相交处的数字便是。本试验所得的品种间 F 值为 5.53，大于 $F_{0.01}$ 的 3.65，由此可以断定，这 8 个参试品种间的产量差异由于偶然机会所造成的可能性小于 1%，所以，它们之间的产量存在极显著的差异。

(5)品种间比较　因为上述 F 测验只是从总的方面说明品种间存在显著差异，还不能具体说明哪些品种间存在显著差异。因此，通过 F 测验表明品种间有显著差异后，还须进一步分析各个品种间的差异情况。其方法有以下两种。

①t 测验（LSD 法）　如果要测验各参试品种是否与对照有显著差异时，可采用此法。

第一步　计算两品种平均数的标准误。

$$S_{\bar{x}_1-\bar{x}_2}=\sqrt{\frac{2\times\text{试验误差的均方(MS)}}{\text{区组数}}}=\sqrt{\frac{2\times0.13}{4}}$$

$$=0.255\ \text{千克}$$

第二步　根据试验误差的自由度从 t 表中查出 P=0.05 和 P=0.01 的 t 值分别为 $t_{0.05}=2.08$ 和 $t_{0.01}=2.831$。

第三步　按下式计算出一个可以认为两个品种间平均产量差异达到显著时所要求的差数，即最小显著差数 LSD。

5%的最小显著差数 $=t_{0.05}\times(S\,\bar{x}_1-\bar{x}_2)$

$=2.08\times0.255=0.53$ 千克

1%的最小显著差数 $=t_{0.01}\times(S\,\bar{x}_1-\bar{x}_2)$

$=2.831\times2.55=0.722$ 千克

如果某品种与对照间的平均产量相差大于 $LSD_{0.05}$ 时，就可认为差异显著；大于 $LSD_{0.01}$ 时，就可认为差异极显著。从表 5 中看平均产量最高的 2 号品种与对照相差 0.4 千克，小于 $LSD_{0.05}$ 为 0.53 千克的标准，所以其差异不显著。而品种最低的 5 号品种，平均比对照低 0.8 千克，大于 $LSD_{0.01}$ 的 0.722 千克，所以该品种比对照减产极显著。

②新复极差测验(LSR)法　如果要测验各参试品种间是否有显著差异时，一般应用 LSR 法。

第一步　计算品种产量平均的标准误(SE)。以小区平均数为比较标准时，其 $SE=\sqrt{\frac{\text{试验误差的 MS}}{\text{重复次数}}}=\sqrt{\frac{0.13}{4}}=$ 0.18 千克

第二步　查 SSR 值表。当 V=21，P=2 时

$SSR_{0.05}=2.94$，故 $LSR_{0.05}=SE\cdot SSR_{0.05}=0.18\times2.94$ $=0.53$ 千克

$SSR_{0.01}=3.96$，故 $LSR_{0.01}=SE\cdot SSR_{0.01}=0.18\times3.96$ $=0.71$ 千克

依次查出 P=3，4，5，6，7，8 的 SSR 值，并按上述公式分别计算出 $LSR_{0.05}$ 和 $LSR_{0.01}$ 值，列于表 7。

表 7　资料新复极差测验的最小显著极差

P	2	3	4	5	6	7	8
$SSR_{0.05}$	2.94	3.09	3.18	3.25	3.30	3.33	3.36
$SSR_{0.01}$	3.96	4.20	4.31	4.38	4.45	4.51	4.56
$SSR_{0.05}$	0.53	0.56	0.57	0.58	0.59	0.60	0.60
$SSR_{0.01}$	0.71	0.76	0.78	0.79	0.80	0.81	0.82

第三步　根据表 7 的尺度，即可检验出各品种的小区平均产量的差异显著性。其结果列于表 8。

表 8　资料的新复极差测验

品　种	小区平均产量	差异显著性	
		5%	1%
2	8.3	a	A
3	8.2	a	A
1	8.0	a	AB
6	7.9	ab	AB
8(CK)	7.9	ab	AB
4	7.4	bc	BC
7	7.4	bc	BC
5	7.1	c	C

凡后面具有同一字母者，均无显著或极显著的差异；而具有不同字母者，则存在显著或极显著的差异。

80. 新选育出来的品种（系），为什么还要参加区域化鉴定？

新选育出来的或新引进的品种，在育种单位经过一系列的田间比较试验，证明符合本地生产要求或在某些（个）性状上确能超过现有品种而有推广价值时，还应由中央或省、市、自治区农业部门统一组织，分别在有代表性的不同自然生态区域及耕作栽培条件下，进行更大范围的、至少2年的区域化鉴定试验，简称为区域试验。区域试验实际上是扩大了的多品种、多地点、多年份的品种比较试验。通过区域试验，一是可进一步客观、全面地鉴定各参试品种的丰产、稳产性，产品品质，生育期长短，抗逆性和适应性等，评定其优劣及增产效益，确定其推广价值，为品种审定提供依据。二是为新品种划定最适宜的推广地区，做到因地制宜地选用良种。这样，既可充分挖掘和利用本地的自然、生态资源优势，又可充分发挥良种本身的增产潜力。也就是说，通过区域试验可为各地区提供产量、品质、抗逆性、熟期适当等综合性状较突出的最适合的良种，为品种区域化提供可靠的依据。这样，既可防止一个地区品种的多、乱、杂，也可防止品种的单一化。三是在区试的同时，一般还要安排生产试验和栽培试验，通过这些试验，可探索出针对新品种主要特征、特性所需要的生长条件及最适宜的栽培技术措施，以便在推广良种时能做到良种良法一起推行。

总之，区域试验是新品种选育和繁殖、推广的中间环节，是进行新品种审定、繁殖、推广和合理布局的重要依据。这是把育种成果转化为生产力不可缺少的一环。

81. 我国农作物品种的区域试验是怎样进行的？

我国主要农作物品种区域试验是分别由全国和各省、市、自治区农作物品种审定委员会领导，同级农业科研、教学单位或种子管理部门具体负责组织，分级、分区进行的。

为了使区域试验能获得准确、可靠和有实用价值的结果，应根据全国和各省、市、自治区的不同生态区，分区安排。如我国棉花品种区域试验，便是按黄河流域、长江流域和西北内陆棉区分别安排的。玉米品种区试便分为春玉米、北方夏玉米、南方夏玉米三类。在每个生态区内，还应根据耕作栽培制度及水平、该作物的栽培面积、品种布局和交通等条件，选择能代表该生态区自然条件的农业科研单位、良（原）种场等，合理地设置试点来承担区试任务。试点确定后，应相对稳定，以利于加强基础建设，积累经验，保证试验的质量。

各试点必须选择前茬一致、地力均匀、地势平坦、肥力中等、排灌方便、有良好隔离条件的地块安排试验。

田间试验的设计、方法、调查记载项目及其标准应统一，并注意栽培管理的一致性。参试品种一般应该是在连续 2 年以上的品比试验中，表现综合性状优良、稳定，并有由专业单位所作的抗性、产品品质等方面的鉴定结果。参加国家区试的品种，一般应在省区试、国家育种攻关联合试验中表现突出或本作物各类区试间相互推荐的品种。以生产上大面积推广的主栽品种作为共同对照，其种子应由指定单位统一提供的原种或一级良种，使试验结果有可比性。各试点也可根据需要，增加一个当地良种作为附加对照。

承担区试的单位，还应选派事业心和责任感强、有一定业务知识的技术人员和工人专门负责，以保证试验按计划、按标准顺利完成各项工作，保证试验的质量。

82. 为什么要进行新品种的生产试验和栽培试验？它们是如何进行的？

在各级品种区域试验的第一年或第二年中，表现突出的新品种(系)，在继续进行区试的同时或推广前，还应选择有一定代表性的适当地点(一般不得少于5个点)，按照当地的生产条件和田间管理水平，安排品种的生产试验和栽培试验。参加生产试验的品种，一般为1～2个。试验常采用不设重复的大区对比法。如稻、麦等小棵作物的试验面积，一般应在667平方米(1亩)以上；而玉米、棉花等大棵作物，一般为1 334～2 001平方米(2～3亩)。由于生产试验的试验面积大，试验条件接近于大田生产，因而试验的代表性强，结果更可靠。这样，通过生产试验可进一步鉴定新品种的生产潜力，并起示范、繁殖作用。生产试验地的要求、栽培管理、观察记载项目和标准与区域试验相同。在生育期间，尤其是在收获前应组织群众观摩、评比。

在新品种进行生产试验的同时或推广前，还应进行关键性栽培技术措施的栽培试验，即根据不同气候、土壤等条件，选用不同种植密度、肥水条件、播期等主要栽培因素进行试验。在试验中，一般以当地常用的栽培措施为对照，摸索与良种相配套的最优栽培技术措施，以便在新品种推广时，做到良种良法一起推广，以充分发挥新品种的增产潜力。

栽培试验可以单独进行，也可与生产试验结合进行。

83. 新育成或新引进的品种，为什么必须审定合格后才能推广？

为了积极地、有计划地繁育、推广农作物优良品种，把育种成果转化为生产力；防止和克服品种繁多、主次不分、盲目推广、自由种植的混乱现象,并做到主要品种相对稳定,以促进农业生产的持续发展,对各单位新选育出来的或新引进的农作物品种,除要根据不同地区的农业生产和自然条件,组织区域试验外,还要做好品种的审定工作。

品种审定的目的是要公正、准确、全面地评定新选育的或新引进的品种在生产上的利用价值、经济效益、适应地区及其相应的栽培技术。

经审定合格的品种,由品种审定委员会报同级农业行政领导部门批准,发给品种审定合格证书,统一命名登记,建立品种档案,划定推广地区,编写品种标准、栽培技术和制种技术等。由种子部门组织繁殖推广。凡未经审定或审定不合格的品种,不得繁殖,不得经营、推广,不得宣传、报道,更不得以成果转让的名义高价出售。

我国农作物品种的审定工作,早在20世纪50年代就已开始。当时主要是和群众性的良种评选结合进行的。从70年代中后期开始,在全国范围内,有组织地开展了品种审定工作。从1981年起,成立了全国农作物品种审定委员会,颁布了《全国农作物品种审定条例》等文件,进行了跨省、市、自治区推广品种的审定工作。各省、市、自治区也相继建立了品种审定委员会,组织了本省、市、自治区选育、推广品种的审定工作,使我国农作物品种审定工作走上了较规范的轨道。

认真执行品种审定制度,有助于种子部门加强种子工作的管理,使真正好的良种在适宜地区得到最大限度的推广;达不到标准的品种加以限制使用,有效地防止和克服品种多、乱、杂的现象,有助于扩大真正优良品种在群众中的影响,改变某些地方盲目种植和乱引进、乱调入的局面,是实现生产用种良种化、良种布局区域化,合理使用良种的必要措施,也可有效促使育种水平的不断提高。

84. 我国农作物品种审定是怎样进行的?

我国目前的农作物品种审定工作,实行国家和省、市、自治区两级审定制,分别审定适合全国和各省、市、自治区推广的各类农作物新品种。

凡在各省、市、自治区的区域试验和生产试验中,连续2年在多数试点中表现性状稳定,综合性状优于对照或产量相当于对照,但具有某些(个)突出优点,有特殊经济效益的品种,均可向省、市、自治区品种审定委员会报审。凡在全国区试和生产试验中,连续2年的多数试点中,表现优异;或经1个以上省、市、自治区审定通过、已在跨省、市、自治区推广的品种,便可申报国家的审定。

凡申报审定的品种,先由选育单位或个人提出申请,填报审定申请书,由所在单位、主持区试和生产试验单位审核签署意见后,连同每年区域试验和生产试验的总结报告,由品审会委托的专业单位的产品品质和抗病、虫性等的鉴定报告,申报品种、杂交种及其亲本的植株、果穗、籽粒等性状的标准图谱或照片以及栽培技术和繁(制)种的技术要点等材料,按规定日期上报品种审定委员会。申报国家审定时,还须有选育单位所在省、市、自治区或品种适宜推广地区的省、市、自治区品种审定委员会签署的意见及审定合格证书。

经品种审定委员会审定通过的品种,由育种单位或个人提出意见,由品种审定委员会审议命名、登记、编号,签发审定合格证书及有关文件。同时,育种者还应提供一定数量的原种种子,交种子部门加速繁殖推广。

85. 怎样加速新品种的繁殖？

当一个新品种经审定通过后，便应有数量多、质量好的种子供生产应用，使之尽早地在生产上发挥作用。但是，新育成或新引进的品种，开始时一般种子的数量均较少，需加快繁殖出足够的种子，供生产需要。同时，一个新品种随着繁殖世代和使用年限的延长，种子质量会下降，影响其使用价值和经济效益。所以加速新品种繁殖，对于加快良种的推广、普及，尽快地发挥作用具有重要意义。

加速良种繁殖主要有以下两个途径。

(1)提高繁殖系数　种子繁殖的倍数叫繁殖系数，即产种量为播种量的倍数。如棉花每667平方米播种量5千克，每667平方米产出可做种用的棉籽(即霜前花的种子)为75千克，其繁殖系数便是15。

用普通方法繁殖良种时，其繁殖系数都不高，如水稻一般为30～40，小麦为15～20，棉花为12～15。提高繁殖系数的主要途径是节约单位面积的播种量和提高单位面积的产种量。其常用的方法有如下两个。

①稀播繁殖　采用单粒点播、机播，单株繁殖、育苗移栽等方法，可节约用种量，扩大单株的营养面积，并结合精细的田间管理，便可大大提高种子的繁殖系数。例如，小麦用人工点播、机播，水稻育苗移栽，棉花的营养钵育苗移栽及一穴一粒点播等，均可使其繁殖系数提高数十倍。用稀播培育“植株王”，也是提高繁殖系数的有效方法。

②剥蘖、芽栽及无性繁殖　有分蘖特性的稻、麦等，可提早播种，延长生育期，促使大量分蘖，然后将分蘖剥下来栽种，增加单株数量，也就提高了繁殖系数。例如，上海市青浦区在

繁殖香、粳、糯等水稻品种时，用 75 克种子播种后再剥蘖繁殖，一季的繁殖系数便达 1 万倍以上。甘薯、马铃薯、甘蔗等无性繁殖作物，再生能力强，用分株、分芽、扦插、切块、叶片等繁殖方法，可大大提高繁殖系数。又如，中国科学院遗传研究所曾提出的“优、大、速、密”繁种法，在各地推广后，使甘薯的繁殖系数达数万倍以至 10 万倍以上。

(2)一年多代繁殖，增加繁种次数 这也是加快良种繁殖速度的有效方法。常用的方法有以下两个。

①异地繁殖 即选择光、热条件可以满足作物生长、发育需要的某些地区，进行冬繁或夏繁加代。如玉米、高粱、水稻、棉花等春、夏播作物，收获后到海南省等地冬繁加代；油菜等秋播作物收后到青海省等高寒地区及川、滇等高海拔地区夏繁加代；北方的冬麦、南方的春麦到黑龙江等地春繁加代；北方的春麦在云贵高原夏繁，收后再到海南省冬繁加代等。这样，一年可繁殖 2～3 代，加快了繁种数量。

②异季繁殖 充分利用本地的气候条件，一年繁殖多代。如长江以南稻区，在早稻收后，即行再播种，秋天再收 1 次，叫早稻翻秋或倒种春。也可利用水稻再生力强的特点，培育再生稻，以增加繁种量。马铃薯的二季作或三季作留种法，也是 1 年多次繁殖法。

利用温室、地膜覆盖等也可就地加代繁殖。

随着生物技术的迅速发展，采用组织或细胞的离体培养技术及人工种子的开发，更有助于良种的加速繁殖。如广西壮族自治区甘蔗研究所利用甘蔗叶培养 30～50 天，在叶缘愈伤组织上长出胚性的细胞团，从中可筛选出继代能力强、分化率高的胚性细胞无性系，进而可获得根、芽齐全的小苗。他们用此法繁殖桂糖 11 号时，其效率比常规法提高 1 000 倍以上，使其推广时间由10年缩短为4年。

86. 推广、普及良种的方式主要有哪些？

由于新选育出来的或新引进的品种在通过审定时，其种子数量一般均有限，除必须千方百计地加速繁殖，增加种子数量外，还必须采取灵活多样的推广方式，使有限的种子能有计划、尽快地得到应用和普及，在生产上发挥作用。由于我国目前一般是以县为单位的供种体制。所以，品种推广也应以县为单位来安排。由于各地的自然条件、生产水平、品种布局、种子工作基础等条件的不同，各县可根据各自的供种形式采用合适的推广方式。可供参考的良种推广方式有以下3种。

(1)分片式 按照生态、耕作栽培条件，将全县划分为若干片，每年由种子部门分片轮流供应新品种的原种或原种后代，以后各片自己留种供下年生产用，使一个新品种能在短期内普及全县。

(2)波浪式 首先在全县选择若干条件较好的乡、村，集中繁殖新品种的原种后，再逐步普及全县。

(3)多点式 由县统一繁殖出新品种的原种或原种后代，先在每个区(乡)选择1～2个条件较好的专业户或承包户，扩大繁殖1年后，第二年便可普及到全村、全乡和全县。

87. 推广良种时，为什么必须合理布局？

在推广良种时，一方面必须按照不同品种的特征、特性及其适应范围，划定最适宜的种植、推广地区。也就是说，应根据每个品种本身的特点，把它安排在最适合的地区推广应用，以充分发挥其增产潜力，促进农业生产的发展。另一方面要根据不同地区的自然、栽培条件特点，选用最适合于在这些条件下种植的品种，以充分挖掘和发挥当地生产资源的潜力。这样，在一个较大的地区范围内，合理配置优良品种，以使本地的生态条件得到最好利用，品种的生产潜力得到充分发挥，从而在较大范围内获得高产、稳产和最佳的经济效益，这便叫品种的合理布局，也就是良种的区域化。

我国幅员辽阔，各地区地形、地势、气候条件及耕作制度等都千差万别。在不同的生态条件下，便需安排与之相适应的良种。如长江流域稻区，土壤肥力条件好，复种指数高，但季节紧，病虫害重，应安排秆硬、抗倒、适合于多熟制的早熟并抗病虫的高产水稻良种。珠江流域稻区，高温多湿，台风频繁，昼夜温差小，病虫害严重，应安排耐肥、抗病虫害力强的高产籼稻品种。云贵高原稻区，地势相差悬殊，气候差异也大，有效的灌溉少，应安排早熟、耐寒、耐旱的高产品种。北方稻区虽然施肥水平和密植程度都较高，但水资源匮乏，应安排抗病、抗倒、耐寒、耐旱、适当早熟的粳稻或旱稻品种。东北、西北高寒稻区，生长期短，冷害频繁，便应安排早熟、耐寒、抗病、耐旱的粳稻品种。

不仅在全国范围内应做好品种的合理布局，就一个省来说，也应如此。如浙江省在推广水稻良种时，在杭嘉湖、宁绍平原地区，因三熟制面积大，季节紧，施肥水平高，所以，以安排中熟粳稻品种为主，适当安排一些迟熟和早熟的粳稻良种；在温州、台州、丽水、金华地区，由于季节较宽，以安排中籼杂交稻为主，并适当安排一部分晚粳及中稻品种。

如果不能因地制宜合理安排良种，而盲目推广、种植，便会造成严重损失。如农垦 58 粳稻品种耐寒力强，在闽北山区推广时，增产显著；但如种植在闽南，由于生育期缩短，分蘖力差，造成减产。而包胎矮、赤块矮等水稻良种在闽南、闽北栽种时，其结果正好相反。又如，20 世纪 70 年代末、80 年代初，山东省在水肥条件好的地区，推广需水肥条件高的小麦良种，获得了高产；有人将这些高产良种，种植在水肥条件差的旱地、薄地和盐碱地上时，由于水肥条件不能满足需要，不仅没有增产，反而减产。可见，良种只有因地制宜，量材使用，合理布局，才能收到良好的效果。

此外，在某种作物病害流行传播地区，合理布局具有不同抗源（抗病基因）的抗病品种，是控制某些病害蔓延危害的一条重要途径。如我国小麦条锈病的流行规律是由甘、青越夏后，经陕西关中地区，而后随气流向东传播到晋、冀、鲁、豫等省和苏北、皖北的，如果在这三类地区合理布局具有不同抗源的抗病品种，便可避免广大麦区的抗病品种同时丧失抗病性的被动局面，可能切断或阻碍条锈病菌的传播和蔓延，达到防病、保产的目的。

88. 选用良种时，为什么必须注意品种的合理搭配？

在一个生产单位或一个生产条件大体相似的较小地区内（如一个乡村或一个农场），虽然气候条件基本相似，但由于地形、土质、茬口和其他生产条件（如肥料、劳力、农机具等）的不同，应有主有次地搭配种植各具一定特点的几个优良品种，使之地尽其力，种尽其能，达到全面增产、增收，提高生产效益的目的，这就是品种的合理搭配。它是与品种的合理布局既有联系又有区别的两个概念。

在生产上推广、普及良种时，一般应根据本地的自然、栽培条件，选择一个相对高产、稳产、适应性强、综合性状优良的品种，作为主要推广品种，即当家品种或主栽品种。为了防止品种过于单一而带来的不利影响，在同一作物中，也应同时搭配种植几个各具特点的品种。在推广良种时，为什么要注意品种的合理搭配？其理由主要有以下五个方面。

(1)较易满足生产对良种的多方面需要 随着生产和生活水平的日益提高，对良种的要求越来越高和多样化。但要选育出一个能完全满足生产上各种需要的"全才"品种，是不太容易的；而按照不同要求，分别选育出具有不同特点的"偏才"品种，进行合理搭配，便较容易满足生产的多样化需要。如一些早熟品种，本身虽产量不高，但由于腾茬早，有利于后茬早播、高产，在耕作改制中搭配使用，便可获得全面增产。

(2)可以地尽其力，种尽其能 一个乡村或一个农场内，其地形、地势、地力、土质、栽培条件等常有差异。不同条件的地块，便应安排不同的品种，以做到因地用种，地尽其力。如陕西宝鸡县西秦乡，根据本乡坡、川、滩三种不同类型的地块，曾把中熟、抗倒、耐涝、高产、稳产的单交种玉米安排在收麦较晚、土壤肥力较高的平川地，作为主体品种；把较晚熟的单交种种在麦收较早的坡崖地；把早中熟的单交种种在麦收最晚、肥力差的河滩地。山西省平顺县羊井底乡，在安排谷子种植时，在向阳、出风地种植耐旱品种；背阳地和下梢地，土壤墒情好，地力也较肥，便种植耐水肥、生育期长的品种；上梢地种植早熟、耐瘠的品种。这样，不仅合理利用了土地，而且不同土地条件都能满足各品种生长发育的需要，充分发挥其增产潜力，保证了全面均衡增产。

(3)可以调节茬口 如前述陕西省宝鸡县西秦乡那样的品种搭配种植，不仅考虑了土壤类型和肥力水平，而且也考虑了茬口的调节。又如，南方一些双季稻区，常把早稻中的迟熟品种，安排在两熟制的绿肥茬后，以充分发挥耐肥、高产的优势;把早稻中的中熟品种安排在早三熟制中的大麦茬后种植,有利于后季晚稻早种增产。

(4)有利于调节劳力 “春争日,夏争时”。播种和收获是农村的大忙季节,如果种植的品种太单一,要求同时播种、插秧或收获,便会使农活过于集中,劳力、农机具的使用过于紧张。为了抢时间和进度,势必会影响种、收质量;或由于不能及时收、种而影响丰产、丰收。如果在一个生产单位搭配种植几个不同生育期的品种,人力、畜力和机具就能适当错开,保证适时种、收,不违农时。

有些经济作物像甘蔗、甜菜等,如收获时间过于集中,还会造成榨糖的时间也集中,降低工厂机器的利用率。如果合理搭配品种,使成熟期有先有后,就可相对地延长榨糖时间,提高机器利用率。

(5)可以减轻或避免某些突发性自然灾害所造成的损失 在目前人力还不能完全控制自然、气候条件及病、虫发生的情况下,如果品种过于单一,有时会造成严重损失。如某年山西省中、南部地区发生霜冻,在临汾地区,蚂蚱麦等早熟品种已进入孕穗期,幼穗多被冻死,受害严重;而生育期较长的早洋麦等品种,因还没有孕穗,只有一些叶片上部受冻伤,对收成影响不大。

我国农民在品种搭配种植方面,有不少经验。如山东省泰安市马庄乡在安排小麦品种时总结了“三定一搭配”的经验,即以产量、土壤类型和茬口早晚定品种,将成熟早晚不同的品种合理搭配。在南方某些以双季稻为主的多熟制地区在考虑品种搭配时,常以自然条件为主,同时也顾及劳力、肥料和品种特性。如生长季节较宽、劳力多、肥料足、生产水平高的地区,早稻以安排增产潜力大的迟熟品种为主,适当搭配一定比例的早、中熟品种；而在季节紧、劳力少、肥料较缺的地区，早稻应以早、中、迟熟品种并举来搭配。

为了搞好品种的合理搭配，应对生产上种植的现有品种进行评比鉴定，明确哪些是当家品种，哪些可作为搭配品种，哪些是接班品种，以便合理搭配使用。

为了防止在收、打、运、贮过程中，发生品种混杂，一个乡、村种植的稻、麦等作物，应有2～3个不同类型的品种，根据具体情况，合理搭配也就够了；至于像棉花那样容易混杂的经济作物，一个乡(村)，甚至一个县，一般还是种植一个品种为好。

在合理搭配品种时，对主要品种应保持相对稳定，以便因种制宜地运用栽培技术，充分发挥良种的增产潜力。

89. 推广良种时，为什么必须良种良法一起推广？

良种都是在不同的自然和栽培条件下培育成的，所以，各具有不同的遗传特性，因而表现出不同的生育特性和性状。而这些特征、特性又是遗传性和外界条件相互作用的综合结果。另外，只有当外界条件能满足其生育要求时，它们的优良性状及其增产潜力才得以充分显现和发挥。所以，在推广良种时，必须了解和掌握所用良种的生育特点，有针对性地采取相应的栽培措施，最大限度地创造适于它生长发育所需的条件，促进其健壮地生长发育，以便获得高产、稳产和最大的经济效益。即在良种推广时，必须良种良法相配套，这就是农民常说的："良种是个宝，还须种得好"；"会种是个宝，不会种是根草"。如过去在北京郊区推广玉米品种"小八趟"时，在同样追肥量的条件下，采用前轻后重追的，比前重后轻追的，可增产三至四成。山东省以前在推广小麦良种毛颖阿夫和蚰包麦时，针对其春、冬性的不同，分别采用不同时期的促控措施，控制其群体结构，才能达到丰产、稳产的目的。

同时，良好的栽培条件和措施，不仅可使良种的优良性状得以充分表现，而且还可促使其性状向人们所需要的方向发展。相反，不适宜的条件和措施，会使优良性状逐渐丧失而变为劣种。

综合各地实践经验，在实施良种良法一起推广时，应特别注意以下3个方面。

(1)根据品种特点，安排合理的群体结构 不同品种获得高产的群体结构不尽相同，如大穗型的小麦品种，一般株型较松散，上部叶片肥大、下披，群体透光性差。如密度过大，株间的通透性差，不易获得高产，所以种植密度不能过大。而多穗型品种，植株较矮、穗较小、叶片较窄而挺立，群体透光性较好，适于密植，可适当增加密度，以获得高产。

(2)根据品种特点，给予合理的肥水条件 因不同品种的植株高矮、茎秆粗细、分蘖(分枝)力、枝叶的繁茂及生长的健壮程度、抗倒伏能力并对肥水的需要及适应能力等均有不同，所以在种植时，应分别给予不同的肥水条件。否则，会导致群体过大或过小、贪青晚熟等而不能丰产、丰收。

(3)根据品种特点，采用相应的栽培措施 由于各品种的生育进程及特点不同，具体的田间管理措施也应有所差别。如在北方冬麦区推广弱冬性品种时，其分蘖期短，幼穗分化期早，常以二棱期越冬，所以应重施底肥，以利于培育壮苗，促进分蘖和幼穗的分化，为壮秆、大穗打下基础。而对强冬性的品种，其分蘖期长，幼穗分化期晚，如前期施肥过多，会导致分蘖过多，群体过大而后期难以控制。

另外，还应根据品种的生育特性及当地的土壤、气候等条件，合理安排播期及茬口等。

二、良种种性的保持与种子生产

90. 生产上种植的良种，常有哪些混杂、退化现象？

目前，我国农业生产上存在一个较为普遍而又长期没有得到很好解决的问题，就是一个良种推广几年后，常会发生混杂、退化。品种混杂是指在某一个品种群体中，混有其他作物、杂草或其他品种的植株或种子。一个品种中混有同一作物的其他品种的种子时，叫品种间混杂；混有其他作物或杂草的种子时，叫种间混杂。品种退化是指一个品种的遗传性发生了变异，导致某些经济性状如产量、品质、抗逆性等的衰退、变劣，因而降低了它的经济效益，由优种变成了劣种。

品种的混杂、退化虽是两个不同的概念，但它们之间有内在联系。它们的共同表现是：植株生长不整齐，成熟早晚不一致，抗逆性降低，失去了品种原有的优良特性和经济价值。

品种的混杂、退化现象较为普遍，如南方各地推广的水稻品种中，常发现植株高矮不齐，形成“三层楼”、“子孙稻”，良莠不一。同一品种的谷壳颜色出现黄、白、麻、黑等不同类型。常规稻中有杂交稻，三系杂交稻一代中混有不育系，化学杀雄制种的杂种一代中混有母本植株。早稻中有晚稻，糯稻中有粘稻等。不少农民常形容某些水稻品种是：“头年一斩齐，两年有迟早，越长越难看，三年子孙稻。”各地的小麦良种推广几年后，常出现生长不整齐，穗顶部和基部的小穗不实，不孕小穗增多，千粒重下降，籽粒颜色红白混杂，抗病性、抗寒性降低等。在同一品种的棉田中,常出现株型、叶形、铃形、籽型不同的植株,它们与原品种相比,常表现出铃小、衣分低、产量低、绒短等。油菜品种连续种植几年后,常表现出生长不齐、花期拖长、植株矮化、着果少、结实差、抗逆性减退,严重影响产量和种子含油量;尤其是低芥酸油菜品种混杂后,其种子的芥酸含量明显提高。甘薯品种种植几年后,其蔓长、叶形、薯形、薯色、切干率等也常发生变化。麻类作物品种在生产上种植几年后,常表现生育期缩短,植株变矮,麻皮变薄,产量降低,抗病性减弱等。

上述现象都是品种混杂退化的表现。所以,无论是有性繁殖作物或无性繁殖作物,还是自花授粉作物、异花授粉作物或常异花授粉作物,如在推广良种的同时,不建立、健全良种繁育体系,不注意防杂保纯,良种都有可能发生混杂、退化。

91. 水稻三系的退化有哪些表现?为什么?

在种植杂交稻时,常发现用来配制杂交种的三系亲本随着繁殖世代的增加和应用面积的扩大,也会出现混杂、退化。其主要表现是:不育系的不育性降低,出现可育株,自交结实率提高;保持系的花粉量减少,散粉不畅,保持力下降;恢复系的恢复力出现变异并下降;制种时,结实性差,配制出杂交种的优势减退,三系的熟期、株高、株型、粒型、粒色等也会出现分离,因而杂株率增多,植株高矮不齐,其配合力和抗逆性均有所下降。

上述现象的发生,主要是由于机械混杂和生物学混杂所致。因杂交稻在繁殖、制种时,2 个品系种在同一隔离区内,同收、同晒,容易发生机械混杂。一般杂株的结实率又高于不育系,其种子数量增加快,杂株的增殖更快。如隔离不严格时，也可能发生串花。如制种田中保持系串粉而产生大量不育系；外来粳、糯稻花粉串粉而造成“冬不老”，由籼稻串粉而造成半不育株等。

92. 抗锈病的小麦良种为什么常会丧失抗锈性？怎样防止？

小麦条锈病在我国主产区的北方冬麦区和黄淮平原麦区，流行频繁，是对我国小麦生产的严重威胁。

锈病是由锈病菌引起的，而它又可分化为致病力不同的生理小种。我国的小麦抗锈育种成效很大，各地先后选育、推广了许多抗锈良种，对我国小麦生产的持续发展发挥了巨大作用。但一个抗锈品种在生产上应用数年后，常会丧失其抗性，由抗病品种变为感病品种，严重影响了小麦生产。

品种抗锈性丧失的原因，主要是锈菌生理小种，能通过各种途径（如无性杂交、突变等）发生变异，产生新生理小种的结果。当新的生理小种组成比重发生变化时，即对生产上应用的品种危害的某一生理小种大幅度增加，使其比重占绝对优势时，会导致生产上现有抗锈品种抗锈性的严重丧失。而该生理小种组成比重的变化又与生产上抗锈品种布局的变化有关。每当生产上大面积推广一个新的抗锈品种时，就会对现有的锈菌生理小种群体，形成一种选择压力，使能危害该品种的新生理小种的比重上升，而不能危害该品种的旧生理小种的比重逐渐下降。因此，对新的生理小种而言，这个大面积推广的品种，起到了促进该生理小种增长的作用。人们将该品种称为“哺育品种”。“哺育”的结果，使新小种的比重迅速增大，成了优势小种，最后导致这个“哺育品种”的抗锈性完全丧失而被淘汰，为新的、抗该生理小种的另一抗锈品种所替代，引起生产上品种布局的变化。品种布局的新变化，又引起生理小种群体比重的改变；小种群体比重的变化，反过来又引起品种布局的再度改变。这样，周而复始，此消彼长，互为因果。这就是小麦品种抗锈性丧失的基本原因。

防止小麦品种丧失抗锈性的常用方法有以下3种。

(1)品种轮换或抗源轮换 即不断地用新的抗源育成新的抗锈品种，代替生产上已丧失抗锈性的品种。这实质上是抗源或抗病基因的轮换。为了做好这一工作，必须不断搜集和筛选出新的抗源或抗病基因，作为亲本，培育出新的抗锈品种。

(2)抗源积累 通过杂交，尤其是聚合杂交，将分散在不同品种中的抗锈基因，逐步聚集到一个品种中去，使之能抗多个生理小种。这样，可大大地降低病菌的适应速度和延长抗病品种在生产中的使用年限。因为一个品种含有的抗病基因越多，产生能使该品种完全丧失抗性的生理小种的几率便越小。

(3)抗源的多样化 即在生产上同时推广几个具有不同抗源或抗不同生理小种的抗病品种。这样，便可避免为某一生理小种提供大量的哺育基地，可以减缓某一生理小种的增长速度，抑制优势小种的形成。

此外，还应注意品种的合理布局。如沿着小麦条锈病流行经过的地区，分别安排具有不同抗源的小麦品种，以切断或阻碍条锈病的传播和蔓延，减轻其危害。

93. 良种混杂和退化后，对生产有什么影响？

良种发生混杂、退化后，不仅会使植株生长不整齐，成熟早晚不一，影响栽培管理和收获工作；而且会导致产量、品质和抗逆性等的变劣与衰退，失去良种原有的优良性状，严重影响农业生产。正如农民所说的："远看绿油油，近看三层楼，五花八门样样有，十成年景八成收"。上海市种子公司的调查指出：双丰1号水稻品种的纯度每下降1%，就减产3.2%。汪良成报道：在安徽省六安地区，杂交稻的亲本纯度每下降1%，就减产3.51%。安徽省宿县小麦原种场1964年用纯度分别为42%、58.2%和95.2%的碧蚂1号品种做对比试验，纯度为42%和58.2%的比纯度为95.2%的千粒重分别降低7.89克和7.11克，单产分别降低25%和18.6%。高志明(1983)调查指出：用纯度为70%和85%的水稻珍珠矮播种的比纯度为99%的分别减产20.9%和7%。北京、山东、山西、河南等省、市的6个单位对9个玉米杂交种的调查指出：用一般自交系配制的杂交种比用纯的自交系配制的同名杂交种，平均减产17.9%。王景升等(1986)的试验指出：玉米品种纯度每下降1%，每667平方米平均减产16.07千克；高粱品种纯度每下降1%，平均每667平方米减产7.6～16.7千克。中国农业科学院棉花研究所的调查指出：纯度仅为60%的岱字棉15号，比纯度为98%的原种二代减产皮棉18%左右，衣分下降4.7%，铃重减轻0.4克，绒长下降2毫米，细度下降1002米/克，断裂长度下降2.6千米，短绒率增加3.4%。山东省种子部门的调查也指出：刚推广2年的中棉所12号，田间纯度不到80%。因纯度下降，其断裂长度由1985年的21～23千米降到1987年的19.1千米；衣分由41%下降到37.4%。据多方面的调查：种子纯度每提高1%，大田生产将增产5%～10%。

由于品种混杂和退化所引起的产量、品质降低，会严重影响农业生产的经济效益。如陕西省1979年的调查指出：该省因玉米杂交种的混杂，全省每年减产 2.5 亿～4 亿千克；其他粮食作物也因品种混杂，每年减产约 10 亿千克。河南省 1987 年有 32%的麦田，因种子混杂、退化而减产 4 亿多千克。河北省种子部门在 20 世纪 80 年代的调查指出：该省生产上用的棉花品种纯度，下降了 10%～30%，衣分下降 2%～3%，减产 10%～20%，仅此一项，全省每年便损失皮棉约 5 万吨，加上纤维品质下降，全省每年约损失 3 亿元。

94. 生产上用的良种为什么会发生混杂、退化？

良种发生混杂、退化的原因很多，归纳起来，主要有以下 5 个。

(1)机械混杂 一个品种常由于播前的种子处理（浸种、拌种），播种、移苗、补种、收获、脱粒（轧花）、晾晒、装运、贮藏等生产过程中，疏忽大意或条件的限制，很易发生机械混杂。尤其是一个乡、村或户种植多个品种时，更易发生混杂。有时，因留种地块的连作，前茬作物的自然落粒，或者施用没有充分腐熟的农家肥料等，也会引起机械混杂。

(2)天然杂交 即生物学混杂。这是棉花等常异花授粉作物和玉米等异花授粉作物混杂的一个主要原因。每个玉米雄穗约有 2 000 万粒花粉，花粉粒小而轻，即使在无风的条件下，它也能散落在附近 1～1.5 米的范围内；如遇上大风，花粉可随风散落到 500～1 000 米以外，其他植株的雌穗一旦接受了外来花粉，便可授粉结实。有时在一个玉米果穗上，见到黄、白粒种子，就是天然杂交的结果。据调查：淮油 2 号和兴化油菜相邻种植时，其杂交结实率可达 63.5%。不少地区棉花的天然杂交率也可达 20%，甚至 50%以上。自花授粉的小麦、水稻，一般也有 2%～3%的天然杂交率。天然杂交的后代，会出现各种性状分离，因而在一个品种群体中，会出现各种各样的类型。

(3)不良栽培条件和环境条件的影响 良种的性状表现与环境条件密切相关。良种只有种植在适合其生长发育的优良条件下，其优良性状才能充分表现出来。如环境条件不利，它为了生存，常会适应这些不利条件而退回到原始状态或丧失某些优良性状。如水稻在生育后期遇上低温，谷粒变小；成熟期气温高，糯性便降低；种在冷水、咸水、深水或瘦地上，常会出现红米等。笔者于 1961 年在北京房山调查时发现，同一来源的碧蚂 1 号小麦种子生长在肥地上的，其纯度为 81.5%；而生长在瘦地上的，纯度只有 63.5%。又如，在干旱、虫害较严重的棉田中，叶面多毛的棉株增多，久而久之，由于这类棉株的抗虫性强而被保留下来。但这类棉株往往成熟晚，吐絮不畅，纤维短，衣分低。可见，不良的农业生产条件及不利的气候因素，通过自然选择的作用，也会导致品种的混杂、退化。

(4)不正确的选种、留种方法 在选种、留种时，如采用不正确的方向和方法，也会导致品种的混杂、退化。如甘薯长期进行无性繁殖或用老蔓越冬繁殖，或为了多出秧，选剪长蔓型的薯秧插夏薯留种等，都会引起品种退化变劣。在玉米、高粱、棉花等的间苗、留苗时，往往把表现有杂种优势的天然杂交种的幼苗，误认为是壮苗而选留下来；由于其后代会不断分离，使品种纯度下降。

(5)品种本身遗传性的变异和性状的继续分离 品种遗传性的稳定性是相对的，而遗传性的变异则是绝对的、普遍的。所以，良种的优良性状在自然条件的影响下也会发生变异。此外，有许多推广品种，尤其是一些杂交育成的品种，尚未完全稳定便在生产上推广，必然会出现不同类型。即使已经较稳定的品种，其群体中总还存在一定比例的杂合基因，即剩余变异。这些具有杂合基因的个体，在育种过程中，由于生态条件的限制，未能表现出来。但当新品种推广后，由于栽培地区的扩大，其所处的生态条件比育种过程中的生态条件要复杂得多，群体中剩余的杂合基因型与其中的某些条件相适应时，便能表现出来，形成品种内的杂合体异型株。异花授粉的玉米，其遗传组成是高度杂合的，即使经多代自交，也不可能达到完全纯合，总还残留一些杂合基因，在后代中表现出来。无性繁殖的甘薯等，虽然其后代与母体相似，但生产上推广的多数品种，均为有性杂交一代的无性系，其遗传性也是杂合的。

引起品种混杂、退化的原因，常常是互相作用和综合影响的。但由于时间、地点、品种和栽培管理等的不同，引起某个品种混杂、退化的主要原因也不同。从我国多年的实际情况来看，由于良种繁育及供种体制不够健全、完善，机械混杂和生物学混杂是多数作物品种混杂、退化的主要原因。

95. 纯种的白玉米和黄玉米、甜玉米与非甜玉米相邻种植时，为什么在白玉米和甜玉米的果穗上会分别出现黄色和非甜玉米的籽粒？

将纯种的白粒玉米种在隔离区内，自由传粉时，其当代和后代的籽粒都是白色的。因玉米是异花授粉作物，天然杂交率很高。如邻近种有黄粒玉米时，很容易串花(粉)，即黄玉米的花粉落到白玉米的花丝上，白玉米的花粉落到黄玉米的花丝上，相互授粉结实。玉米籽粒的颜色，主要存在于胚乳上而不是果皮上；同时受精后的胚乳在发育过程中，黄色对白色是显性，并能在当代表现出来，这叫当代显性。黄玉米植株虽也会接受白玉米的花粉受精结实，但白色籽粒是隐性，所以黄玉米上不会表现出白色籽粒。这种在当代籽粒的胚乳上出现显性性状的现象，也叫花粉直感或胚乳直感。

同样，非甜玉米对甜玉米是完全显性，当两类玉米相邻种植时，相互串粉杂交后，在甜玉米果穗上所结的非甜玉米籽粒便表现出来，而在非甜玉米果穗上结的甜玉米籽粒却不会显现。

96. 马铃薯为什么会退化？

马铃薯良种在生产上种植几年后，常表现植株生育不良，叶片卷曲、皱缩，薯块逐年变小，产量逐年下降。正如群众所说："一年大，二年差，三年结个小疙瘩"。这就是退化。用退化了的薯块做种用，会严重影响马铃薯的生产。

马铃薯为什么会退化？国内外的许多研究认为：主要是由于病毒感染和高温影响了马铃薯的正常生长发育。如生育期间遇上高温时，不仅植株的呼吸作用增强，养分积累少，植株生育不健壮，降低了抗病毒的能力；而且，病毒在植株内的繁殖快，加重了其危害。多数品种在多代的无性繁殖过程中，虽都会不同程度地感染病毒，但如栽培、生长在适合的环境条件下，病毒会受到抑制，呈潜伏状态，危害较轻；否则，病毒繁殖快，危害重，因而降低了产量和品质。当然，也有些品种，如白头翁、疫畏它、乌盟 601、同薯 8 号、内杂 15 等的抗病性强，抗退化性能也高。导致马铃薯退化的这两个因素，其影响的程度因地而异。

97. 良种混杂和退化的遗传实质是什么?

要保持一个品种原有的优良种性,就要使该品种群体的原有遗传组成保持相对的稳定和平衡,其实质就要设法使该群体的基因型频率和基因频率保持稳定和平衡。因为一个品种的遗传特性,首先决定于该群体的基因型频率和基因频率。

基因型频率就是指在该群体中,某种基因型个体数占该群体内总个体数的比例。基因频率则是指在一个基因位点上,某一等位基因[如株高中,高秆(D)和矮秆(d)二基因即为等位基因]所占的比例。如以一个由 A 和 a 等位基因所组成的群体来说,其基因型有 AA,Aa 和 aa 三种,假如在该群体中,显性纯合体(AA)有 30 个,显性杂合体(Aa)有 60 个,隐性纯合体(aa)有 10 个,群体总数为 100 个,那么 AA、Aa 和 aa 基因型的频率分别为 30%、60%和 10%。

一般来说,每个基因型个体都有 2 个基因,如 AA 个体中有 2 个 A 基因,Aa 个体中有 1 个 A 和 1 个 a 基因,aa 个体中有 2 个 a 基因,故全部基因总数为 2N(即基因型个体数的 2 倍)。其中:

A 基因的频率为$(30+\frac{1}{2}\times 60)/100=0.6=60\%$

a 基因的频率为$(\frac{1}{2}\times 60+10)/100=0.4=40\%$

在一个群体中,如果各个体的生存能力一致和繁殖是随机的(即为随机交配群体),而且没有其他因素(如突变、迁移、选择、控制授粉等)的干扰,其基因型频率和基因频率在各个世代常保持不变,这样就达到了遗传平衡。人们称这一法则为哈德—魏伯格法则。

作物品种在繁殖过程中，并不是把每个个体的基因型传递给下一代，而传给下一代的是不同频率的基因。所以，我们更应注意群体中基因频率的变化。

在自然界，由于各种条件的作用和生物体内部的种种原因，一个品种群体一般难以持久地保持不变的基因频率，只能有相对稳定的基因频率，即一个品种只有相对的稳定性。品种群体发生变化的遗传根据就在于基因频率的变化。引起群体基因频率变化的因素有如下3个。

(1)迁移 在生产中，如各个品种群体隔离不完全，便会有一定数量的个体从一个群体进入另一个群体，并可能与另一群体的个体杂交，这样，便改变了后一群体的基因频率，这种现象便叫基因迁移或基因流动。在生产中出现的机械混杂和生物学混杂，便是基因迁移的具体表现。生物学混杂还会引起基因重组或交换，其影响更大。所以，基因迁移是品种混杂、退化的主要原因。

(2)遗传漂移 即在一个小群体里，常会发生基因频率的随机增减而不易保持平衡的现象。如Aa杂合子，从理论上讲，会产生同样数目的A和a配子，Aa×Aa时，按理可产生1/4AA、2/4Aa和1/4aa，但这是在个体数目很多的大群体的情况下发生的。如产生的后代有限，即群体小(如留种的比例小等)，按配子随机结合的原理，这些后代可能都是AA，或都是aa，也可能都是Aa。如果都是AA或aa，a或A便会全部消失而影响群体中的基因频率。所以，在良种繁育中，如留种的比例小或由于取样误差等的影响，会使上下代群体间的基因频率发生随机漂移而改变群体的原有遗传组成。

(3)选择 自然选择和人工选择均会改变不同基因型个体的生殖力和存活率，从而改变其基因频率和遗传组成。如一个良种长期处于不良的栽培条件下，由于自然选择的作用，优良基因型的生殖力和存活率会受到压抑，而定向改变其基因频率，后代出现自然退化现象。在人工选择时，如群体中个体间的遗传差异大，性状的遗传率高，选择的个体数少（即选择压力大）时，或因性状间存在相关关系等，也易引起基因频率的改变。

另外，还有基因突变。基因的自然突变会直接改变群体的基因频率，如 A 突变成 a，这样，A 的频率减少，而 a 的频率则增加。在自然界中，基因突变的频率一般很低，留种数量又只占繁殖群体的一小部分，因而，选留突变的几率很少，对群体遗传组成的影响不大。

所以，品种混杂、退化的遗传实质是由于基因迁移、遗传漂移和选择的影响，而改变了品种群体原有基因频率的结果。可见，一切良种繁育技术的出发点，在于保持优良品种中优良基因的频率，抑制不良基因频率的增加。

98. 怎样防止和克服良种的混杂和退化？

针对我国目前的实际情况，可采用下列措施来防止和克服良种的混杂和退化。

(1)因地制宜地做好品种的合理布局和搭配 合理布局和搭配使用品种，简化生产上使用品种的数目，是品种防杂、保纯的重要条件之一。有些地区生产上种植的品种过多，这样极易引起混杂。因此，各地应对现有推广品种进行普查和评选，确定最适合于当地推广的主要良种，合理搭配使用，并在一定时期内保持相对稳定，品种更换不要过于频繁，以克服品种的多、乱、杂现象。

(2)建立和健全良种繁育和供种体系 建立完善的良种

繁育和供种体系，不仅可保证新品种一经审定通过后，便可通过各级良(原)种场，加速繁殖推广，进行品种更换，尽快地使新品种在生产上发挥作用；同时，也可有计划地、分级负责地进行各类作物的品种和杂交亲本的提纯，生产出原种，源源不断地供应生产上质量好、数量又多的生产用种，进行品种更新。延长良种的使用年限，促进生产的不断发展。所以，建立和完善良种繁育和供种体系，是实现种子生产专业化，加速良种的繁殖推广，防止品种混杂、退化，提高大田用种质量的组织保证。

(3)认真抓好良种的提纯更新 良种的提纯更新是防止和克服品种混杂、退化，充分发挥良种增产潜力的有效措施，是良种繁育工作的重要环节。安徽省当涂县提纯的农垦58、朝阳1号和芜科1号水稻品种比同品种的大田种，可增产10.4%～21.6%。辽宁省朝阳地区种子站的试验指出：用提纯的玉米自交系配制的丹玉2号、丹玉6号，比用未提纯的自交系配制的同名杂交种，分别增产18.2%和8.7%。河北省对23个县的统计：实现棉花原种一、二代更新后，一般可增产10%～20%，衣分提高2.4%～4%，绒长增加0.6～1.61毫米，品级提高0.4～1级。

(4)注意防杂、保纯 防止混杂，是搞好良种繁育、保证良种质量的必要措施。在种子生产过程中，应贯彻“防杂重于去杂，保纯重于提纯”的原则，采取有效措施，杜绝一切混杂。种子繁殖地块，不宜选用连作地，不施未腐熟的秸秆堆肥。播种时，要做到播种工具、品种、盛种用具和地块“四清”。生长期间要严格按品种典型性状去杂、去劣。收获时应按品种和种子级别单收、单运、单脱、单晒并单贮。异花授粉和常异花授粉作物，在繁殖、制种过程中，应控制授粉或隔离，防止串粉或天然杂交。

(5)开展群众性的选种、留种活动 农村实行联产承包责任制后，农民的生产积极性大为提高，科学种田、劳动致富的渴望也十分迫切。所以，号召开展群众性的选种、留种活动，不仅可作为有计划供种的补充手段，而且也可通过各种选种、留种方法，提高种子质量。

99. 什么叫品种更换和品种更新？

在农业生产中，推广应用良种是发展高产、优质，高效农业的重要措施。但一个良种在生产上种植若干年后，由于多种原因而会发生混杂、退化，丧失其优良性状，不再体现良种给农业生产所带来的明显效应。或者由于农业生产条件及人民生活水平的不断提高，原推广的良种不能再满足其要求了。为此，在农业生产中常常需要不断地选育、繁殖出经审定通过的新品种、新组合，以取代生产上已不能适应或促进生产发展需要的原有推广的品种，这就叫品种更换。

对目前生产上正在推广、应用的性状基本符合要求的良种，为防止其混杂、退化，保持其优良种性，常可采用多种提纯、保纯的方法，生产出纯度高、品质好的原种或原种后代；或者用贮藏的原品种的种子，定期地替换生产上已混杂退化了的同一品种的种子，以延长良种的使用年限，这就叫品种更新。

100. 我国的良种繁育和供种体系大体上是怎样建立的？

根据各地经验及种子工作现代化的要求，各类作物的良种繁育和供种体系，大致划分如下。

(1)稻、麦 稻、麦等自花授粉作物及棉花等常异花授粉作物的新品种，经审定通过后，可由原育种单位提供原原种(或育种者种子)，省、地、县原(良)种场繁殖出原种；对生产上已应用的品种，可由县原(良)种场提纯后生产出原种，然后交由特约良种繁育基地或种子专业村(户)繁殖出原种一、二代，供生产应用。如有些省为了实现常规稻种子3年一更新的要求，建立了“以县为基础，统一提纯，三级繁殖，二级供种”的体系，即以县为单位，统一计划、分级繁殖。县原(良)种场负责全县良种的提纯，生产出原种或引进和繁殖新品种。县特约繁殖基地生产一级良种。大田用种由乡、村良种繁殖基地的专业组和专业户供种。

在棉花方面，河北省曾建立了以县良棉轧花厂(归农业部门领导)为核心，县原种场为骨干，良繁区为基础，厂、场、村、区四配套，种、管、收、轧四结合，提纯、繁育、保纯、经营一条龙的良种繁育和供种体系。即县原(良)种场经提纯生产出高质量的原种。在集中产棉区选择领导重视、条件好的无病村庄，建立特约繁殖基地，协助县原(良)种场生产原种。在无枯萎病、黄萎病的村庄，按大田用种计划，建立集中连片的良种繁殖区繁殖原种一代，供大田生产用。凡县原(良)种场、特约繁殖基地和良繁区生产出来的原种和原种后代，均由良棉轧花厂统一收购，统一轧花，统一保种，统一经营供种。

(2)玉米、高粱、水稻等的杂交种，因要求有严格的隔离条件和技术性强等特点，应实行“省提(供)、地繁、县制”的繁育体系 其程序如下。

①省供亲本原种 原种的种源，一方面由品种(或亲本)的育成单位提供原原种，另一方面也可由省种子公司选择几个原种场和科研单位合作，统一进行玉米自交系、水稻和高粱

三系的提纯，生产原种，有计划地向各地、市提供扩大繁殖用种。提纯时，可以一次多量地提纯繁殖，低温贮藏，分年分批更新已经混杂的自交系或三系。

②地（市）繁殖亲本　地（市）种子公司选择有条件的原种场，将省提供的水稻、高粱三系和玉米自交系原种，在隔离区繁殖规定世代的原种后代；玉米还可用来配制三交种、双交种的亲本单交种，供县配制所需的杂交种。

③县制杂交种　县种子公司主要用地（市）提供的亲本，集中精力配制大田用的杂交种。县、区可以联合制种，分片制种，也可集中专业户连片制种，以利于隔离和技术指导。也可建立以省、地的大型基地繁种、制种（包括亲本提纯、繁殖和制种）为主导，县部分自制为补充，集中生产，分级繁殖、供种的体系。这样，更有利于基地的合理布局，充分发挥自然、技术优势；有利于种子生产的专业化、现代化，打破大而全、小而全的自然经济束缚，适应商品经济的发展；有利于节约土地，提高种子质量，降低生产成本。

(3)低芥酸油菜品种的繁育体系　由于油菜的异交率高，高芥酸和低芥酸品种间串花后，当代种子的芥酸含量会明显提高；而低芥酸品种自花授粉或低芥酸品种间异花串花后，其当代种子的芥酸含量一般不会升高等特点，在繁育低芥酸油菜品种时，除要保持原品种的丰产性、抗逆性等外，还要保证种子的芥酸含量达到规定的标准。但是，油菜具有繁殖系数高、用种量少等有利条件，因此，可以建立省、县（地、市）二级低芥酸油菜品种的繁育体系。即由原育种单位每年向省种子部门提供原原种（品种纯度为100%，生长整齐一致，无杂质，无菌核，芥酸含量为零或接近于零，硫苷含量在0.2%以下），由省集中组织第一次繁殖，生产出原种。原种的纯度要求在

99.5%以上、芥酸含量在1%以下、硫苷含量不得超过0.2%。由省生产出的原种提供各县种子部门集中进行第二次繁殖，生产出纯度在99%以上，芥酸含量在1.5%以下，硫苷含量为0.2%的合格种。各县种子部门可选择隔离条件好、生产技术水平高的种子专业场或委托县、区、乡以下的有技术基础并经考核合格的专业户进行合格种的生产。各农户每年由县种子部门提供合格种，进行商品油菜的大田生产，自己不留种，也不得相互换种。这样，由县统一繁殖、供种，可以保证生产用种的质量。

(4)甘薯由于用种量大，种薯(苗)贮藏、调运困难，其繁育体系更应因地制宜 一般可采取县生产原种，乡、村选择承包户或专业户的无病地块建立原种繁殖田，生产种薯以供大田用种。

101. 生产上常用哪些方法留种?

生产上常用的简易留种方法有如下4种。

(1)去杂去劣后混收留种法 如水稻、小麦、谷子、棉花等作物收获前，在品种纯度较高的地块，将不符合本品种典型性状的杂株、生长发育不良和感染有病虫害的劣株拔掉，然后混收，单脱、单晒、单藏留种。

(2)选株(穗)混收法 生产上应用的品种如果纯度不很高时，可选择生育正常的地块，选择具有原品种典型性状的优良单株(穗)，混收留种。如朱树远(1957)用蚰子麦试验，田间穗选留种的比不选的增产38.4%，纯度提高23.3%。江苏省常熟县周行乡(1957)用晚粳矮箕野稻品种试验，穗选留种的比未选的单穗粒数增加10.4粒，千粒重增加1.2克，单穗重增加0.47克。

(3)选留不同部位的种子作种　处在不同部(穗)位的种子,在生育过程中,遇到不同的生长发育条件和得到不同的营养供应。所以,种子质量不同。因此,用不同部(穗)位的种子留种,其后代性状也会表现明显的差异。据邢作福报道(1990),用稻穗上部籽粒作种比用中部和下部籽粒作种的,可分别增产 13.2%和 17.4%。用玉米果穗中部籽粒作种的比用上部籽粒作种的可增产 14.8%～19.4%;比用果穗基部籽粒作种的增产 5%～12.3%;比用全穗混合籽粒作种的增产 5.9%～8.9%。用高粱果穗上部籽粒作种的比用下部籽粒作种的增产15.0%～26.3%;比用中部籽粒作种的增产6.4%～10.8%;比用全穗混合籽粒作种的增产 8.7%。

(4)粒选　种子大小和各种异型籽,对其后代的生育、产量、品质等均有很大影响。所以,播种前用手工或机械进行粒(精)选,有良好的效果。如贺绳武等(1983)用黔单 2 号玉米大粒种子(千粒重 310 克)作种的,比用轻粒种子(千粒重 185 克)作种的,产量增加 15.7%,穗粒重增加 15.1%;黔单 4 号品种的大粒种(千粒重 280 克)比小粒种(千粒重 142 克),增产 5.8%,穗粒重增加 6.3%。

102. 生产上应用的种子有哪些类别?

生产用种类别的划分,各个国家不尽相同,在我国一般分为 3 类。

(1)原原种　也有叫超级原种或育种者种子的。这是由育种者所提供、纯度最高、最原始的一批优良种子。原原种生产是良种在生产上应用的准备阶段,一般由育种单位负责。当育种单位选育出的新品种在参加区域试验时,便应拿出一部分种子,单独繁殖,作为原原种的原始种,以后需要原原种时，再进行适当加代。

(2)原种 用原原种直接繁殖出来的或由正在生产上推广的品种，经过提纯后，符合原品种典型性状并达到国家规定的质量标准的种子，称为原种。相当于国外的基础种子。它是种子生产的基础，其质量高低，关系到整个良种繁育和种子生产的成败。所以，对原种的质量要求是很高的。

各类作物的原种，首先要求其品种纯度均在99%以上，净度不低于98%。除棉花、玉米、高粱三系原种的发芽率不低于85%以外，其他各类作物原种种子的发芽率应在90%以上。此外，种子还应是健全和干燥的，即种子含水量均应在规定范围内，如稻、麦、玉米、高粱、谷子等原种种子的含水量不应高于13%；棉花、豆类、向日葵、黄麻、红麻的种子含水量不高于12%；花生种子的含水量不应高于10%；油菜、芝麻、亚麻的种子含水量不应高于9%。

在保纯措施较好的条件下，原种使用的年限一般可达3～4年。

(3)良种 由原种繁殖出来的、符合国家质量标准、供大田生产播种用的种子，称为良种。相当于国外的合格种子或检验种子。

103. 单株选择、分系比较、混合繁殖的品种提纯原种生产法是怎样进行的？

我国对小麦、水稻、棉花、大豆、花生、甘蓝型油菜等作物的常规品种，一般均采用“单株(穗)选择，分系比较，混合繁殖”的方法提纯，产生原种。其具体程序和工作内容如图33所示。

(1)选择典型的优良单株(穗) 在现有当家品种或即将

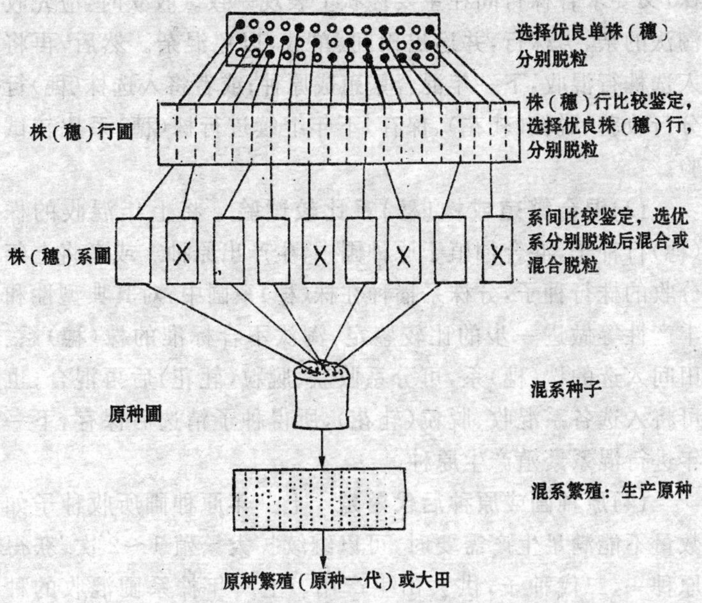

图 33　原种生产程序示意图

推广的品种中，选择具有该品种典型特征、生长健壮、无病虫害的优良单株（穗），分别收获、脱粒（轧花）、装袋、充分干燥后妥为保存，供下一年株行圃的比较鉴定用。

选株的标准要严，株数要多，使生产出的原种既要纯度高，又要有较丰富的遗传基础。

(2)株(穗)行的比较鉴定　选择地势平坦、土壤肥沃、地力均匀、旱涝保收的地块建立株行圃，将上一年入选单株（穗）分行播种，进行比较鉴定。在生育期间，进行必要的观察、记载和鉴定，严格淘汰生长差、典型性不合要求的株（穗）行。入选株（穗）行既要求每行内各植株的性状优良、整齐，无杂、劣株，又要求各株行间在主要性状上表现一致。收获时，应先收淘汰的杂、劣株行，并运出田间、单放，以免混杂。然后，再将入选株行混收，下一年混合繁殖成原种；或者将入选株（穗）行分行收获、脱粒（轧花）、保存，下年继续进行株（穗）系比较试验。

（3）混合繁殖或株（穗）系比较试验 将上年混收的株（穗）行种子，混合种植于原种圃中，生产出原种。或者将上年分收的株行种子，分株系播种在株（穗）系圃中，对其典型性和丰产性等做进一步的比较鉴定，淘汰不合标准的株（穗）系。田间入选的株（穗）系，可分系收获、脱粒（轧花）后再混合；也可将入选各系混收、脱粒（轧花），所得种子精选后保存，下一年进行混系繁殖产生原种。

（4）原种圃或原种后代繁殖 上一年原种圃所收种子如数量不能满足生产需要时，可以继续扩大繁殖 1～2 次，获得原种一、二代种子，供大田生产用。上一年株系圃混收的种子，则播在原种圃中，生产出原种。原种圃和原种后代繁殖田，应具有良好的水肥和隔离条件，采用先进的农业技术措施并进行稀播繁殖，以提高繁殖系数。生育期间应严格去杂去劣。收获后应单脱（轧）、单藏，注意防杂保纯。

在上述程序中，凡经过株（穗）行圃、株（穗）系圃和原种圃的，称为三年三圃制。棉花等常异花授粉作物，多采用这种方法，因多一次选择和鉴定更能保证原种质量。由株（穗）行圃去杂、去劣混收，直接进入原种圃混合繁殖的，称为二年二圃制，小麦、水稻等自花授粉作物的常规品种，可采用此法提纯，生产原种。

采用这一方法提纯、生产原种，有较好的效果。如河北省故城县采用三圃法提纯的中棉所 12 与一般大田的中棉所 12

相比，纯度提高12%，皮棉增产14%，衣分高4.1%，绒长增加0.2毫米。

104. 怎样提纯玉米自交系？

生产上种植的同一杂交种，几年以后，杂交优势一般会减退，这主要是由于杂交种子质量不好而引起的；而杂交种子质量不好的原因，主要是亲本自交系的混杂退化所致。用纯度差的自交系比用纯度高的自交系所配制的单交种，一般会减产5%～20%。因此，要保持和提高杂交种的增产效果，除需要认真做好自交系的保纯工作外，对纯度不高的自交系，必须进行提纯、更新。常用的方法有以下两种。

(1)二级提纯法 对混杂不太严重、杂株率在10%上下的自交系，可采用此法。第一年在自交系繁殖区内，选生长良好、符合该自交系特征的典型植株100～200株，人工套袋自交。第二年从上一年的自交果穗中精选50～100个典型穗，每穗予以编号，在隔离区内种成穗行，把不良的穗行和典型穗行中非典型植株在散粉前全部去雄，不让它散粉，收获后当粮食处理。在典型的穗行中，选几株优良单株套袋自交，收获后混合脱粒，供下一年繁殖原种自交系用。其余的任其自由授粉，收获后混合脱粒，供下一年自交系繁殖区用或配制杂交种。

(2)多级提纯法 对混杂退化严重、杂株率在10%～30%的自交系，就得连续经过二、三代以上穗行提纯，才有成效。在提纯过程中，除了目测典型性状外，同时进行配合力的测定(测交)，选配合力高的典型株继续提纯。测验种最好用同一杂交组合中的另一个比较纯的亲本。如单交种中单2号是用M_{o17}和自330配成的，如果M_{o17}混杂严重，需要提纯，可用纯度好的自330做测验种。具体做法如下。

第一年在自交系繁殖区里选典型株 50～100 株套袋自交，同时用花粉和测验种杂交（自交穗和测交穗都要编上相应的行号、株号，以便互相对应）。收获时选留好的自交穗及相应的测交穗单收。

第二年把上年选留的自交穗种成穗行，进行鉴定，同时进行测交种的产量比较。在穗行鉴定中，淘汰非典型的、表现不良的穗行；在选留的穗行中，再选 4～5 个优良单株套袋自交，收后选留 2～3 穗。最后，根据测交种的产量比较结果，严格选留最好的株系 10～20 个。

第三年将上年选留株系的自交穗，再在隔离区内种成穗行，进行鉴定。在表现整齐一致并具有该自交系典型优良性状的穗行中，选株套袋自交，收获后混合脱粒，供下年繁殖原种用。其余的任其自由授粉，收获后供配制杂交种用。如果各穗行仍表现不够整齐，自交穗就不要混合脱粒，下一年再种成穗行进行鉴定，直到整齐一致为止。

必须指出，当自交系混杂严重到 10%以上时，多级提纯法只能作为临时措施，以不致使杂交种中断。应该及时向有关单位索取少量原种进行繁殖，以便取代混杂的自交系。因为当混杂到 10%～20%时，那些看来似乎是典型株，实际上可能是回交后代，已不完全是原来自交系的遗传基础了。向有关单位引来原种即使只有 100 粒种子，如果单粒点播，精细管理，当年即可收 100 个原种果穗，第二年足可种 2 668～3 335 平方米(4～5 亩)繁殖区了。

105. 杂交稻三系亲本的成对测交提纯法是怎样进行的？

该提纯法主要是采用单株选择，成对测交，分系鉴定，混系繁殖。其具体方法如下。

(1)选择典型优良的单株 对需要提纯、生产原种的三系，在纯度较高的繁种田中，根据三系各自的典型性状及丰产性、育性、抗逆性等，选择优良单株单收、单脱、单晒、单藏，翌年单播和单育秧。移栽时，选择性状整齐、生长健壮的三系秧苗各若干株，分别按顺序编号，单本插入杂交圃中(图 34)。

保持系(B)	1B	2B	3B	4B	5B	6B	7B	……………………50B
不育系(A)	1A	2A	3A	4A	5A	6A	7A	……………………50A
恢复系(R)	1R	2R	3R	4R	5R	6R	7R	……………………50R

图 34 杂交圃田间种植示意图

在分蘖期间，特别是在始穗期要严格的去杂去劣。抽穗后，逐株检查不育系的花粉，看是否有生活力；或将一稻穗套袋自交，如完全不结实，表明该株是不育的。在不育系中，除要选择 100%的不育株外，还要选择柱头外露率高的。保持系中应选花药发达而饱满的植株。凡不合要求的植株，均应拔除。

(2)成对回交和测交 在杂交圃中，将入选的不育株和保持株成对回交，不育株和恢复株成对测交。如将不育系的第一株(1A)分别与保持系的第一株(1B)和恢复系的第一株(1R)分别回交和测交，便可分别获得 1A/1B 和 1A/1R 的回交和测交种子。依此类推，可获得 2A/2B、2A/2R 等各组合的回交和测交种子。

在成对回交、测交前，当各不育株的主穗刚抽出尚未开花前便应套袋，以防天然杂交。每对回交和测交组合，必须各得到 100 粒和 50 粒以上的种子。并分收、分脱、分晒、分藏并编号。

(3)分系鉴定 将上一年成对回交和测交的种子及其亲本育秧后，按株成对分别移栽到后代鉴定圃(图 35)。在分蘖、抽穗和成熟期按原品种的典型性、抗性等分别严格鉴定。抽穗前，鉴定圃的四周最好用高 2 米的塑料薄膜或其他东西围好、隔离。

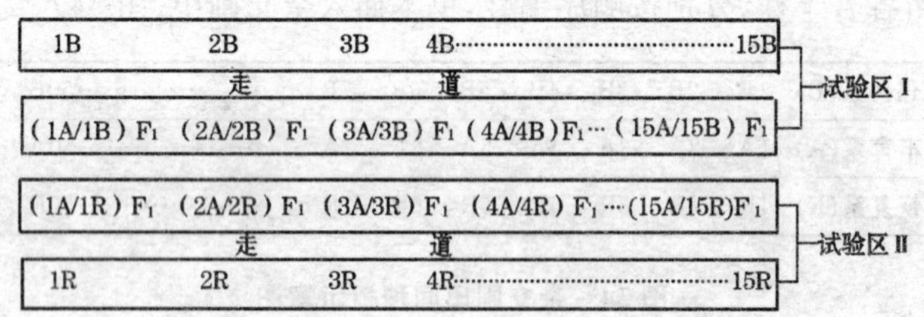

图 35 鉴定圃种植示意图

凡具有下列条件的组合，其相应亲本不育株及其保持株、恢复株，可选留做原种。

①回交一代表现该不育系的典型性状，不育株率达100%。

②测交的 F_1 整齐一致、结实率高、优势明显，保持了原有杂交种的典型性状。

③回交和测交的父本，均能保持原有典型性。

凡上述 3 个条件同时出现在不育株的相同组合上时，则该组合的不育株、保持株和恢复株都符合繁殖要求。如上述试验区Ⅰ中，假设(2A/2B)F_1 和(7A/7B)F_1 小区中，各植株均表现原不育系和保持系的典型性状且完全不育，那么，保持系 2B、7B 的各单株及不育系 2A、7A 的各单株，都符合繁育要求。在试验区Ⅱ中，如 2A/(2R)F_1、(7A、7R)F_1 小区中的各个植株均表现原杂交种的典型性状，且优势强、结实率高、整齐一致时，说明2R、7R恢复系单株也符合要求，分别与不育系2A、7A表现有良好的配合力。因此，2A、7A、2B、7B、2R、7R便可分别混合选留而成为不育系、保持系和恢复系的原种。

(4)混系繁殖 用上述方法获得的三系种子，经分别混系繁殖成原种。在混系繁殖时，应注意严格隔离，防杂保纯，精细管理，以提高生产原种的数量和质量。

106. 杂交稻三系亲本的"三系七圃"提纯法是怎样进行的?

陆作楣等(1982)的调查研究认为:不育系中混有保持系是杂交稻混杂、退化的主要原因;而不育系的不育性及不育系和恢复系间的配合力基本上是稳定的，不需要重新测定。因此，提出了比较简便的"三系七圃"提纯法。主要将不育系、保持系和恢复系独自各成体系，分别建立株行圃、株系圃，不育系另增设原种圃(图36)。

在该程序中，当选保持系的一个优良株行的种子作为不育系株行圃的回交亲本;用保持系一个优良株系或混系的种子作为不育系株系圃的回交亲本;保持系株系圃的混系种子作为不育系原种圃的回交亲本。恢复系株系圃的混系种子可用做制种田的亲本。在整个程序中，对不育系的单株、株行和株系圃都要进行育性鉴定。此外，自始至终都要注意防杂保纯，抓好花期隔离。收获时，保持系和不育系一定要分收、分运、分脱、分晒、分藏。对三系的选择应以典型性和整齐度为主要标准。每年选留的保持系和恢复系，应不少于10个，不育系不少于20个。

该法的优点是:首先，充分发挥混合选择法的效应，既可

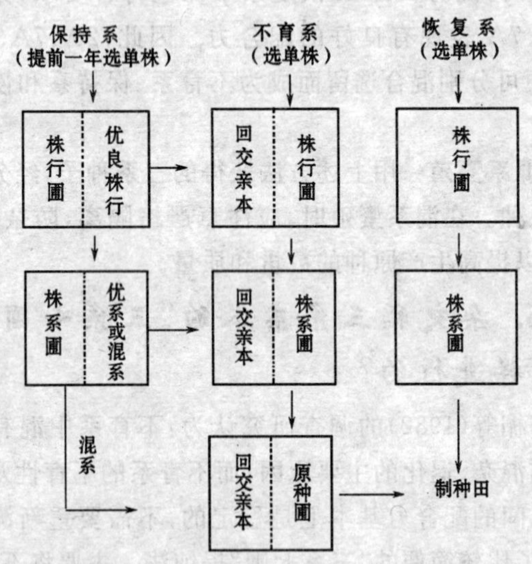

图 36 “三系七圃”提纯法原种生产程序

鉴别三系所发生的遗传变异，去杂去劣；又可较好地保持三系各自的典型性；还可适当保持三系群体的相对异质性，防止因选择过严而不利于杂种优势和适应性的保持。其次，省去了测交、株行（系）间的隔离和后代优势鉴定等复杂的技术环节，减少了工作量，节省了人力、物力。另外，繁殖速度快，繁育周期可缩短一半，一般只需 3 个季节，便可用三系原种制种，避免因繁殖世代过多而增加混杂的机会，保证了原种的质量。

107. 杂交稻三系亲本的“一选二圃”保纯法是怎样进行的？

为使杂交稻的三系原种生产进一步简化，周安烈（1988）提出了“一选二圃”保纯法，即单株选择，集团鉴定，混系繁殖。

其具体方法是对三系按各自的典型性及育性等进行严格的单株选择。不育系应选 600 株，保持系和恢复系各选 50 株。决选的不育系单株，按育性和其他性状，混合成 3～5 个集团。下季分播在集团鉴定圃中，做进一步鉴定；并从中继续选择典型的优良单株。经鉴定合格的集团，下季混合成原种。入选的保持系和恢复系，下季用单本繁殖。其程序见图 37。

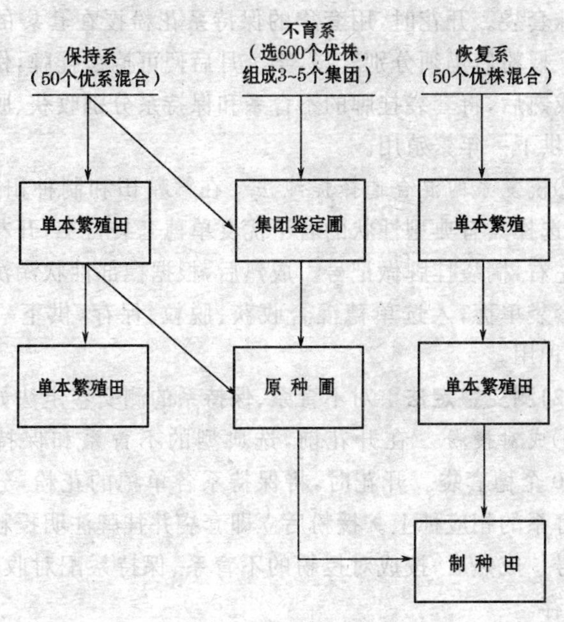

图 37 “一选二圃”保纯法原种生产程序

108. 怎样提纯杂交高粱的亲本？

高粱为常异花授粉作物，亲本中的个体间常因天然的随机授粉，会使植株间的各性状出现较大差异，纯度降低，用以制种时，会使优势降低。所以亲本必须经常进行提纯。常用的方法有如下两种。

(1)混合选择法 对混杂不太严重的亲本，可采用混合选择法提纯。其具体方法如下。

①不育系和保持系的混合选择提纯法 在不育系繁殖田中，在抽穗后开花前，按不育系和保持系的典型性状，分别选若干株套袋。开花时，用套袋的保持系花粉授在套袋的不育系上。授粉后仍须分别套袋，半个月后便可摘袋挂牌，作为标志。成熟后，将套袋挂牌的不育系和保持系分别收获、脱粒和保存，供下一年繁殖用。

②恢复系的混合选择提纯法 在繁殖田和制种田中，抽穗后，选择具有典型性状的若干优良单穗套袋自交，开花后半个月左右，摘袋挂牌做记号。成熟后，根据穗部性状淘汰不典型的套袋单穗，入选单穗混合收获、脱粒、保存，供下一年繁殖、制种用。

(2)测交鉴定法 对不育系、保持系的测交鉴定法如下。

①成对授粉 在开花前，选典型的不育系和保持系各30～50个穗套袋。开花时，将保持系各单穗的花粉，分别授在不育系的相应穗上。授粉后立即套袋并挂牌注明授粉日期及株号。成熟后，按成对授粉的不育系、保持系配对收获、脱粒、保存。

②繁殖与测交 第二年繁殖上一年入选的成对的不育系和保持系，按顺序成对相邻种植，即不育系和保持系各种1行，并在附近种植经过提纯的恢复系(图38)。

抽穗后，在生长整齐一致的不育系和保持系的每个穗行中，选5～10个穗套袋。开花时，在同一保持系穗行中混合采粉，授在本对的不育系上。成熟后，不育系和保持系分别收

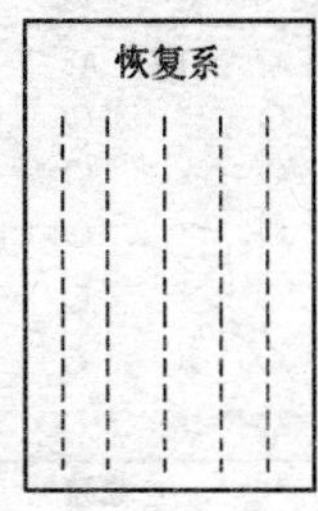

图 38　繁殖和测交

获、脱粒、保存。如每对不育系、保持系还不整齐一致时，仍须按上一年的办法配对授粉、收获、保存。

同时，在入选的整齐一致的不育系中，开花前每个不育系行应套袋 3～5 个穗。开花时，用邻近种植的恢复系花粉分别授粉、编号。成熟后，同一穗行中的各测交穗可混收、脱粒、保存。

③鉴定与繁殖　第三年将上一年各测交种按顺序种植 2 行区，每隔 5～10 个小区设一对照小区。它是用未经提纯的不育系和提纯的恢复系配制的杂交种（图 39）。凡生长整齐一致、符合原来杂交种典型性状，产量超过对照的测交种所用的不育系，即可入选为原种，继续供繁殖或制种用。

这一年还应将入选的不育系和保持系，像第二年一样分别繁殖。抽穗后，在不育系和保持系的各穗行中，选株各套袋 10～20 个穗。根据测交种的鉴定结果，选择符合要求的穗行。入选穗行可分行混合授粉。成熟后，不育系和保持系应分收、分脱、分存，供下一年繁殖用。

恢复系的测交鉴定法如下。

一是套袋自交。于高粱抽穗后开花前，在繁殖田或制种田中，选择典型的单穗 50～100 个，套袋自交。开花后半个月

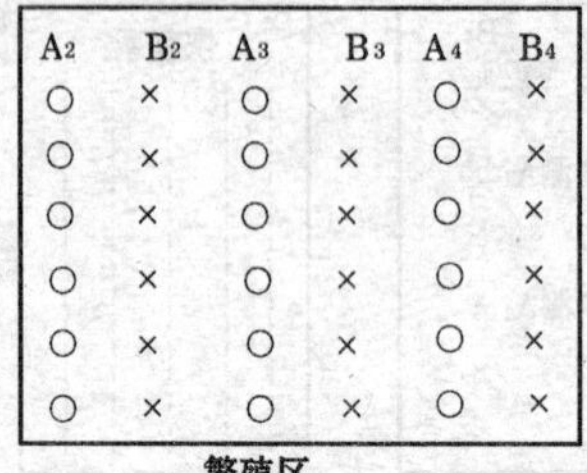

图 39 繁殖和鉴定

左右可摘袋、挂牌、编号。成熟后，根据穗部性状再进行 1 次选择。入选的自交单穗，分收、分脱、分存。

二是穗行比较和测交。第二年将入选的自交单穗，按顺序种植成穗行。并在附近种植经过提纯的不育系若干行，以便测交。抽穗后，淘汰不合要求的穗行。在入选的每一穗行上，再套袋 3～5 个穗；同时也将不育系套袋若干穗。开花时，用套袋的恢复系的花粉授在套袋的不育系穗上，进行测交，并挂牌编号。开花后半个月左右摘袋。成熟后，测交穗及测交用的恢复系单穗成对分收、分脱和分存。

三是测交种的鉴定。第三年将上年配对测交的种子，按顺序播种。测交种可播 2 行，相应的恢复系种 1 行成为 1 个鉴定小区，每隔 5～10 个小区种一个小区，用经过提纯的不育系和未提纯的同一恢复系配制的杂交种作为对照。抽穗后，在各小区的恢复系穗行中，再套袋 5～10 个穗。根据测交鉴定结果及性状整齐与否进行选择。入选的恢复系穗行，混收脱粒，作为原种，进行繁殖。

109. 棉花原种生产的“众数混选法”是怎样进行的?

采用三圃制生产原种时,因为经过单株和株行二次选择,对保持品种的某些优良性状和纯度有一定的作用。但在提纯过程中,由于选择单株的群体往往偏小,或者由于选株的标准掌握不严等原因,有些单位的提纯效果不太理想。为此,可将过去所用的单株选择法改为众数混选法。即在进行三圃制生产原种时,首先在棉花生长正常的品种繁殖田或原种繁殖圃中,于棉花吐絮盛期,每隔一定的株数(如5株或10株),选择1个典型株,每株上选收2个正常吐絮的棉铃,每5株的10个棉铃所收子棉,混合成一组,分别装袋编号,在室内考查每组棉样的铃重、绒长、整齐度、衣分等性状。然后,以各组每一性状的平均值加减一个标准差作为标准,淘汰不合要求的组。下一年将室内入选各组的种子分别播种成组系比较圃,进行组系间的比较鉴定。入选的组系,第三年便可混系繁殖而成原种。这种方法,开始入选的单株数多,所生产出的原种,其遗传基础较丰富。选株和选系时,都按统一标准进行,对各个性状的选择,不仅有下限,而且也有上限,这样可防止人为的偏差。此外,田间选株一次完成,省工省时;选株收花在同一时期内进行,所收铃数也一致,考种结果的可比性强。

110. 棉花“自交混繁”原种生产法是怎样进行的?

一个新育成的棉花品种,往往是由许多大同小异的杂合基因型组成的复杂群体。它们在天然授粉和不加人工选择的繁殖条件下,会不断发生性状分离和重组,以便达到遗传平衡，因而在这个群体中，会出现大量非选择类型的个体。这样，品种纯度自然会下降，即使施以人工选择，但杂合体在生育上占有优势，容易被误选，使选择效果不高，为此，可采用“自交混繁法”的棉花原种生产技术。即通过分系自交和选择，建立一个纯合而基本一致的基础群体，在隔离条件下混系繁殖。这样，既能保持该群体的性状优良而整齐一致，又可保证该群体有较丰富的遗传基础。因而，所生产的原种，其纯度、产量和品质均较好。

该法的主要程序和内容是设立保种圃、基础种子田和原种生产田（图 40）。

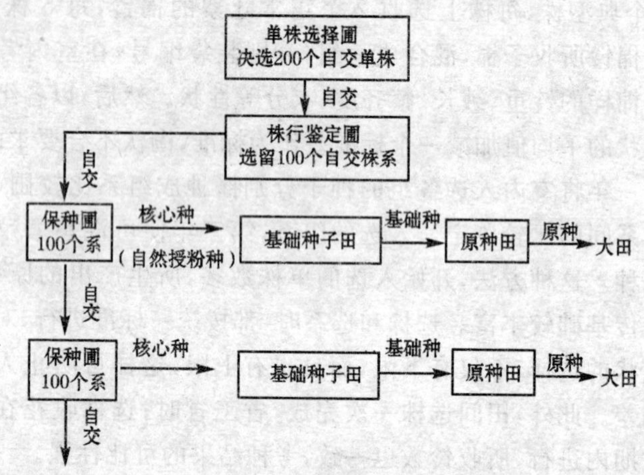

图 40　棉花“自交混繁”原种生产法示意图

(1)保种圃　该圃是自交混繁法生产原种的核心。其主要工作如下述。

①单株选择和自交　用选育单位提供的该品种的原原种，首先建立单株选择圃。于生育期间，在品种典型性的基础

上，综合考查丰产性、纤维品质和抗病性。在蕾期选择优良单株做记号。开花期间，对入选单株进行自交，每株自交15～20朵花。吐絮后，田间选择典型优良的自交单株400个左右。每株必须有5个以上的正常吐絮自交铃，然后分株采收自交铃装袋，并注明株号及收获铃数。晒干后，分株考查铃重、绒长、绒长整齐度、衣分、籽指等，最后决选200株左右。

②株行鉴定　将上一年入选优株的自交种子，按顺序分别播种成株行圃（至少150个株行），每个株行应不少于25株。其周围应以该品种的原种作为保护区。在生育期间，继续按品种的典型特征及生长整齐与否进行鉴定，去杂去劣。于开花期间，在生长正常、整齐一致的株行中，继续选株自交（每个株行当选株的自交花朵不应低于30个）。吐絮后，每株行收正常吐絮的自交铃，分别装袋并注明株行号及收获铃数。经室内考种后，决选100个左右的优良株行。

③分系繁殖　将上一年入选株行的自交种子，分系种植，其周围用本品种纯度高的种子做保护区。在生育期间，继续去杂去劣，并选系自交。吐絮后，先收各系自交铃，分别装袋、注明系号。轧花后的种子供下一年保种圃用。然后，分系混收自然授粉的正常吐絮棉铃，经室内考种淘汰后，混合轧花留种，即为核心种，供下一年基础田播种用。

(2)基础种子田　选择生产条件好的地块，集中建立基础种子田。其四周应为该品种的原种田。将上一年入选各系自然授粉混留的种子，播种在基础田中，采用高产栽培措施。在蕾期和花期进行田间鉴定，去杂去劣。吐絮后，混收、单轧留种，作为下一年原种田用种。

(3)原种生产田　选择生产条件好的承包户、专业户的连片棉田，建立原种生产田，用上一年基础种子田所生产的种子播种，继续扩大繁殖和去杂去劣，并采用高产栽培措施。收获后，单轧留种，即为原种。下一年可继续扩大繁殖或直接供大田播种用。

上述各圃的面积比例，一般为 1∶20∶500，即每公顷保种圃生产的核心种子，可供 20 公顷基础种子田用。基础种子田生产出来的种子，可供 500 公顷原种生产田用。500 公顷原种生产田所生产的种子，下一年可供 10 000 公顷的大田生产用种。

111. 怎样进行低酚棉的繁殖和保种？

20 世纪 70 年代以来，我国一些育种单位已先后选育出一些棉籽中棉酚含量在 0.02%以下的低酚棉品种，如湘棉 11、豫棉 2 号、中棉所 13、中棉所 18、新陆早 3 号、新陆中 1 号等，在生产上推广，使我国成为世界上种植低酚棉最多的国家。

在推广、种植低酚棉的过程中，如何保持低酚棉品种的纯度，是一个值得重视的问题。首先由于目前种植低酚棉品种的面积不很大，很多地方与一般有酚棉品种插花种植；在品比试验中，常用有酚棉品种作对照，相邻种植；收、轧等工序也常因条件限制不能分开进行。因此，增加了天然杂交和机械混杂的机会。其次是现有的低酚棉品种，大都是用由 2 对隐性基因（gl_2，gl_3）控制的无腺体低酚棉品种和有腺体高酚棉品种杂交而来，在 F_2 只能出现 1/16 的完全符合要求的无腺体植株，其余 15/16 的植株均带有密度不同的腺体；如果鉴定、选择不严，可能留下有腺体的植株。另外，控制陆地棉植株无腺体的基因除 gl_2、gl_3 外，还有 gl_1、gl_4、gl_5、gl_6，等等，各个基因的表达也不一样。所以，在选育过程中，难免混入一部分尚未完全纯合的个体。如果将一个尚未完全纯合的品种，向外推广后，便可能出现或分离出有腺体的植株来，而降低其纯度。如河南省经济作物研究所1982年在商丘、开封、安阳等地区调查，发现有些低酚棉品种的纯度只有80%，甚至30%。项时康等(1983)的调查也指出：我国一些新育成的低酚棉品种的种子混杂率达14%。据河北农业大学曲健木的考察，低酚棉品种的混杂率达5%时，其种子中的棉酚含量便达0.02%或以上，这样便超过了国家规定的棉酚含量的卫生标准，不能作为低酚棉了；并指出：混杂率每增加1%，种子游离棉酚含量增加0.005%。所以，推广低酚棉时，更应重视品种保纯，使其混杂率不超过5%。为此必须做好以下3个方面的工作。

一是集中连片种植。推广低酚棉时，更应强调实行一地一种制，即以乡、村或县为单位，只种一个低酚棉品种，以防止机械混杂和生物学混杂。

二是没有完全稳定的品种，不应在生产上种植推广。

三是做好田间去杂工作。因棉酚主要存贮在棉株各部分的腺体（黑色小圆点）中，所以，可根据棉株上腺体的有无，进行田间去杂。田间去杂时，在苗期着重将下胚轴上有腺体的植株拔除；蕾期应着重将主茎、叶柄及主脉上有腺体的植株拔除；花期应将叶柄、萼片和柱头上有腺体的植株拔除。

112. 怎样进行转基因抗虫棉的防杂、保种？

推广、应用转基因抗虫棉，虽有明显的抗虫、增产效果，但如果品种混杂、退化，其抗虫性便会减退或消失，品种群体中便会出现不抗虫的棉株；当不抗虫的棉株达到一定程度（如5%～10%）时，便需进行人工防治，否则会减产损失。同时，由于部分非抗虫棉株的出现，棉虫会大量生长、繁殖。然后，再转移到抗虫棉株上危害，这样，很易导致害虫对抗虫棉产生抗性，从而使抗虫棉失效。同时，目前我国推广的大多数抗虫棉品种，其抗性是由单一基因控制的，更易引起抗性的退化、丧失。为了充分发挥转基因抗虫棉的作用，延长其使用年限，应十分重视转基因抗虫棉的防杂、保纯工作。其主要措施如下。

(1)做好隔离繁殖 一般在抗虫棉的繁殖、生产田周围的100米范围内，不得种植非抗虫棉。因在抗虫棉田中，其田间治虫次数和用药量都明显少于非抗虫棉田，这样易招致昆虫传粉而发生天然杂交。

(2)加强去杂去劣、防杂保纯工作 在转基因抗虫棉的生育期间，至少应进行3次田间的去杂去劣。因目前种植的转基因抗虫棉苗期，一般表现叶片较小、叶色较深、皱褶较明显、棉株小而紧凑。所以，应在棉苗3叶期前，把生长势过旺、茎秆粗壮、叶片大而色浅的杂株拔除，育苗移栽的，在移栽前，也应将子叶偏大、叶色浅，幼茎粗壮的棉苗拔除。

在棉铃虫第二代发生时，应在未治虫的条件下，拔除棉株顶尖受害严重、出现多头状及有棉铃虫幼虫的棉株。

收花前，将高大、松散、茎秆粗壮、叶片肥大、平展、多头的及中、下部结铃少的非抗虫棉株拔除、清出田外；或做上记号，单独收摘。

在田间去杂时，还应将其他非典型的杂、劣株拔除。

抗虫棉和非抗虫棉，应分摘、分晒、分轧、分放，以防混杂。

(3)在繁殖、生产过程中尽量减少治虫次数及农药用量 非必要时，不要用药，以保田间有一定的虫口压力，为有效地进行田间的去杂去劣工作创造条件。

113. 怎样进行白菜型油菜的原种生产？

白菜型油菜的天然杂交率在 50%以上，为异花授粉作物。该类油菜的每个品种，都为一复杂群体，并有明显的自交衰退现象。所以，白菜型油菜原种生产的核心，是在自然授粉条件下，避免与其他品种或其他具有异交亲和性的十字花科植物发生天然杂交，以保持原品种的典型性。原种生产常采用的是集团（组群）选择法。其具体方法如下。

(1)单株选择 在原种圃或良种繁育区中，移栽前，根据株型（匍匐、半直立、直立），叶型（叶片形状、叶色、蜡粉、刺毛和色素的有无、缺刻有无和深浅等），选择基本型或近似基本型的幼苗，分为若干集团，分别移栽于大田。

(2)集团比较 将苗期选择的植株分集团定植后，在抽薹盛期、盛花期和成熟期，按品种典型性状及产量、品质等，确定优良集团系，并在入选的各集团系中，选择优良的植株，混合脱粒。

(3)隔离繁殖、混系留种 将上一年入选的优良集团系，播种在原种圃的隔离区中，通过各生育阶段的田间鉴定，评选出优良集团系。成熟收获时，先混收淘汰系，然后分收当选的优良集团系。通过考种，产量、油分等测定后，决选出 3～5 个最优良的集团系，并将其种子混合，即为该品种的原种。

114. 怎样进行杂交油菜亲本的原种生产？

用不育系配制杂交油菜时，为了保证其优势，必须搞好不育系和恢复系的原种生产。

(1)不育系的原种生产 油菜的不育系，一般采用三圃法生产原种。其具体程序如下。

第一年　在不育系繁殖田中，选择典型、优良的不育系和保持系各30株，室内考种后，各选留15株，分别编号、脱粒、留种。

第二年　选择地力均匀的地块，建立株行圃。将上一年入选的不育系和保持系单株，分别种成各有4行的株行(行长2米左右)圃。在苗期和蕾薹期，各选择10个典型的株行。每个入选株行中，各选10个典型株。在花期，做成成对杂交的15～20个组合，每一组合做8～10个花序，80～100朵花。父、母本杂交前后，均需套袋。成熟后，在父、母本单株上各收8克和6克以上的种子，并编号、保存。

第三年　将上年成对杂交的15～20个组合的种子，分别播种在用网室隔离的株系圃中，每组合各播父本4行、母本6行。等植株长出10片叶时，用电泳技术对不育系和保持系的功能叶，进行酯酶同功酶的酶谱鉴定，选留纯度较高的组合。在初花、盛花和落花期，进一步观察其育性表现。选留不育性高、花器开裂较畅、生长势好而整齐一致的组合6～8个。然后对这些组合进行认真的人工辅助授粉。成熟后，根据其形态特征、生物学特性、病虫害情况等进行鉴定。收获后，根据籽粒特征等，决选出2～3个最优组合。父、母本分别脱粒，即为不育系和保持系的原原种。

第四年　将上一年获得的原原种，在网室隔离区中播种繁殖，并认真去杂去劣，收获后即为原种。其种子在低温、干燥处保存。

(2)恢复系的原种生产　其生产程序如下。

第一年　在恢复系的繁殖田中，选择典型、优良的单株20个，经室内考种后，从中选出10个左右，分别编号、脱粒和保存。

第二年　将上一年入选的单株，分别播种在网室隔离区内，建立株行圃。每个单株播种若干行。在苗期、蕾期，根据其形态特征，汰劣留优。在10片叶时，通过功能叶的酯酶同功酶测定，选留杂株少的5个左右株行，并将其中的杂株拔除。在抽薹期随机取每个入选株行中的1行；在这一行中，每隔1株拔去1株；相邻两行的植株也拔除。再在入选行中选取10株，挂牌、编号，作为测交的父本。初花期，分别与不育系杂交10个左右的组合；每组合做4个花序，共约40朵花。所获种子，做测交鉴定用。父本按单株分收留种。其余的混收做商品种子。

第三年　将上一年入选株行中的10个测交父本单株，每株种若干行，建立株系圃。在苗期、蕾薹期去杂去劣；花期根据测交结果，将恢复率低于99%的测交父本后代拔除。保留的测交父本后代，分收、分脱、分晒、分藏。

在种植株系圃的同时，将上一年获得的测交组合，分别播种在测交圃中。用同一组合、纯度较高的杂交种做对照，进行产量鉴定。凡测交种产量高于对照5%的组合，便可入选。从中再选出1～2个优良株系，混合后作为原原种。

将原原种在隔离网室内再繁殖后，即为原种。

115. 低芥酸油菜怎样保种？

由于油菜的天然异交率高，容易引起生物学混杂。我国目前生产上应用的品种，多为双高（高芥酸、高硫代葡萄糖苷）油菜；此外，生产上种植的十字花科蔬菜也很多，所以，双低油菜的保种较为困难。当低芥酸品种被高芥酸品种串粉后，其当代种子的芥酸含量会显著提高。据中国农业科学院油料研究所的试验，低芥酸油菜与高芥酸油菜品种间异花串粉后，当代种子的芥酸含量提高50%。油菜成熟时易裂荚落粒而产生自生苗；同时，油菜籽细小、圆滑，常在播种、移苗、收获、脱粒、装运等过程中，稍不注意，便会发生机械混杂，使种性劣变，芥酸含量也会提高。所以，要使低芥酸品种真正在生产上发挥作用，除必须健全良种繁育体系，做好繁种工作外，还必须做好保种留种工作，严防生物学混杂和机械混杂，以保证所繁殖出的各级种子的芥酸含量达到标准。在保种工作中，应特别注意以下问题。

(1)严格选择 在选择单株、株行时，必须在严格的隔离条件(如塑料大棚、大型网罩等)下，按原品种的典型性状进行。因为植株形态性状的变异，往往会改变种子的芥酸含量。在原原种生产圃中，应在苗期、抽薹期、花期、成熟期，根据品种的植物学性状及抗病性，选择典型株行。入选株行还必须按单株脱粒，每株随机取10～15粒种子，用气相色谱仪半粒法等方法测定，将芥酸含量超过0的种子淘汰，其余种子混合为原原种。用原原种繁殖原种时，也应在生育期间，多次检查，以拔除自生苗、异型株、病劣株。种子收获后取样测定，凡芥酸含量超过1%者，均应淘汰不能作为原种。

(2)安全隔离 据江苏省淮阴农业科学研究所的试验，低芥酸品种和高芥酸品种相邻种植1年后，低芥酸品种的芥酸含量提高1倍以上；二者在相隔400、800和1 200米种植时，其芥酸含量分别上升2.1%、1.34%和0.9%。所以，生产和繁殖原种，应在隔离区内进行。隔离区一般以自然屏障隔离为主，如利用两山之间的冲田，三四面环山的小盆地，四面环水的江心洲、小岛等。也可采用空间隔离，即一般在繁殖区四周2 000米以内不种植高芥酸品种或其他十字花科作物。原种繁殖地也可设在大面积种植的同一低芥酸品种的中心地段，或者采用纱帐隔离。在繁殖区附近的麦田，草籽绿肥田和田边地角的自生油菜，在开花前必须彻底拔除。一个繁殖区内，只能种植1个低芥酸品种。

(3)切忌重茬 留种地应选择3年内没有种过油菜或其他十字花科作物的地块。因种过油菜的地块，容易产生自生苗。中国农业科学院油料研究所的调查指出：经3年6次耕翻，仍有自生苗出现。而高芥酸品种自生苗对低芥酸品种种子的芥酸含量有很大影响。如贵州省思南油料研究所的调查指出：在低芥酸品种的生产地中，如出现30%的高芥酸油菜自生苗，低芥酸品种的芥酸含量达15.56%；自生苗为20%时，芥酸含量达3.77%；自生苗为10%时，低芥酸品种的芥酸含量达1.03%。所以，低芥酸油菜的留种地块，应注意轮作倒茬，以防止由于自生苗造成的混杂。

(4)防止串粉 繁殖区和留种地周围2 000米左右，不应放蜂，以防止串粉。也不要用油菜茎秆残茬所沤制的堆肥。

此外，低芥酸油菜的商品种子生产基地，也应选土质条件好、生产水平高、集中连片种植；也要与大面积的高芥酸油菜品种或其他十字花科作物、蔬菜分开，其间隔距离也应保持在1 500米以上。

116. 怎样进行甘薯品种的提纯和原种生产？

甘薯品种的提纯和原种生产，一般也是采用单株选择，分系比较，混系繁殖的改良混合选择法，即选择典型优良的单株，在株行圃中进行比较、鉴定后，将入选的典型优良系，在原种圃中进一步鉴定和淘汰杂、劣株后，便可混收成为原种。其具体工作内容和方法如下。

(1)单株选择 从原种圃、无病留种地或纯度较高的大田中，在薯苗封垄前的圆棵至甩蔓时期，根据原品种的典型特征、特性，选取典型而优良的单株，并插竹竿标记。收获时，再根据品种原有的结薯特性，单株生产力及病害情况复选。入选单株每株选留 150 克以上的薯块 1 个，分别收获、贮藏，供下一年株行圃用，一般每 667 平方米株行圃需选留单株 200 个左右。

(2)株行圃　将上一年入选单株的贮藏薯块出窖时，再进行一次选择，去除烂薯、病薯、杂薯后，在专设的采苗圃中分别单薯育苗。在苗床上发现有杂株或病株时，应将其薯块、薯苗全部挖除。还应适当密植和在幼苗期打顶，以促进分枝。每株剪苗 30 个左右扦插在株行圃中进行比较鉴定。株行圃采用顺序排列，每个单株剪苗插 1 行约 30 株，每隔 9 行用同一品种的原种或纯度较高的大田种作为对照。在薯苗封垄前，根据原品种地上部典型性状进行鉴定，将有病株、杂株或生长不整齐的株行淘汰。收获时，再根据结薯习性及薯块特征进行一次鉴定和淘汰。田间入选的株行，分别收获后，还要进行产量、切干率的测定。凡产量、切干率低于对照的，即应淘汰。入选各株行选留 100 克以上的大、中薯块分别贮藏、留种。

(3)原种圃　将上一年株行圃入选的种薯，设采苗圃单独育苗，剪夏、秋苗栽插于原种圃中。在薯苗封垄前和收获时，参照原品种的典型性状，去除杂株、劣株、病株后，即可作为原种。

获得原种后，在甘薯生产地区的各乡、村，选择地势高燥、土壤肥沃、排灌方便、没有病害、2 年以上没有种过甘薯或生茬地块建立无病留种地，繁殖原种后代，供大田生产用。

病毒病也是引起甘薯品种退化的原因之一，所以，在甘薯原种生产过程中，采用茎尖脱毒的方法，也是克服退化的重要措施。其具体方法是：从大田薯蔓上切取5～10厘米长的茎尖，用自来水冲洗干净，切除大的叶片后，用70%酒精浸数秒钟后，再用5%次氯酸钠（钙）溶液浸20分钟，最后用蒸馏水冲洗3次。将消毒过的茎尖在超净工作台的解剖镜下切取长0.3毫米左右，接种在MS等培养基上，放在温度为30℃左右、光照强度先后为1 000～2 000勒和3 000～5 000勒，光周期为10～16小时，相对湿度为50%～85%的培养室中培养一定时间后，便可长成无病薯苗，以后便可移入网室，继续育苗，并移栽到大田生产无毒种薯。

117. 怎样利用改变马铃薯的生长季节来防止马铃薯退化？

我国幅员广大，不同纬度和海拔地区间的温差、无霜期等均不同。而马铃薯退化的程度与各地种薯生长期间的温度高低密切相关。所以，可根据各地自然条件的特点，改变种薯的播种期，使马铃薯在较低温度、凉爽的环境下生长，可躲避、减轻病毒的感染或增强耐病力，因而就可防止或减轻退化，做到就地生产，就地留种。常用的方法有如下3种。

(1)一季作留种　在夏季较为凉爽的地区，如东北地区、内蒙古自治区及河北省的坝上地区，无霜期短，1年只能种1次。可选择生育期较短的品种，推迟播种，使植株在凉爽的条件下生长、结薯，收获后作为翌年用种。

(2)二季作留种　我国中部广大地区，气温高，无霜期长，一年可种两季。当春天气温稳定在8℃～10℃时播种，因早播、早收，可避开蚜虫（病毒的主要传播者）的第二次迁飞高峰和高温对种薯生长的影响。用春季收获的种薯，当年再播种1次，用第二季收获的种薯留到第二年做种。因各地气温不同，第二次播种的时间也不同。有的在夏天播种，叫夏播两季；有的在秋天播种，叫秋播两季；有的在冬天播种，叫冬播两季。这样，可避开夏季高温的影响。

(3)三季作留种　在广东、福建省的南部及海南省，冬季气温高，可用三季作留种。即用冬天第三次播种所收的种薯，留作翌年播种用。

改变播种期的留种方法，对克服马铃薯的退化有一定效果。如黑龙江省克山农业科学研究所曾用克新 2 号和疫畏它两品种分别连续春播 3 年或 4 年的，退化株率达 100%；而连续 3 年或 4 年夏播留种的，退化株率仅分别为 4%和 8%，分别增产 97%和 74.7%。田波等(1980)用已感染病毒的种薯试验指出：夏播种薯后代的单株平均重比春播种薯可提高 261%。

由于引起马铃薯退化的许多病毒病都是由蚜虫传播的，所以，在生长期间，及时喷药治蚜，也有助于防止退化。如山西省雁北农业科学研究所 1964 年从广灵县海巧蚊台沟(海拔 1 700 米)调入黑外黄种薯，连续春播不喷药留种 2 年的，退化株率达 98%，减产 83.2%；但同一来源的种薯连续春播喷药留种 10 年后，退化株率仅为 26.5%，单产比调种第一年还高 28.4%。

118. 为什么马铃薯不宜切块栽种?

将马铃薯切块栽种，虽可节约种薯，提高繁殖系数，降低生产成本。但切块时，其切口处易感染各种病毒和杂菌；整薯有完整的皮层，能保持较多的养分和水分。播种后，能早出苗并做到苗全、苗壮，生育快，为丰产打下基础。据西安市农业科学研究所试验：用整薯播种比用切块播种的，发病率减轻 12%，出苗率高 19%，增产 17.2%。山西省农业科学研究院高寒地区作物研究所的调查也指出:用整薯播种比用切块播种的,退化株率降低6%～15%,缺株率低8%～23%,感染环腐病株率降低12%～31%,增产12%～27%,效果十分明显。此外,采用整薯播种还可节约切块的劳力,也便于机械化播种。用整薯播种时,一般以30～50克重的健壮小薯块为好。

119. 怎样用马铃薯的实生苗做种?

引起马铃薯退化的绝大多数病毒一般只侵染马铃薯植株的各个营养器官,通过块茎传播,很少进入花粉或种胚。所以,通过有性繁殖而形成的种胚,能将其亲本中大多数的病毒排除。生产上一般用种薯繁殖留种,但如果生长发育条件适合时,有些品种如克疫、燕子、疫不加、乌盟601等,也可自然开花结实,即用种子繁殖后代。用天然种子或杂交种子培育出的实生苗所结的块茎(实生薯)基本上都是无病毒的。所以,它是简单易行、经济有效的汰除病毒、防止退化的生物学方法。从20世纪50年代中期开始,我国便着手研究利用实生苗播种的技术,并取得了突破性进展,已广泛推广,一般比原品种增产30%～40%。用实生薯留种的做法如下。

(1)建立采种基地 根据马铃薯开花、结实所需的条件,选择纬度或海拔较高(海拔在1 000米以上)、日照充足(年日照时数在2 500小时以上)、昼夜温差大(15℃左右)、雨量充沛(年降水量在400毫米以上)的冷凉湿润地区,如我国的云南、四川省一季作地区,内蒙古自治区的呼伦贝尔盟和乌兰察布盟等地作为采种基地。在这些地区选择地势高、排灌方便、土地平整、开阔通风并与马铃薯生产田、茄科和十字花科作物种植田及桃树林等相隔500米以上的地块,分别建立实生种子采种田、实生苗培育田等采种基地。

(2)建立实生种子采种田生产种子　采种用的亲本原种，必须选用适于当地推广的、纯度高、没有病害的优良品种。最好采用由茎尖组织培养的脱毒原种。种植亲本时应用整薯播种。在苗期、现蕾期和开花期，经严格的田间鉴定，及时拔除病株、杂劣株的薯块及茎蔓。在生育期间，还应及时喷药治蚜，以减少病毒传播，保证原种质量；加强田间管理，促进开花结实。

为了提高结实率，可采用下列方法防止或减少蕾、花脱落。

一是在母株现蕾开花前，割伤匍匐茎或除去地下部分新结的薯块，以调节养分供应，促进开花。

二是摘除花序下部的侧芽，减少养分消耗，使养分集中供应花序上部花朵的发育和结实。

三是孕蕾期在植株上喷 20～50 毫克/千克赤霉素或在花柄节处涂 0.2%萘乙酸等生长激素。

四是根外追施微量元素或磷酸二氢钾。

此外，及时喷灌以提高空气湿度，增施氮肥等，也有利于开花结实。

马铃薯开花授粉后 15 天左右，种子即具有发芽力；授粉后 25～30 天，种子便可充分成熟，即可采收。采收的浆果，应先放入水缸中发酵 3～5 天，以分解果胶层，使种子与果肉分离，再用清水把种子上的黏液冲洗干净后，将种子晾干或烘干，装入种子瓶或铝盒中，贮藏在密封、低温、干燥条件下。

(3)种好实生苗培育田　马铃薯种子一般有 6 个月以上的休眠期。处于休眠状态的种子，其发芽力很低。因此，播前应设法打破种子的休眠，以提高发芽力。常用的方法是用 1 500～2 000 毫克/千克赤霉素溶液在 20℃下浸种 12～24 小时即可。为了便于播后早出苗，播前可将已打破休眠的种子在 25℃左右的温水中浸泡 24 小时后，取出放在 20℃条件下催芽。已催芽的种子可直播于大田或育苗移栽。即将种子播在苗床上（阳畦、风障覆盖畦等），待幼苗长到4～5片真叶时，进行1次分苗；长到8～9片真叶时，再移栽到大田。

用种子生产实生薯比用块茎做种生产，其生育期明显延长。所以，应因地制宜地确定播种期。在生育期间，应加强田间管理，促进实生苗早结薯、多结薯。所收薯块翌年便可供大田生产用种。

各地试验表明：用种子直接生产马铃薯，不仅可简化工序，节省用工，减少种薯贮藏、运输的损耗，降低成本；还可减轻病毒的再感染、退化而获得增产。此外，用种子留种的良繁体系比用常规的种薯留种或用人工脱毒种薯留种减少一级良繁体系，这样，可加快良种在生产上的应用。

由于马铃薯实生种子生产所需要的气候条件比较特殊；同时，每个农户所需的种子量又不多，应进行专业化生产，由种子部门统一供种，农户只进行实生薯留种，第二年供生产用。或者组织实生苗培育专业户，向农户提供实生苗。

120. 如何用马铃薯的茎尖组织培养脱毒薯？

马铃薯的母株一旦感染病毒病，便可通过块茎传给后代，使其退化变劣。但利用茎尖组织培养法，进行脱毒培养，可繁殖出不带病毒的植株，对防止马铃薯的退化有较好的效果。其方法如下。

马铃薯出芽后，剪取5～8厘米长的壮芽（顶芽、侧芽均可），剥去叶片，先用自来水冲洗1小时左右。在无菌室中，用95％酒精快速浸泡一下，再放入5％漂白粉溶液中消毒7～10分钟后，再用无菌水冲洗2～3次。将消毒过的芽，在无菌室的解剖镜下，剥出幼叶，露出生长点，仔细切取长0.2～0.5毫米并带有 1～2 个叶原基的茎尖，接种在含有大量元素、微量元素、有机物和生长激素的培养基上。然后放在日温为 25℃、夜温为 15℃、光照为 1 500～3 000 勒（即用日光灯每天照 16 小时）的培养箱中培养。经 3 个月左右，长到具有 3～4 片叶的小植株时，便可移入土中（或花盆中），待成活后，淘汰有病的幼株，获得无病植株后，再用下述方法扩大繁殖。

一是扦插。将脱毒植株移栽 1～2 个月后，将顶芽剪下，进行扦插繁殖。

二是切段繁殖。把培育出来的脱毒株，切成带 1 片叶的小段，扦插到经消毒处理的培养基上，在 20℃～25℃、每天保证 8 小时以上的光照条件下培养 1 周左右，便可生根发芽。15～20 天后便可形成 5～10 厘米长的小植株，这些小植株还可继续切段扩大繁殖。当苗龄达 25～30 天、长有 8～10 片叶时，便可移栽。为了加快繁殖，扦插时可用 50 毫克/千克萘乙酸浸苗，以加快发根，提高成活率。

茎尖培养所获得的无病毒植株，只是去掉了体内原有的病毒，并没有获得对病毒的完全免疫；脱毒苗也只是脱毒原种生产的基础。所以，获得脱毒苗后，还必须建立相应的生产程序和必要的生产措施，才能加速脱毒苗的繁殖和保证脱毒薯的质量。

对脱毒苗的生产体系，各地做法不完全一样。如黑龙江省克山县的做法是：在该县良种场内设专门小组负责，每年由克山马铃薯研究所提供经病毒鉴定的优质基础苗，用切段繁殖法在网室内生产原原种；良种场科研队在一级种薯基地上用原原种生产出原种一代薯；并由本场职工分别负责生产出原种二代薯。然后在全县选择部分重点村建立二级种薯基地，繁殖由县良种场供应的原种二代薯。所生产的种薯一部分供应三级种薯基地的专业户再繁殖,一部分直接用于大田生产。这样,能以县为单位形成一个完整的脱毒薯生产程序。每个基地只繁殖一个品种的一个脱毒代数,以防混杂、串代。脱毒薯田不应靠近番茄、辣椒、茄子、黄瓜、烟草及灰菜等作物,并应及时治蚜,以防止病毒病的相互传播。此外,还应严格管理制度,对脱毒薯的生产繁殖、贮运、销售等环节应严格执行统一的操作规程和制度。

用培养脱毒苗的方法,对防止马铃薯的病害和退化有较好的效果。如甘肃省渭源县自 20 世纪 80 年代大面积推广脱毒苗后,病毒病、环腐病、黑胫病的感染率均有明显下降,比未脱毒苗增产近 30%。其他多点调查表明,脱毒种薯一般可增产 45%~84%,最高的可增产 1.3 倍。经济效益十分明显,已广泛应用。

121. 什么叫人工种子?为什么要开发人工种子?

人工种子就是将通过组织培养所获得的胚状体(体细胞胚、芽等),包埋在含有营养物质和具有保护功能的人工种膜中,而形成的颗粒体。它在适宜的条件下,同自然结实的种子一样,能正常发芽、出苗而长成植株。它实质上是体细胞无性繁殖的后代,因为一般经体细胞培养后,能产生具有分裂能力的胚性细胞;胚性细胞可进一步分裂、分化为具有胚性结构(即具有胚芽和胚根的两极性结构)的胚状体。由于植物的每个细胞都具有发育成完整植株的潜在能力,所以,每个胚状体也能发育成一个完整的植株。但这种胚状体缺少种皮和胚乳,只能在具有某些培养基的试管内生长、发育成试管苗。如果将这些胚状体包上一层有机物作为种皮和提供发芽所需的营养物质，即可作为种子用于播种，所以称为人工种子。

在一定的技术条件下，人工种子可工厂化大批量生产，繁殖速度快，1 株苗可制造出几百万粒人工种子，也不受季节、自然条件的影响。同时，如在包埋物中加入各种维生素和农药时，应用人工种子可保证苗全、苗壮，实现精量播种，节约用种。另外，当某种作物通过杂交等途径，一旦获得了优良的基因型（如优良的杂交种），经体细胞组织培养后，便可多年繁殖使用，不需年年都进行繁复的制种工作；杂种优势也不会减退。还有，对那些在自然条件下不结实的植物或珍稀植物，可用人工种子进行繁殖保种。

由于人工种子具有上述优点，20 世纪 70 年代末以来，国内外逐步开展了人工种子的研制和开发。例如，1981 年美国普度大学用聚氯乙烯包埋胡萝卜胚状体，首次创造出的人工种子，成活率为 37%。1984 年美国加州植物遗传工程公司用海藻酸钠包埋苜蓿、芹菜的胚状体，也制造出人工种子，在无菌条件下发芽，成活率达 86%。北京大学李修庆 1987 年用海藻酸钠包埋制作的胡萝卜人工种子，在无菌的培养基上，发芽率达 96%。复旦大学在 1988 年制造出水稻人工种子之后，又研制出旱芹、杂交水稻等多种作物的人工种子，并培育出一批性状稳定的种苗。

122. 配制杂交种时，怎样设立隔离区？

在亲本繁殖和杂交制种时，为防止计划外花粉的干扰和串花，必须有严格的隔离。小范围、小面积防止串花时，主要用人工套袋。大面积杂交制种时，则需要设立隔离区，即利用天然屏障或人工屏障把繁殖田、制种田和种植同一作物的计划外父本品种（或自交系）等的田块隔开，不让非父本品种（自交系)的花粉传入,以保证杂交种子和父本花粉的纯度,提高制种质量。

设立隔离区的方法有如下5种。

(1)自然隔离 利用现有的地形、地物,如山岗、树林、村庄、水库、河流等天然障碍物作为隔离屏障,这是最经济、有效的隔离方法。在丘陵、山区,常利用山沟设隔离区,但山沟常土壤瘠薄、肥力较差,并易受鸟、兽的危害。因此,应增施肥料,并防止鸟兽危害。

(2)空间隔离 将繁殖田、制种田和同一作物的其他品种隔开一定距离,以防止串粉。距离的远近应根据不同作物花粉的传播距离、地形、风向等而定。如隔离区地处下风处或地形低洼,则距离应适当加大;反之,可适当减少。一般玉米、高粱制种田和自交系繁殖田的周围,至少在300～400米的范围内不能种其他玉米、高粱。高粱不育系繁殖田的四周,在500米范围内不能种其他高粱。小麦、水稻等自花授粉作物,隔离距离可小些。据试验,与水稻制种田相距10米、20米和30米时,其花粉混杂率分别为5.2%、2.3%和1%;相距40米以上时,就未发现有天然杂交了。由于生产上非父本品种的面积大、花粉量多,制种田的空间距离应大,一般在丘陵区为50米以上,平原区为100米以上。在风力大和风头有非父本品种时,其空间距离还应加大。其他如棉花应在100米以上,油菜为1 000～2 000米。亲本繁殖区的空间隔离,一般应比制种区稍大。

(3)时间隔离 无霜期较长的地区,可以用调节播种期的方法隔离,就是提前或推后隔离区中亲本的播种期,以便跟其他地块的同一作物的播种期错开,使它们不在同一时期开花。通常隔离区里的玉米、高粱的播种期同周围大田玉米、高粱的播种期要相差 30～40 天，如果大田选用春播玉米，制种田的玉米就要夏播。水稻要求繁殖、制种田周围 100 米内的非父本品种比不育系出穗期提前或推迟 25 天左右。

（4）高秆作物隔离 在平原地区，可用高粱、甘蔗、大麻等高秆作物隔离。如玉米杂交制种田，可利用高粱、大麻做屏障；高粱制种田，可用玉米、大麻做屏障。一般要求种 200 行以上，繁殖自交系和不育系时，要求在 300 行以上。作为屏障的高秆作物应适当早播，加强水肥管理，使其植株在隔离区内作物抽穗、开花、散粉前能高出许多，以有效防止外来花粉吹入。

（5）同父本隔离 在土地比较集中、设置隔离区不太方便的地方，可以采用同父本隔离。如配制杂交种，可用父本做屏障；繁殖不育系，可用保持系做屏障。周围种多少行，可参照高秆作物隔离的要求。这种方法还可以增加父本花粉，保证授粉，提高种子质量和产量。

在实际工作中，为了保证安全隔离，必要时可同时采用几种隔离方法。

123. 配制杂交种时，怎样确定父母本的种植行比？

配制杂交种时，母本种得越多，制种产量相对越高；但如父本种得太少、花粉量不够时，也难以达到提高制种产量的目的。所以，制种时，要合理安排父母本种植的比例，既要保证制种田有足够的花粉供应，又能获得最高的制种产量。父母本种植的行比，主要决定于父本的花粉量和各自的植株高矮。

配制玉米杂交种时，大都采用 1∶4 的行比，即每隔 4 行母本种 1 行父本。如果父本的植株较高，雄穗发达、花粉量多、花期又长，也可安排 1∶5 或更大的行比，以增加母本行数，提高制种产量。如山西省晋中平原地区，水肥条件好，在配制中单 2 号时，父母本的行比达 1∶5 或 1∶6。

配制杂交高粱时，常因亲本不同而分别采用 2∶8，2∶10，2∶20 等行比，如父母本株高差异过大，一高一矮，矮株亲本在生长发育上势必受到高株亲本的影响，这样就得加宽播幅，以利于通风透光，避免遮荫。如利用矮高粱 3197A 做母本配制的杂交种，父本植株都比较高，其行比可适当加大。

水稻父母本的行比和株行距，不育系繁殖区和杂交制种区不一样。在不育系繁殖区，父母本两种种子需要量差不多，行比一般以 2∶2 为好，传粉效果也好。株行距的宽窄行方式比较适宜。同一亲本间的窄行距 13.32 厘米，父本和母本间的宽行距 26.4 厘米。在杂交制种区，要求从母本上得到的杂交种子多一些，要尽可能增加母本蔸数。如果父本植株比母本高，分蘖力强，花粉又多，父本行数可以少一些。如果父母本高矮差不多，父本分蘖力弱，花粉量又少，父本行数就相对地要多一些。一般的行比有 1∶4，1∶5，1∶6，1∶8 等，小麦一般为 1∶2，2∶4，2∶6 等；棉花一般为 1∶4，1∶5，如用正、反交制种时，可用 1∶1 等；油菜一般为 1∶1，如父母本生育期相近，肥水条件又好时，也可采用 1∶2。如湖南省农业科学院在配制湘矮 A×142-3 时，在行比为 1∶2，1∶3 和 1∶4 时，每 667 平方米产量分别为 49 千克、53.7 千克和 66.3 千克。

124. 配制玉米、高粱杂交种时，怎样保证花期相遇？

保证父母本花期相遇是杂交制种成败的关键。影响父母本花期相遇的因素很多，如播期不合适，外界环境条件影响和栽培管理不当等。

播种前应了解亲本的开花期，以确定是否应调节播种期，使其花期相遇。一般以母本花期比父本早 2～3 天最好。玉米的父母本花期最好是母本抽丝盛期和父本的散粉初期相同或早2～3 天。高粱的理想花期是母本的末花期正遇父本的盛花期。因为母本花丝或柱头的生活力较长，开花后可维持 7 天左右（夏播 5 天左右）。而雄穗散粉的延续时间较短，花粉的生活力只有几小时，所以，要掌握“宁愿母等父，不能父等母”，即母本宁早勿晚，父本宁晚勿早。在实际制种时，可以根据具体情况采取措施，尽量避免错期播种。如父母本花期相差不多（3～5 天以内），可将晚熟亲本温水浸种，提早发芽，父母本就可同期播种。如果原组合父本花期比母本早、而产量也不低时，也可反配制种，即把晚开花的改做父本，早开花的改作母本，这样也可同期播种。如果父母本花期相差太多，不能用上述方法解决时，就要考虑调节播种期。怎样调节才能正好使父母本花期相遇？应根据父母本花期相差天数结合生育期的气候、土壤条件决定。调节播期的天数不等于花期相差的天数，一般春播时大约相当于开花期相差天数的 2 倍。例如，父本散粉期比母本抽丝期早 5～7 天，父本应该比母本晚播10～14 天。夏播时，因气温较高，植株生长发育快，调节播期的天数可相应缩短，大约相当于开花期差数的 1～1.5 倍。

由于生育期气候条件的影响大，对花期能否相遇仍没有把握，可以把父本分期播种，两期父本相隔 5～7 天。如果是新引进的组合，制种经验不足，为制种安全起见，可将父本种子分成 3 份，1 份浸种催芽，1 份干种子和母本同期播种，另 1 份干种子迟播 5～7 天。玉米制种田周边还可迟种一些父本，作为采粉区，以备花期相遇不好时人工辅助授粉之用。

如果播种期气温不稳，墒情不好，影响发芽和出苗，从而影响花期相遇时，应根据幼苗生育情况作为错期播种的指标。如掖单4号(8112×黄早4)，按花期计算8112应早播7～8天，如按8112一叶一心时播黄早4，最为稳妥。配制晋杂5号高粱时，在母本种子拱土时，播第一期父本；第一期父本种子拱土时播芽二期父本。

利用父母本花期差数调节播种期虽然方法简便，容易掌握，但花期能否相遇还受气候条件、土壤肥力、栽培措施以及品种本身对外界条件的不同反应等方面的影响。如生育前期的气候变化常常影响正常开花，前期严重干旱或低温，常使花期提早或延迟，造成授粉不良。而亲本本身对外界条件的反应也不一样。如高粱不育系3197A具有较强的抗旱能力，植株矮小，叶片密集，消耗水分少，则受干旱的影响较小。高秆父本则受影响较大，发育迟缓，花期大大推迟，散粉期缩短，花粉量减少，授粉能力大大减弱。所以，虽然按父母本正常开花期调节了播期，由于生长期受外界环境等诸多因素的影响，花期不遇或相遇不好是完全可能的。因此，播种后必须随时观察了解两亲本的生育情况，预测花期能否相遇。如发现异常，必须立即采取措施，予以补救。预测花期的方法很多，如统计叶片法、观察幼穗法和积温法等。常用的是统计叶片法。先了解两亲本在当地的总叶片数，再确定生长期间预报花期相遇的叶片指标。在生长前期和中期认真调查制种田里两亲本的实际叶片数和预定的指标相比较，如果符合，花期就可以相遇。大多数亲本的叶片增长速度相近。两亲本生长期间，母本应该比父本早发育1～2片叶，提早开花2～3天，坚持母本等父本的原则。因此，只要生长期间还没有长出心叶的叶片数母本比父本少1～2片，就表示两亲本的花期可以相遇。如果母本和父本的总叶片数分别为18和20。母本长出14片叶时，还有 4 片叶没有长出。父本应该还有 6 片叶未长出，这时父本的叶片数应该是 20－6＝14(片)。如两亲本的实际叶片数与计算的叶片数相符，说明花期不成问题。

幼穗预测法是玉米一般在 10～11 片叶时，如果雄穗小花分化末期和雌穗形成初期母本比父本大 1/3 到 1 倍，说明花期相遇良好。如父母本大小相等或母本小于父本，则花期相遇不好。高粱在拔节后，选有代表性的植株剥检幼穗可知发育情况。如母本幼穗比父本早 1～2 个阶段，花期将相遇良好；如母本比父本早 3 个阶段以上，说明花期不遇。如母本为第一阶段，父本为第二阶段或更高阶段，说明父本早了，花期也不能相遇。

经过用上述方法预测后，如发现可能花期不遇，就要及时采取措施进行补救。补救的办法不外是促、控两个方法，以促为主。对发育慢的亲本要加强田间管理，多中耕，施偏肥，使它赶上去。对生长快的亲本，一般不采取抑制生长的办法。有时对发育慢的亲本，采取促进措施以后，仍然追不上发育快的亲本时，常采用深中耕、切断侧根等办法来抑制发育快的亲本。在万不得已时，还有用铁锹切断 1/3 根系的做法。这些措施都有抑制生长、延缓发育的作用，但生长受到抑制的亲本往往严重减产，因此一般都不采用。

也可喷洒化学药剂促进雄穗和花丝的发育，如喷洒 1∶150～200 浓度的磷酸二氢钾，能促进雄穗发育，提早开花。喷洒 40 毫克/千克萘乙酸水溶液能促进花丝提前抽出，喷洒吲哚乙酸则能抑制花丝的抽出。

125. 杂交制种时，应注意哪些技术环节？

为了配制数量多、质量好、成本低的杂交种子，除了要有高质量的、配套的亲本,还要有相应的生产条件和栽培管理措施,如安全隔离区、合理的父母本行比和调节好播种期以保证花期相遇等。此外,在生长过程中还要严格掌握以下技术环节。

(1)去杂去劣 为了保证制种质量,获得纯、优的杂交种子,在亲本繁殖区严格去杂的基础上,对制种区的亲本也要分期地严格进行去杂去劣。尤其是当父本种子下一年要连用时,更应从严要求以保证杂交种质量。

去杂去劣的时间,除在苗期结合定苗进行外,还应在抽穗开花前、收获后分别进行,必须把杂株在开花前拔除干净,以防杂株花粉的干扰。

(2)及时彻底去雄和人工辅助授粉 母本去雄是整个制种工作的中心环节,是获得高质量杂交种子的关键。去雄的要求是及时、彻底、干净。及时,就是指雄花未散粉前即去除;彻底,是指全隔离区所有母本的雄穗(花)一个不漏地全部去除;干净,是要将母本的整个雄穗或所有雄蕊拔除,不得残留。目前,除高粱、水稻和部分玉米、油菜可以利用雄性不育特性简化去雄手续外,玉米、棉花等作物多数还是利用人工去雄的方法制种。如果去雄不及时、彻底、干净,就很难保证杂交种子质量。

去雄工作应有专人负责,按不同作物的开花习性,掌握好去雄时间,保证去雄质量。去雄后的母本除刮风、昆虫等传粉外。为了提高结实率,增加产种量,必须进行若干次人工辅助授粉,也可采用一些特殊的措施,如对玉米剪苞叶、花丝,对水稻割苞叶、赶粉、喷赤霉素等来提高结实率。目前,玉米制种时,全田授粉结束后,常把父本行砍掉,用做青饲,以防止父本自交系流失。第二年制种时,用繁殖田做父本,种子质量也好。

(3)分收分藏 成熟后要及时将父母本和杂交种分别收获、

运输、晾晒、脱粒，严格防止与其他种子混杂。玉米制种区应先收母本，后收父本。水稻制种田应先收父本，后收母本。脱粒前应淘汰杂穗、杂株。从收获、晾晒、脱粒到装袋一定要及时注上标记。装袋入库时，种子袋里外都应放有标签，注明种子名称、收获年份、制种单位。登记入库后，要专人保管，定期检查。

(4)质量检查 杂交种的增产效果在很大程度上是建立在繁育制种过程中亲本种子纯度和杂种种子质量好坏基础上的，生产上繁育制种过程中要定期进行质量检查，保证生产上能播种高质量、合乎标准要求的种子，即使目前因技术力量和条件的限制一时达不到规定的标准，也要积极争取逐步做到。

质量检查一般分以下 3 个阶段进行。

①播种前 主要检查亲本种子的数量是否落实，种子的纯度、发芽率、含水量等是否符合要求。此外，还要检查选定的隔离区是否安全，父母本播种期是否调节适当，繁殖、制种计划的种子数量和种类是否配套等。

②去雄阶段 主要是隔离区的田间实地检查，包括去雄前的 1 次和去雄后的 1 次。去雄前检查着重于田间去杂去劣是否已经彻底，父母本花期相遇有无问题。去雄后，着重检查母本的去雄质量。

③收获后 主要根据穗型、粒型、粒色、穗轴颜色等性状检查其纯度，最后评定种子等级。

126. 怎样配制玉米单交种？如何提高单交种的制种产量？

用两个自交系杂交，就可配制出单交种。第一年设 2 个隔离区，分别繁殖 2 个亲本自交系。以农大 108 为例(图 41)，第一年在隔离区内繁殖出足够数量的 x178 和黄 C 自交系，第二年设1个隔离区配制农大108。x178和黄C可同期播种，父母本行比为1∶4或1∶5。

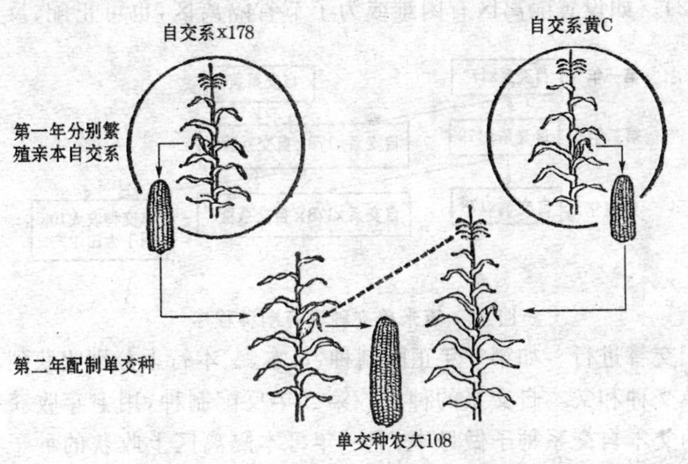

图41　玉米单交种制种示意图

一般情况下，当母本的雄穗从植株顶部抽出、尚未散粉前，用手握住整个雄穗，将雄穗的主轴和分枝及时、干净拔除，让接受父本的花粉授粉。母本株上所收的种子，便是杂交种子，下一年可用于生产。父本行上收获的种子仍是父本自交系，下年仍可利用。配制农大108单交种时，因母本x178的雄穗有在顶叶内散粉的特点，因此去雄应及早。即在雄穗刚要抽出前，连同顶部1～2片叶一起拔掉(即带叶去雄)。这样，既保证去雄质量，也不会影响制种产量。当用雌穗苞叶过长而且口紧、花丝抽出苞叶迟缓、影响授粉结实的自交系做母本时，应在花丝快抽出苞叶时，剪去苞叶顶部3.3～5厘米，使花丝尽快全部抽出，接受花粉。为了提高母本的结实率，一般应进行人工辅助授粉，如遇天旱，更应加强人工辅助授粉。

为了连续制种，第二年除设制种隔离区外，还应再设一个繁殖母本的隔离区，以生产出供下一年制种用的种子（图42）。如设置隔离区有困难或为了节省隔离区，也可正配、反

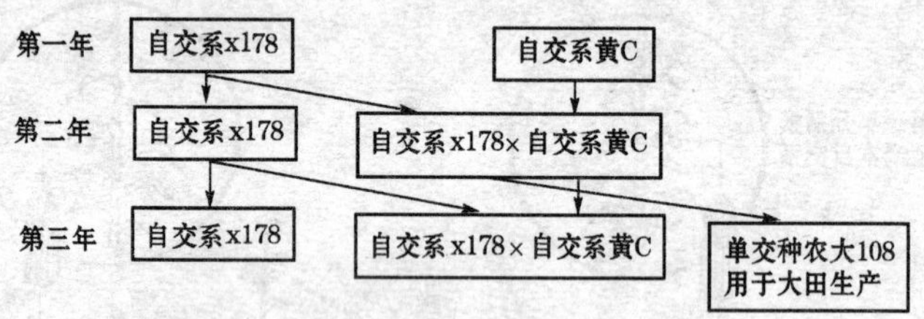

图 42 玉米单交种繁育制种程序

配交替进行。如第一年正配制种，母本、父本行上分别收获到单交种和父本自交系的种子。第二年反配制种，用上年收获的父本自交系种子做母本，上一年母本隔离区上收获的种子做父本制种，这样，每年只需设1个制种隔离区。如果父母本生育期相同，可用上述方法制种；如父母本生育期不同，则需调节播期，比较麻烦。如要利用制种区的父本种子，必须母本去雄及时、干净，保证父本自交系的纯度；否则，必须单繁。

单交种用于生产时，虽产量很高，但因单交种子是由生长比较弱的母本自交系产生的，制种产量较低，制种面积一般要占杂交种植面积的2%，故种子成本较高。近年来，育种家注意选育自身产量高的自交系做亲本，制种产量也不断提高。如农大108的制种产量一般为250～350千克/667平方米，最高的达520千克/667平方米。郑单958的制种产量达400～500千克/667平方米或更高。制种田的面积只占1%或更低，大大降低了种子的成本。

为了提高玉米制种产量，应抓好以下环节。

(1)选好地 自交系一般生长比较弱，要求有较好的生长条件，所以要选择土壤肥沃、水源方便的地块做隔离区，以提高制种产量。

(2)增加密度 自交系的植株、果穗一般都较小，每667平方米种植密度一般在4 000～5 000株或5 000株以上。特别要注意提高母本的种植密度和比例。

(3)加强栽培管理 自交系的种子较小，顶土力差，植株生长势弱，而密度一般又比较大，所以，需要有充足的肥、水条件和精细的田间管理。播种前要注意整地保墒，施足基肥；播种要求深度适宜，覆土严实，做到苗全、苗壮。田间管理要以促为主，一般不必蹲苗。如出现花期不遇的迹象，也要以促进开花晚的亲本为主，不得已时才控制开花早的亲本。

(4)保证充分授粉 首先要准确调节播期，保证双亲花期相遇和授粉充分完全。同时进行人工辅助授粉，特别是花期相遇不好或授粉时天气不好，更要加强辅助授粉。

此外，各地还采用母本增行、父本增株的办法，把父母本的行比种成1∶4或更多，并配合人工辅助授粉等。

另外，利用姊妹系配成改良单交种，可以提高制种产量。例如，(A×B)为单交种，(A×A_1)×B，A×(B×B_1)或(A×A_1)×(B×B_1)都是(A×B)的改良单交种。A_1和B_1分别是A和B的姊妹系，A和B分别先和姊妹系杂交，以提高亲本自交系的健壮性和产量，再和另一亲本系杂交，便可提高杂交制种的产量，降低制种成本，同时也增强了单交种的抗逆性和适应性。因此，国内外都重视姊妹系的选育。有的在选系早期，就有意识地选留姊妹系，作配制改良单交种用。如果选育自交系时，没有留下姊妹系，可采用回交法选育改良的姊妹系，或从本自交系群体中选择变异株，再经分离选育得到。例如，河南农业大学用 M_{o17} 和它的姊妹系豫 20 杂交配制改良单交种中单 2 号（M_{o17}×豫 20）×330，改良后的母本发芽势比 M_{o17} 强，幼苗健壮，空秆率低，穗部性状和单株生产力明显优于 M_{o17}。杂交制种产量比用 M_{o17} 高 50%，配制的改良单交种产量与原来的中单 2 号产量相同。

近年来，麦茬玉米的种植密度日渐加大，间苗又费工，因此，提倡单粒点播。这样，每 667 平方米播种量由原来的2.5～3 千克减少到 1～1.5 千克，可大大节省用种量，也是降低杂交种子生产成本的可行途径。但采用单粒点播时，种子必须经过严格清选和种衣剂处理，以保证种子饱满、健壮，发芽、出苗好。

127. 怎样配制玉米双交种？

玉米双交种是由 4 个自交系组配成的。先用 4 个自交系分别配制 2 个单交种，再将 2 个单交种杂交配成双交种。现以河南省新乡市农业科学研究所育成的新双 1 号为例，说明其具体的配制方法（图 43）。

第一年先设 4 个隔离区，分别繁殖 4 个亲本自交系（矮 154、小金 131、W_{59E} 和 W_{153}）。如果能从外引进所需自交系，就可不用繁殖。

第二年设 2 个隔离区，分别配制（矮 154×小金 131）和（W_{59E}×W_{153}）两个单交种，并同时繁殖 2 个父本自交系。

第三年设 1 个隔离区，用上一年配制的单交种（矮 154×金 131）做母本，（W_{59E}×W_{153}）单交种做父本，按 2∶1 的行比种植，母本去雄。其植株上所结的种子，便是新双 1 号双交种。

为了连续制种，第二、第三年分别配制单交种、双交种时，同时也要繁殖亲本自交系和配制亲本单交种。所以，从第三年开始，每年需要设置 7 个隔离区，4 个繁殖自交系，2 个配制单交种，

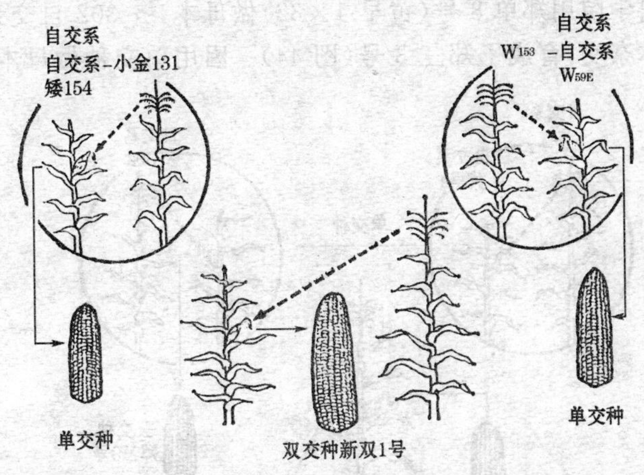

图 43　玉米双交种制种示意图

1 个配制双交种。为了减少隔离区，也可用正、反交替配制单交种隔年留种的方法，与繁殖自交系相结合。这样，便可省出专用繁殖自交系的隔离区，即只需设置分别配制单交种和双交种的 3 个隔离区。即在配制单交种的第二年，保留一部分上一年繁殖的小金 131 和 W_{153} 自交系的种子，其余的改做母本，分别与矮 154 和 W_{59E} 做父本，配制成（小金 131×矮 154）和（W_{153} × W_{59E}）两个反配的单交种，并同时繁殖了矮 154 和 W_{59E} 自交系。下一年像第一年一样，正配 2 个单交种，第五年配制双交种。但有些单交种的 2 个亲本不宜反配时，便不能采用此法了。

128. 怎样配制玉米三交种、顶交种和综合杂交种？

配制玉米三交种时，先用两个自交系配成单交种，再用单交种做母本，用另一个自交系做父本，配成三交种。如河南省

农业科学院用郑单8号(黄早4×32)做母本,齐302自交系做父本杂交,育成了郑三3号(图44)。因用单交种做母本,

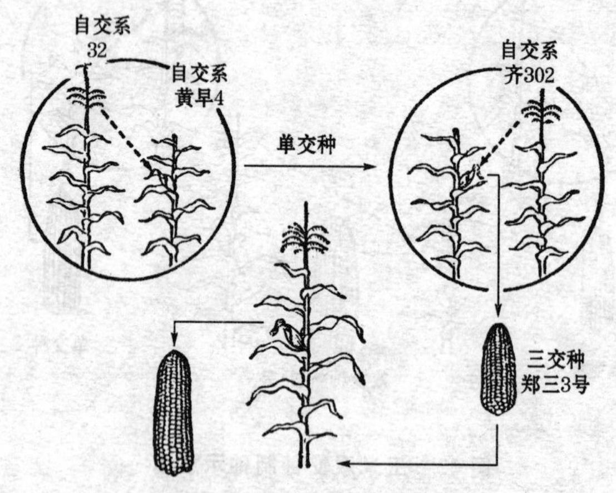

图44 玉米三交种制种示意图

制种产量高,制种程序又比双交种简单。最多只需设5个隔离区,其中3个繁殖自交系,1个配制母本单交种,1个配制三交种。如果把制种和繁殖父本自交系结合,可减少2个繁殖自交系的隔离区,只需3个隔离区,分别繁殖单交种的母本自交系,1个配制单交种并繁殖父本自交系,1个配制三交种并繁殖另一自交系。

配制顶交种时,常用一般品种做母本,自交系做父本。这样,制种产量高。也可用单交种做母本,一般品种做父本。这样,利用了单交种的优势,也可获得较高的制种产量。经验表明:选用一个当地的优良品种和一个从外地引进的自交系杂交,能获得较理想的顶交种。

配制综合杂交种的方法有如下3种。

一是选用几个优良的自交系或几个自交系间杂交种的种

子，等量混合后，种在隔离区内，让其自然相互传粉杂交，将所有植株上所收获的种子混合即为综合种。

二是一母多父等量种子混播法。选用几个自交系，轮流用其中的1个自交系做母本，用其余自交系的等量花粉混合后授粉。如有甲、乙、丙、丁4个自交系，用甲做母本，乙、丙、丁的混合花粉授粉；依次再用乙做母本，用甲、丙、丁的混合花粉授粉。这样，可获得4个一母多父的组合。第二年，各取等量种子混合播种，隔行去雄，让其自由授粉。在去雄行上混收的种子就是综合杂交种。

三是用参与杂交的各亲本自交系先配成可能组合的几个单交种。如用4个自交系，先配成(甲×乙)、(甲×丙)、(甲×丁)、(乙×丙)、(乙×丁)、(丙×丁)6个单交种。第二年，各取等量种子混合播种，自由传粉后，便配成了综合种。如河南省曾大面积推广的混选1号，就是由10～20个自交系组配的71个单交种混合育成的。

配制综合种时，应选生育期相近、产量较高、配合力较好、株高和粒色相近，但有一定遗传差异的8～12个自交系做亲本为好。

20世纪70年代后，桂、滇、黔等省、自治区曾直接从墨西哥引进热带、亚热带的玉米综合群体，表现出高产、抗病、耐旱等优点。这也是发展玉米生产的途径之一。

129. 怎样利用三系法配制杂交种?

用三系法制种时，一般需要设2个隔离区，把杂交制种和三系繁殖结合起来，既配制了大量的杂交种子，供大田生产用；同时，也繁殖了三系种子，供下一年继续制种用。其具体做法如图45所示。

第一隔离区，繁殖不育系和保持系。在该隔离区内，按一

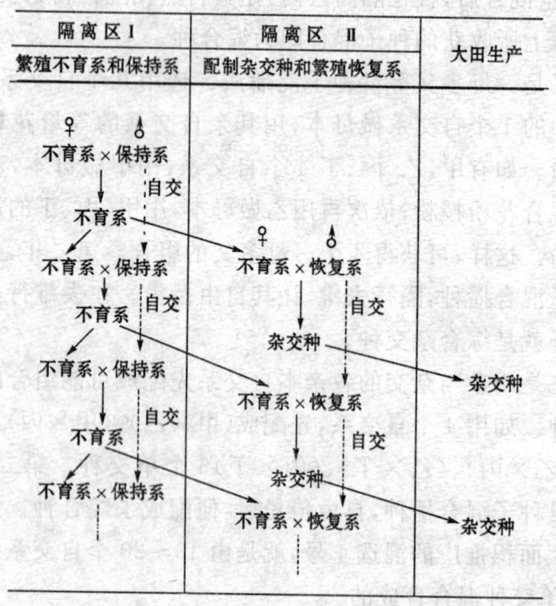

图 45　用三系配制杂交种的程序示意图

定行比交替种植不育系(母本)和保持系(父本)。因不育系本身没有花粉,只能接受保持系的花粉授粉。从不育系植株上收获的种子仍然是不育系,除作为下一年繁殖区用种外,大部分种子可作为下一年制种区的母本。保持系依靠本身的花粉授粉结实,所得种子仍能是保持系,可供来年繁殖区用。由于不育系和保持系是姊妹系,其形状相似,为了避免差错,应在保持系行中播种少量的其他作物(如豆类等)作为标志。隔离区四周应多种几行保持系,以增加花粉的供应量,提高不育系的结实率。其种植方法如图 46 所示。

第二个隔离区,即杂交制种区。在该隔离区内,按行比交

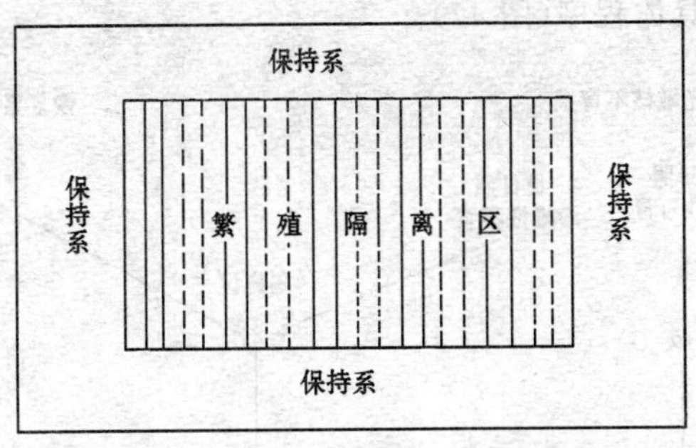

图 46　繁殖不育系和保持系的田间种植示意图

…………不育系　　　　——保持系

替种植不育系(母本)和恢复系(父本)。由于不育系本身没有花粉,只能接受恢复系的花粉受精结实。所以,从不育系植株上所收获的种子就是杂交种子,可供下一年大田生产用。恢复系植株上所结的种子,一定是由恢复系本身的花粉授粉结实的,仍是恢复系,可供下年制种区用。因此,在这一隔离区里,既配制了大量杂交种子,又繁殖出了恢复系种子。这样,三系两区配套,可源源不断地配制出生产所需的杂交种子。

目前,这一制种方法已运用于高粱、向日葵、水稻、小麦、油菜等作物的杂交制种。

130. 怎样利用光、温敏核不育系配制杂交稻?

光、温敏核不育水稻,在长日照、高温条件下表现雄性不育,用作制种的母本,可不必去雄;而在短日照、低温下表现可育,通过自花授粉,可繁殖出供下年制种所需的母本种子,不需另设保持系。用这类不育系与恢复系杂交,便可配制出杂交种。这种方法,称为两系制种法。现以光敏核不育系为例,说明其具体程序(图 47)。

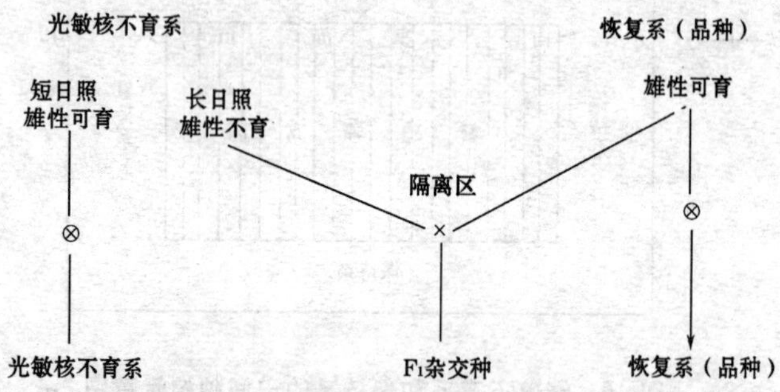

图 47 水稻二系法制种示意图

应用该法制种具有 5 个优点。

一是在长日照条件下制种,因其不育,可免除去雄工作。在短日照下可育繁殖用以留种,省去了保持系的繁殖,简化了制种工序,降低了制种成本。同时,该类不育系的不育性与细胞质无关,不必担心不育细胞质的某些负面效应及亲本单一性的潜在危险。

二是父本恢复系较广泛。几乎所有的品种(系)及三系的父本均可作为恢复系,其 F_1 均是正常可育的,不存在恢复度问题,容易选出强优势组合。

三是选育二系法制种用的不育系比三系法中的不育系工作简便,速度快,类型多。其不育基因通过杂交等方法便可转育到不同遗传背景的材料中去,并在一定条件下表达,容易获得集高产、优质、抗逆等优良基因于一体的不育系。

四是制种产量高。用此法制种时,其母本是生长在长日照、高温条件下,生育健壮,雌蕊发育正常,吐穗快,异交结实率高,因而能获得较高的制种产量。

五是如与广亲和系结合，可较易配制出亚种间杂交种，增产潜力更大。

但不育系的不育性，主要受光、温条件控制，其育性的稳定性常受突发性的气候条件的影响，制种和繁殖有较大的不稳定性。

131. 配制杂交稻时，应注意哪些问题？

搞好水稻的杂交制种，除要掌握一般的技术外，还应注意以下问题。

一是根据当地生产条件及耕作制度，确定制种季节。配制水稻杂交种，可分为夏季制种和秋季制种。夏季制种时，父母本的生育期较长，分蘖和有效穗数多，气温由低到高，生长时间较充裕，如发现花期不遇时，调节、补救的余地大；温度较高且适宜，不育系柱头外露和异交结实率较高，有利于提高制种产量。但后期也常会遇上高温、干燥等不良气候条件，影响授粉结实。此外，夏季制种时，父母本的花期可与晚稻错开；而收获期又比常规中稻早，这样，有利于防杂保纯。

秋季制种时，父母本的生育期较稳定，花期相遇较好，制种产量较稳定。但亲本播期常受前作收获期的制约，而影响其生育进程，抽穗扬花时，常会受“寒露风”等不利气候的影响，制种产量低而不稳。为保证制种工作的顺利进行，应因地制宜地选定制种季节。尽可能避免受高温、干旱、连阴雨和寒露风、低温等的影响，将父母本的抽穗、开花期安排在当地温、光、水、肥等条件最佳的时期。

二是安排好“三期”。为了保证杂交制种的成功和提高制种产量，不论采用夏季制种或秋季制种，首先应根据父母本的生育特点及对外界条件的要求和本地的生态条件，用播始差期（即父母本从播种到始穗期相差的天数）、出叶速度、叶差法、温差法等推算出播种期、适当的插秧期和最佳的抽穗、扬花期，以达到父母本花期全遇的目的。

三是提高制种效益。为了提高杂交制种时的授粉结实率和产量，除应精心安排“三期”，使花期、花时相遇良好外，还可选择柱头外露率(即开花当天，颖花中的柱头外伸，颖壳闭合后，部分柱头仍留在颖壳外的现象)高的母本；采用赶粉、赶水、割叶、剥苞、喷920及应用采粉机械、收集隔离区中父本及父本专用繁殖区中的父本花粉，于午后喷洒在母本上。据湖南省邵阳种子公司观察：在每667平方米喷20克花粉的条件下，每个柱头沾有8.22粒花粉，未沾上花粉的空白柱头只有3%。此外，还可进行父本的两段育秧，培育分蘖壮秧，以增加花粉供应；用一期父本制种时，改父本单株移栽为多株移栽，加强父本的肥水管理和借父本传粉等措施。此外，为了简化工序，减少杂交种子的青、秕谷多和单产低的问题，福建省刘文炳曾研究出制种用的系列营养剂，如速效调花灵、强力花时剂和快速增产灵等。据介绍三者配合使用，可使父母本的异交率由原来的30%～40%提高到60%～70%，可大大提高制种效益。

132. 棉花两系制种法是怎样进行的?

由核基因控制的不育类型与可育株杂交时，不能得到完全不育或高度不育的后代，即不育性无法完全保持和固定，即不易找到保持系，不能实现三系配套。但这种不育系它既能自交结实、继续繁殖，又能表现出部分的雄性不育性作为杂交制种的工具。所以，也有其实用价值。如四川省仪陇县农场从洞庭1号中发现了不育株，培育成了洞A不育系，它便是由核基因控制的雄性不育系。用育性基因杂合的不育株与可育株杂交时，其后代可分离出50%左右的不育株。即将核雄性不育系兄妹交系统中的可育株(育性基因杂合体)当成保持系;而从中分离出来的另一半不育株当成不育系。在此基础上繁殖制种,这种兄妹系既能做保持系,又能做不育系,故称两用系,即一系两用。在制种时,只要有不育系和恢复系即可,故称两系法。其利用方式如图 48 所示。

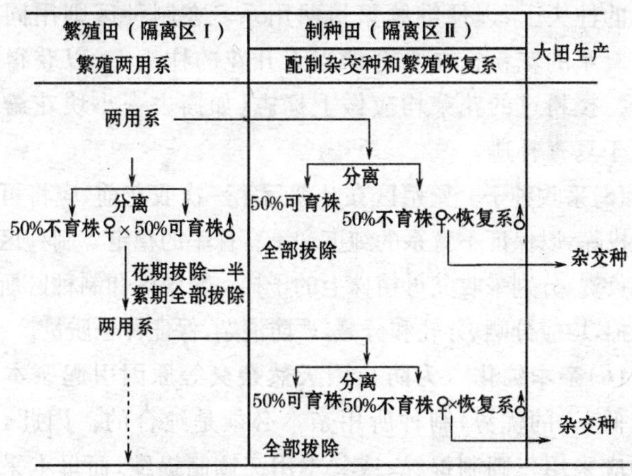

图 48　棉花两系法制种繁殖程序示意图

按上述方法制种时,必须分设繁殖和制种两个隔离区,隔离区四周的 300～500 米内不应种植棉花和其他蜜源植物。此外,还应采取下列措施。

(1)适当增加密度　因在隔离区中均应拔除可育株,所以,应增加繁殖区内的不育株和制种区中的母本密度,以提高产种量。

(2)在制种区中合理安排父、母本的种植比例　在间行排列时,父母本的行比为 1∶4、1∶5 或 1∶6;如父母本分别种植时(如两端种父本、中间种母本或相反),父母本行比可为 1∶5、1∶8 或 1∶10。

(3)育性鉴定　从繁殖区和制种区开第一朵花起，每天上午逐株检查，标志出不育株与可育株，便于授粉，并分别拔除一半或全部可育株，以增加不育株的营养面积和保证制种质量。

(4)人工授粉　在繁殖区中，于开花期间的每天上午，用干净毛笔蘸取可育株上的花粉，仔细而有序地授在每个不育花朵的柱头上，以便继续繁殖两用系。在制种区则用同法采集恢复系的花粉授在不育株当天开花的柱头上，以获得杂交种子。授粉过的花朵均应做上标志（如撕去一小块花瓣等），以便于复查补遗。

(5)采收种子　繁殖区在吐絮后第一次收花前，应将可育株全部拔除，以保证不育系的纯度和不育株率的稳定。制种区应有专人负责，分别采收父母植株上的子棉。繁殖区和制种区所收摘的子棉，均应分晒、分轧和分藏，严防混杂，保证种子质量。

(6)亲本纯化　为防止因天然杂交等原因引起亲本不纯而降低 F_1 的优势，制种所用亲本必须是纯合的。因此，父母本均应采用三圃制提纯；或父本用三圃制提纯，而母本采用不育株与可育株成对杂交后分株系观察鉴定，选育出不育株率达 50%左右、主要性状整齐一致的株系供繁殖制种用。

此法与三系制种法相比，恢复系较广泛；与人工去雄制种相比，可提高工效 3 倍以上，并能提高制种纯度。川杂 9、12、13，中棉所 38，鲁 RH，湘 C_{21}、湘 CH_{1764} 等都是用此法育成的。

此外，在油菜中也有用核不育系育成的杂交种如蜀杂 6、7 号，湘研 5、7 号等。

133. 棉花核雄性不育的“二级法”制种是怎样进行的？

四川省棉花研究所于 20 世纪 70 年代在提出棉花二系制

种法的基础上，又提出了核不育“二级法”的繁殖、制种技术。其方法是：用洞A的各种核不育两用系（AB系）产生出核不育株，即为一级繁殖。用从不育系中选择育成的本身是可育的保持系（MB）做父本，与上述核不育系杂交所产生的 F_1，便成为新的不育系（MA），其不育株可达99％～100％，称为二级繁殖。用这一新的、完全不育系MA与用一般陆地棉或海岛棉品种做恢复系（R）杂交，便可生产出可用于大田生产所需的杂交种子。其具体程序见图49。

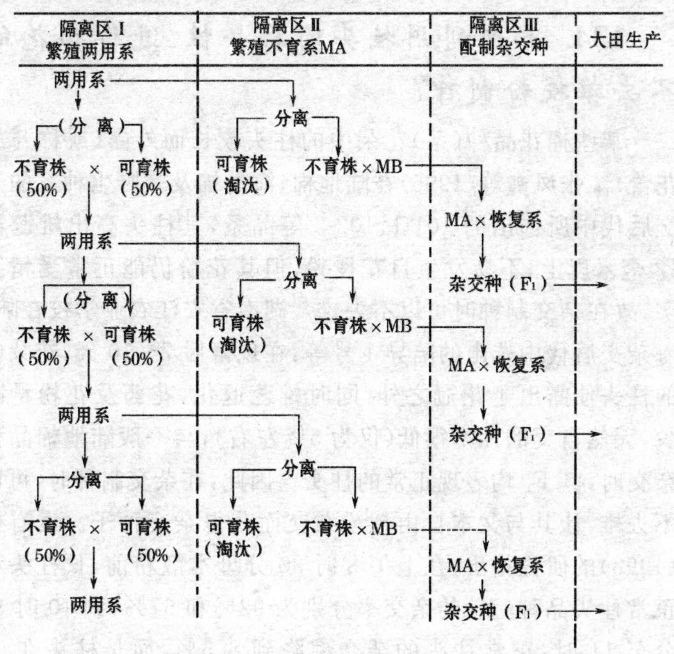

图49　棉花核雄性不育“二级法”繁殖、制种程序示意图

“二级法”制种与一系两用法相比，多了一个不育系的繁殖程序。用此法所组配的杂交种，实际上是由两用系、保持系

和恢复系所组配成的三交种。而两系法所组配的杂交种是单交种。用此法制种时，可免除母本区的育性识别及拔除可育株等环节；其制种产量比二系法高25%左右。如用MA做母本与川棉56选系川55做恢复系所育成的川优1号，在1995～1996年省区试中，比川棉56、川碚2号分别增产11.9%和14.3%。用MA与海岛棉U_{22}杂交所育成的HB_3，产量比海岛棉增产45%，2.5%的跨长35.9毫米，比强度27.9cN/tex，麦克隆值3.1，可纺120支纱。

134. 如何利用柱头的特异性，进行棉花的不去雄授粉制种？

某些棉花品种（系）花朵中的柱头较长而外露（或称开放花蕾）。张凤鑫等（1995）在陆地棉、海岛棉及其野生种系的杂交后代中所选出的101-1、102-2等品系，其柱头高出雄蕊群12毫米以上；不易发生自花授粉，但其花粉仍能正常受精结实，故在杂交制种时可以不去雄。湖南省安江农业学校在陆、海杂交后代中选出的陆异1号等，在现蕾后7～10天，花朵中的柱头便露出于花冠之外，同时雄蕊退化，花药及花粉量减少，天然自交的几率很低（仅为5%左右），与一般陆地棉品种杂交时，其F_1均表现正常的柱头。因此，在杂交制种时，可以不去雄，让其与父本自由授粉杂交而获得杂交种子。袁有禄（1993）的研究指出，在上午8时30分母本散粉前，长柱头和正常柱头品种（系）的杂交率分别为92%和67%；到10时30分至11时，正常柱头的杂交率降到8.5%，而长柱头在11时，其杂交率仍为66%；在整个上午给长柱头授粉的，其杂交率为77%，而正常柱头只有48%。可见，利用长柱头特性不仅可不必人工去雄，而且延长了授粉的时间，提高了杂交制种的工效。又如湖南省澧县棉花试验站(1987)采用不去雄提前授以冷藏花粉套管制种法,杂交率可达95%。每个工作日可生产杂交种子0.7～1.0千克。

135. 利用棉花苗期指示性状的不去雄授粉制种是怎样进行的?

在棉花杂交制种工作中,利用苗期具有隐性或显性指示性状的品种(系)做母本或父本,不用人工去雄,以具有相对显性或隐性性状的品种(系)做父本或母本授粉。然后,根据F_1苗期指示性状的有无,间除假杂种。这样,可节省人工去雄的工序,降低种子生产成本。

目前,可应用的指示性状主要有芽黄、无腺体、紫色叶、叶基无红斑及子叶柄无茸毛等。

芽黄是棉花叶色的一种突变,表现在棉株幼苗期的顶端嫩叶呈黄绿色,随着棉株的生长,会逐渐地变为正常绿色,但顶端新生的嫩叶,仍为黄绿色。直到现蕾时,芽黄现象才完全消失。杂交制种时,用具有芽黄性状的品种做母本,不去雄,以具有显性性状的正常绿叶品种做父本授粉。母本植株上产生的种子,播种出苗后,出现正常绿叶的幼苗,一定是杂种;而显现芽黄的幼苗,必然是由母本自交的后代,即假杂种,可以间除。

因大多数现有的芽黄品种,并不一定具有优良的农艺性状。所以,利用时,必须经回交转育,将它转入到优良品种中去。江苏省农业科学院(1963)曾用回交法,将芽黄性状转育到彭泽1号中,育成了芽黄彭泽1号,用于杂交制种。原北京农业大学利用芽黄育成的核不育两用系81A,用两系法配制杂交种时,在苗期便可容易地拔除可育株。

棉株上腺体的有无,也呈显、隐性关系。利用优良的无腺体品种或经回交转育成的无腺体品种做母本，不去雄，授以有腺体的父本品种的花粉。将母本上所收获的种子，播种出苗后，如幼苗茎、子叶和叶片上未显现腺体的，便是由母本自交的种子长出的幼苗，即假杂种，应间除；留下有腺体的幼苗，便是真杂种。用此法不去雄授粉，一般可获得 70%左右的杂种。

136. 如何利用自交不亲和系配制油菜杂交种？

利用自交不亲和系制种时，每年必须分设制种、繁殖父本和母本(自交不亲和系)的 3 个隔离区。其具体方法和程序如下。

(1)父本繁殖隔离区　在纯度高的父本品种中，精选典型的优良株系或经自交 3～4 代的优良自交系，播种在隔离区中，继续选株自交或兄妹交，以获得纯度高的父本种子，作为下一年父本隔离区用；其余的去杂去劣后混收，供下一年制种区播种用。

(2)母本繁殖隔离区　主要是采用蕾期的剥蕾授粉自交法繁殖自交不亲和系的种子。其具体方法是：在开花前 3～5 天，选典型优良的单株，将各分枝上未开放的花蕾(绿豆大小)用镊子剥开，使柱头外露，但不必去雄，即为剥蕾。剥开花蕾后，即用本株事先套袋并用当天开花花朵的花粉进行授粉自交。授粉后仍需套袋，以防止昆虫传粉。并在剥蕾的枝条上挂牌或做其他标记，以免收获时弄错。每株的剥蕾、授粉工作应自下而上，逐朵进行，以免遗漏。此后，应每隔 2～3 天，继续剥蕾、授粉，直到 1 个花序做完为止。每做完 1 个材料后，必须用 70%酒精把手和镊子消毒。待套袋花朵全部开完，花瓣脱落时，应及时摘除所套纸袋，使角果得到充分发育。人工自交时，必须记上自交花朵数，成熟后计算自交亲和指数(人工授粉自交所结的种子数/授粉花朵总数)。凡亲和指数在 1 以下的，才是自交不亲和的。蕾期授粉自交的种子，下一年可作为制种区的母本用。

(3)杂交制种隔离区 将父本、母本按1∶1或1∶2的行比相间种植。用调节父本、母本播期和栽培管理措施等方法使其花期相遇。开花时，采用放蜂或人工辅助授粉等方法授粉。从母本行上所收的种子，便是杂交种；父本行所收的种子不能做种用。所以，在播种时，母本行应点播蚕豆、大麦等其他作物做标记。收获时应严防混杂。具体程序见图50。

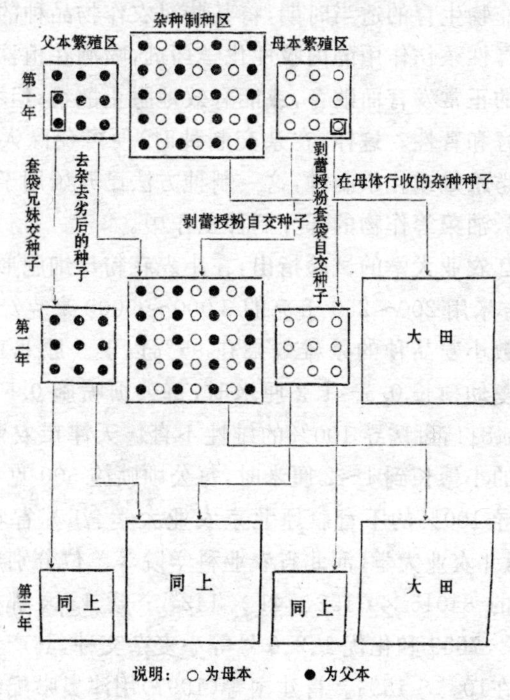

图50 油菜自交不亲和系繁殖和制种方法示意图

用自交不亲和系配制的杂交种，会有少量假杂种，可在间苗、移栽时拔除。如华中农业大学用自交不亲和系74-211与75-53配制的杂种中，假杂种占1.5%。试验表明：F_1 自交或兄妹交，一般都能正常结实，恢复自交亲和。说明用此法获得的杂种可用于生产。

为了减少人工剥蕾自交的麻烦，现已筛选出自交不亲和系的保持系用于杂交制种。其制种方法与三系制种法大体相同。

137. 什么叫化杀制种？它是怎样进行的？

在作物生育的适当时期，将某些对农作物品种的雌、雄配子有选择性杀伤作用的内吸性化学药剂，喷洒在植株上，可抑制花粉的正常发育而败育，或能有效地阻止散粉，但不影响雌蕊的发育和育性。这样，在杂交制种时，便可免除人工去雄，这叫化学杀雄或化杀制种，这一制种方法已开始用于小麦、水稻、棉花、油菜等作物的部分制种工作中。

浙江农业大学的试验指出：在小麦花粉母细胞形成前，每667平方米用200～250千克的3 000～6 000毫克/千克乙烯利对多数小麦品种的杀雄效果在95%以上。原北京农业大学在小麦幼穗长0.5～1.2厘米时，每公顷喷施0.5～0.7千克WL84811，可诱导100%的雄性不育。天津市农业科学院在小麦的小穗长到1～2厘米时，每公顷喷施500克SC2053，也可诱导100%的不育。原北京农业大学、江苏省农业科学院、原西北农业大学、河北省农业科学院等单位分别用化杀制种获得的84015×C152、741×142、宁矮13×鄂麦9号、N01008×7859和化优1、2、6号等小麦杂交种，其产量的超标优势均在10%～15%。肖建国等(1997)用津奥啉配制出的津化1号(津麦3号×北京037)，在国家区试中，比亲本对照增产15%左右，籽粒蛋白质含量为14.5%，湿面筋38.1%，干面筋11.8%，沉淀值40毫升，达到了国家面包小麦的要求。

在水稻母本抽穗前10～20天，上午等植株上的露水干后，第一次每667平方米喷施100～200毫克/千克的杀雄剂2号(甲基砷酸钠)150～170千克，约1周后用一半浓度的药液再喷1次(如每次喷后4小时内下雨，则应在雨停、叶面的水干后，再补喷1次)，有较好的杀雄效果。如广东省用1%～3%稻脚青(杀雄剂1号、甲基砷酸锌)在水稻花粉母细胞形成到减数分裂期喷洒，杀雄效果达90%。一般来讲，药液浓度较高，杀雄效果较好；但药液浓度高时，会增加花朵的不开颖率。所以一般以浓度较低、用药量稍大为宜。赣化2号就是用化杀制种获得的高优势组合。在苏北试种中，单季稻便达12.75吨/公顷(许恒道等1998)。

浙江农业大学、河北师范大学在棉花现蕾后到开花前，用0.1%～1%232(二氯异丁酸钠、FW450)或0.2%二氯丙酸喷在母本植株上，其杀雄效果在75%～90%。上海市农业科学院用0.1%～0.2%二氯丙酸杀雄时，杂交率可达97%。适用于棉花杀雄的还有二氯丙酸钠(茅草枯)、三氯己酸和顺丁烯二酸联氨(M.H或青鲜素)等。

化学杀雄不用选育三系或自交不亲和系，亲本来源广泛；不存在育性恢复问题，易获得强优势组合；也不需人工去雄，简化了制种工序，降低了制种成本，有利于杂交种的推广应用。但同一品种的植株间和同一植株不同部位花朵的小孢子发育不可能完全同步，加上气候条件对花朵发育的影响，其开花先后会有不同，所以必须多次喷药。如喷药不及时，会影响杀雄效果。药效也常因品种、地区、年份及气候条件的不同而难以保证其稳定性；用药时间及用药量也不易掌握；所选药剂必须绝对不伤及雌蕊的受精能力及对植株无其他不良作用；要求必须药源广泛，价格低廉，使用方便，对人、畜及传粉昆虫和环境无害、无污染。因此，化学杀雄的方法目前还未能广泛应用。

三、良种种子的生物学特性与加工、贮藏

138. 用于农业生产的播种材料，都是植物的种子吗？

植物学所称的种子是指那些经受精后，由子房中的胚发育而成的、种子植物所特有的繁殖器官。但用于生产的许多播种材料，并非都是植物的种子，而是包括以下 3 个类型。

(1)植物的真种子 生产栽培的许多作物中，用于播种的是真种子。如多数豆类、棉花、油菜、烟草、黄麻、亚麻和茄子、番茄、萝卜、白菜等蔬菜以及瓜类等。

(2)类似种子的果实 由花朵中子房发育而成的果实，也是常用的播种材料。如麦类、玉米、高粱等的颖果，其特点是果、种皮合生一起，不能分开。皮大麦、稻谷、粟(谷子)等的假果，其果实外还带有其他附属物，如稻壳等。向日葵、荞麦、苎麻等的瘦果，果实内只有一粒种子，但果、种皮发育良好，能各自分开。板栗、甜菜等的坚果，胡萝卜、芹菜的角果，黄花苜蓿的荚果，桃、李、杏、梨等的果实外，包有由内果皮发育而成的核果等。

(3)植物的营养器官 生产上栽种的作物中，不少是用营养器官种植的。如甘薯、山药等的块根，马铃薯、菊芋的块茎，大葱、蒜、洋葱的鳞茎，芋头、慈姑的球茎，甘蔗、木薯、葡萄的地上茎，苎麻的吸枝，秋海棠、落地生根等的叶片，番茄、甘蓝、白菜的芽、侧枝等，也可用来繁殖。

139. 优良种子的标准是什么？

农业生产上所说的良种，一般应包括优良品种和优良种子。选用了优良品种，还必须用该品种的优良种子播种，才能使良种的作用充分显现。什么是优良种子？简单说来，优良种子应符合真、纯、净、饱、壮、健、干的要求。

真，是指种子真实可靠，即播种的种子符合该品种在报审时所介绍的特征、特性。

纯，指的是种子纯度高，符合原品种的典型性，没有或很少混有其他作物、品种或杂草种子。

净，是要求种子清洁干净，不带有虫卵、病菌，不含泥沙、残枝、落叶等杂质。

饱，指的是种子饱满、充实，籽粒重。

壮，指的是发芽势、发芽率高，活力和生活力强，发芽、出苗快而健壮、整齐。

健，指的是种子健全，没有破损、残缺和病虫感染。

干，指的是种子干燥，含水量适宜，没有受潮和霉变，能安全贮藏。

不同作物、不同级别的种子，对上述要求也不完全一样。国家均有统一的标准要求。选购、调入种子时，均必须符合国家标准。

140. 什么是种子的生活力和活力？两者有何关系？

种子生活力是指在适宜的环境条件下，能萌动发芽，并形成正常幼苗的潜在能力，常以种子的发芽率表示。

种子活力是指在广泛的（包括适宜或不适宜的）田间条件

下，能快速、整齐地发芽、出苗并形成壮根、壮苗的潜在能力。它是种子发芽、出苗期间活性强度及健壮等的综合表现。其表示指标很多，如发芽势等。

种子的活力和生活力虽然都是种子质量的重要指标，但二者的概念有所不同。因为种子从生理成熟到死亡，随着时间的推移，在外界条件及自身代谢的作用下，其内部组织和生理机能都会发生一系列的衰变直至死亡。整个变化是由强到弱、由量变到质变的缓慢过程，其间的每一变化，都会影响种子的活力。当种子劣变积累到一定量(或一定强度)时，其活力也将发生变化。因此，种子活力高低是种子劣变过程中量变的表现；而生活力的高低则是劣变过程中质变的表现。所以，在种子生命力变化过程中，活力变化优先于生活力的变化。而且只有活力变化积累到一定程度时，其生活力的变化才会表现出来。可见，活力是评定种子质量更加灵敏、全面，更为可靠的指标。

141. 了解种子活力有何重要意义？

高活力的种子，生命力强，对环境的适应性和抗逆性也好。用具有高活力的种子播种，出苗快而整齐、健壮，不仅可节约用种，也为丰产、丰收打下良好基础，一般可增产 20%～40%。同时，由于植株生长整齐一致，有利于田间管理及机械化操作。

高活力的种子耐贮藏、抗老化。也可根据种子活力的变化，调控贮藏条件，以保证种子的安全贮藏。

生育整齐一致的植株和果实，生产加工时，可提高加工成品率及经济效益。种子在处理时，因种衣剂等中一般含有肥料和杀虫、杀菌和杀鼠剂，它们会或多或少地对种子有不良影响。因此，用于处理的种子，必须是高活力的种子。否则，包衣等种子处理会产生不利的影响。

在种子经销中，依据种子活力的表现，决定种子的销售计划，使每批种子能销售在其活力明显降低之前。同时，也可帮助农民根据自己的播种计划（如早或晚播）和其他生产条件（如水、肥、土壤状况等）决定是否购买某批种子。农民也可根据已购种子的活力情况，采取必要的措施，保证一播全苗。可见，了解种子的活力，有助于指导种子生产、加工处理、贮运及应用等的实际工作。

142. 影响种子活力的因素有哪些？

种子活力的高低常与由品种遗传特性所制约的种子形态特征，如种子大小、色泽，种皮的结构、厚薄及种子的化学组成等，以及种子在形成、发育、收获、贮藏、处理、加工过程中的环境条件等有密切关系。

高赖氨酸的玉米种子小而皱缩，活力低；甜玉米种子含糖量高，胚乳皱缩，不耐贮藏，活力容易降低。玉米种子胚的下部凹下，而高粱种子胚的下部凸起，均易受机械损伤而降低其活力。大粒的玉米、中粒的大豆和小粒的烟草，其种子的活力也有差别。白色菜豆的种皮常具有自然破裂的特性，而有色菜豆的种皮不易破裂，所以其活力常高于白色菜豆。

在不同环境条件下成熟的种子，其活力也有不同。如生长在含氮量高的麦田中的小麦，其种子蛋白质含量高、籽粒也大，活力较高。而生长在含氮、磷量高的条件下的甜菜，会降低其种子的活力。生长在昼夜温度分别为27℃～33℃和22℃～28℃下的四季豆，其籽粒早熟、粒小，易腐烂，活力低；而在昼夜温度分别为18℃～21℃和13℃～16℃下的四季豆，种子成熟慢、籽粒大，活力较高。

在青海省的川水、浅山和脑山的三种生态条件下种植的同一小麦品种阿勃，其发芽率分别为98.3%、92.5%和77.9%；发芽指数分别为32.7、29.5和23.3；活力指数分别为2 208、1 160.6和1 082.1。这说明生育期间的生态条件对同一品种的种子活力有明显影响。同一棉株下部果枝的棉铃成熟早，如不能及时收摘，其种子易老化而活力低；中部棉铃中的种子成熟好，收摘也较及时，因而活力也高，所以农民都用中喷花留种。

种子成熟后的收、晒、贮等过程中的条件，也会对种子的活力有影响。小麦种子收后在40℃左右的温度下干燥时，种子含水量由12%左右骤降到6%～7%，发芽力虽无明显变化，但会显著地降低其活力。大豆种子干燥后的水分在6%和4%时，其发芽势、发芽率、发芽指数和活力指数分别为67%、68%、206、108.3和55%、69%、19.4、84.4。即种子水分越低，其活力有降低的趋势。

143. 怎样检测种子的活力？

测定种子活力的方法，可分为直接测定和间接测定两大类。

直接测定是模拟影响种子活力的环境条件，如种子萌发、生长时的田间逆境（不利）条件和收、晒、贮中的条件等，用这些条件之一或各种条件综合地处理种子。由于活力不同的种子对逆境条件的抵抗力和忍耐力不同，会使种子萌发、出苗的能力有差别。这样，便可直接比较其活力的高低。实践中，种子发芽势的高低，在一定程度上便反映了种子活力的高低。

间接测定就是通过对种子某个或多个生理生化指标，如种子表面的负电性、种子内自由脂肪酸的含量、酶的活性、呼吸代谢的强度、种子颗粒浸泡液的导电性等，也可间接比较出种子活力的高低。

144. 什么是种子的休眠？其类型有哪些？制约休眠期长短的因素有哪些？

种子的休眠是指有生活力的种子处于不发芽的状态。这有三种情况：一是种子内已完成发育并具备了发芽所需的内在条件，但客观上还缺少发芽的基本要求，种子不得已处于休眠状态，这叫“被迫休眠”。如处在贮藏条件下的种子。二是客观上已具备了发芽所需的基本条件，但仍不发芽。必须有某个专一性的触发因子时，才能发芽。即其萌发生长是受自身内源的某种或几种机械综合作用的结果。常称原生休眠或初次休眠。三是种子已具备了萌发的内、外条件，并已处于吸湿状态；但由于某一外界条件不适于其萌发要求，而被迫重新进入休眠状态，即称“二次休眠”、“二度休眠”或“诱导休眠”。进入二次休眠的种子，即使将其置于适宜的条件下，也不会立即萌发，而必须再经一定的休眠期后，才能萌发。如黑麦草要求在黑暗条件下才能发芽，如发芽时处于光照下，便会进入二次休眠。

种子的休眠期是指一批种子休眠时间的长短，一般用80%的种子能正常发芽时，作为种子完成休眠期的标准。遗传因素、生理因素和环境条件等，均可制约种子休眠期的长短。

不同作物或同一作物的不同品种，其休眠期会有明显差别。如禾谷类作物的麦类，尤其是大麦的休眠期较长，而稻谷、玉米的休眠期较短；皮大麦的休眠期比裸大麦长；粳稻长于籼稻;小麦中红皮品种长于白皮品种等。

同一植株或同一花序上所结的种子,常因种子发育、成熟所遇到的生育条件及成熟度不同,其休眠期也会不同。一般种子的成熟度愈高,休眠期愈短。如小麦乳熟期采收的种子比完熟期采收的休眠期可长1倍以上;籼稻一般休眠期短或不存在休眠,但采收较早、成熟度较差时,也会出现明显的休眠现象。小麦种子蜡熟期间的温度愈高,其休眠期愈短。

种子贮藏期间的环境条件,对种子解除休眠的速率也有影响。如有人将水稻种子分别贮存在27℃、37℃和47℃的条件下时,解除休眠的时间分别为50天、15天和5天。有试验表明:种子贮存时间的湿度高时,不仅会影响休眠期的长短,还可能引发种子的二次休眠。

145. 什么是种子的后熟?

当种子脱离母株时,一般已具备了分化、发育完善的胚,如遇到适宜的环境条件,便可迅速恢复生长而萌发。但有些种子在成熟脱离母株时,生理上并未成熟;有的甚至连胚的分化也未开始,或中途停止分化、发育不全。收获后,需要在特定条件下,经一系列的生理变化过程,才具有萌发、生长的能力。这一现象便是种子的后熟。需要后熟的种子大致有如下三类。

(1)幼胚未分化或未完全分化 这类种子由于幼胚的分化发育与周围组织(如果、种皮、胚乳等)不同步。周围的组织已经成熟并从母株上脱离,而幼胚仍处于分化的早期阶段或停留在原胚期。如天麻、人参、黄连等。

(2)未完成生理后熟 当这类种子脱离母株时,虽胚的形成分化已完成,但生理上未进入萌发状态。如萌发所需的酶类尚未合成，或处于钝化状态；幼胚缺少恢复生长所必需的营养物质；或缺少生理活性物质而抑制物质过多，使整个代谢过程不能启动；或代谢水平过低，达不到要求等。如禾谷类尤其麦类种子便有这类后熟现象。未完成后熟时，不仅发芽率低，也不耐贮藏，加工出品率低，食味也差。

(3)幼胚分化不完善，生理上也未完成后熟 如白腊树的种子脱离母株时，幼胚只经过了一定程度的发育。为使其发芽，还必须使其吸胀后，在低温下处理 4 个月，才能完成后熟而发芽。

146. 什么样的种子算是达到了生理成熟？

任何种子在其母株上经一定时期的生长发育后，便会停止生长，随即脱离或停留在母株上，这样的种子，一般认为已经成熟，但这种形态上已经成熟的种子，生理上并不一定已完全成熟。刚脱离母株的种子，如用以发芽或播种，其发芽势和发芽率均低，且易感染病菌。那么，什么样的种子才算达到了生理成熟？需从以下四个方面加以判断。

(1)种子的形态特征 达到生理成熟的种子，体积缩小、硬度加大，呈现本品种固有的形状、色泽。玉米、高粱的种子成熟后，在籽粒与果穗的连接处，有一个叫"尖冠"的结构。将其去除，便可见到一黑色层，便是种子成熟的标志。

(2)种子的含水量 达到生理成熟的种子(不包括顽拗型种子)，其含水量明显减少。如成熟的玉米种子含水量降到25％～40％，高粱、麦类、稻谷、大豆等成熟种子的含水量降到20％～30％，油菜、甘蓝等降到20％左右。

(3)种子的内部特征 生理成熟的种子，由于含水量减少，酶的活性减弱或钝化，生理代谢、呼吸强度显著降低。种子中的内含物绝大部分由可溶性状态变成凝胶状态而贮存起来，种子内的干物质便达到最大值。

(4)种子活力高、生理成熟 发芽力、活力最高，抵抗不利环境条件的能力强，播种后，出苗整齐、健壮。此外，贮藏稳定性、食用性也好。

147. 什么叫种子的硬实？影响硬实的因素有哪些？

豆类、棉花等作物的种子，其种皮坚硬，不易吸水或透水性差，不能吸胀、发芽的现象，称为硬实，俗称“铁籽(豆)”、“死豆”。是种子休眠的一种形式。它的存在，虽可较长时间保持种子的生命力，但会影响田间的发芽和出苗。其形成的因素主要有以下 3 个。

(1)种皮的特殊结构及化学物质 有些作物种子的栅状细胞特别坚硬、致密；一些豆类作物种子的种皮表层为一角质层，质地坚密，并会随种子的成熟而增厚；羽扇豆、三叶草、紫云英等种子的脐部，有一瘤状突起的隔水结构——种脐疤。棉花种子的种脐(合点)部位，有由木质素沉淀的合点帽等。种子的这些特殊结构，可控制水分的进出。还有些种子中存在果胶质或纤维素果胶类物质，可增强其不透水性。

(2)种子的成熟程度 未完全成熟的种子，一般不会发生硬实。种子成熟度越高，硬实率也越高。有人测定紫云英植株上、中、下部种子的硬实率分别为 0.5%、6.5%和 10.5%。

(3)环境条件的影响 种子在生长、发育和贮藏时的条件不同，其硬实率也有差别。如在干旱季节成熟的秋大豆，其硬实率便高于夏大豆。在高温、干燥条件下成熟的白花草木樨种子的硬实率高达 98%，而在阴雨天气下成熟的则没有硬实。在完熟期收获的田菁种子，如果阴干时没有硬实，而在太阳下晒干的，硬实率达 25%；枯熟期收获的种子，阴干的硬实率为 33%，晒干的为 81%。在 6℃高湿条件下贮藏的黄羽扇豆种子，几乎没有硬实；而在 18℃干燥条件下贮存的，其硬实率便会增加。

此外，硬实率的高低与品种也有一定关系。如白花草木樨种子的硬实率高达 30%～40%，而紫花草木樨一般只有 10%左右。

148. 种被与种子休眠有何关系？

种子的种被包括种皮、果皮及果皮外的附属物。它们对种子的休眠有较大影响。

(1)对种子萌发的机械约束作用 种被的存在，有的虽不影响种子萌发过程中的吸水和透气，但吸胀种子的幼胚，由于不能克服种被的机械约束而不能出苗。如油菜、野生棉、苋属、荠属、泽泻属等作物的种子。

(2)对水分的阻碍作用 一些豆类作物，特别是一些小粒的绿豆、苜蓿、三叶草、紫云英、草木樨等的种子，种皮的透水性差或不透水。种皮的不透水是由于其化学组成或特殊结构造成的。如有的种皮坚韧、致密；有的种皮外有角质层，可防止水分渗入；有的种脐部有特殊的隔水结构，只让内部水分散出，而外部水分不能进入，使种子长期处于干燥状态。有的种皮内含有较多的多酚类物质，其中的多酚氧化酶活性很高，能将其氧化成醌类的多聚体，再与蛋白质结合形成种皮内的不透水层，阻止水分进入，如豌豆种子。

(3)透气性差 有的种皮虽透水性良好，但气体的通透性差。种子萌发时，由于幼胚得不到足够的氧气或者受到内部过多的二氧化碳或挥发性抑制物质的抑制而不能萌发生长。其中最典型的是苍耳种子。它的每个果实中有上位和下位两粒种子。在自然条件下，下位种子在翌年春天即可萌动发芽，而上位种子则要到第三年春天才能发芽、出土。因此，农民说“苍耳有两个茬”。这是因为下位种子种皮对氧气的通透性为上位种子的 3 倍以上。因此，上位种子在第二年春天难以发芽。

149. 植物激素与种子的萌发和休眠有关系吗？

植物体内所生成的激素是调控植物生命过程的一类生理活性物质，对种子的休眠与萌发有促进或抑制作用的主要有以下 4 种。

(1)赤霉素(GA_3) 有促进种子萌发的作用。一般对作物施以外源的赤霉素时，可以打破许多植物种子的休眠而促其萌发。特别是一些喜光种子和需要低温后熟的种子，用一定浓度的赤霉素处理，大都能替代光或低温的作用而使种子萌发。如用 20 毫克/千克赤霉素处理马铃薯的块茎 30 分钟，可解除马铃薯的休眠，进行二季栽培。

(2)乙烯(ETH) 它能促进花生、棉籽、莴苣、苍耳、水浮莲等种子的萌发；用 1 000 毫克/千克乙烯处理需光的水浮莲休眠种子，在暗中便可发芽。

(3)细胞分裂素(CTK) 用一定浓度的细胞分裂素处理莴苣种子，可促使其在较高温度(35℃)和轻微的盐碱地上萌发。同时，在种子萌发的生理过程中，它还可与其他激素发生交互作用。如当脱落酸和细胞分裂素等同时存在时，细胞分裂素可解除脱落酸的抑制作用，使种子萌发。还有人研究认为，细胞分裂素还有减轻在高温、干旱、盐碱等逆境条件下所诱发的种子二次休眠的作用。

(4)脱落酸(ABA) 是种子萌发中最常见的、作用强烈的抑制物。对稻谷、棉铃、花生、莴苣等许多种子，施以外源的脱落酸时，均可抑制种子的萌发。生长的桦树幼苗浸以一定浓度的脱落酸溶液或在茎部伤口处涂上该溶液，均可促使其形成休眠芽。

从上述可见激素对调控种子休眠与萌发有重要作用。

150. 种子的休眠特性与环境条件有关系吗?

实践表明：种子的休眠特性常因其发育、成熟期间的环境条件，尤其是温、湿度的不同，而有差别。一般在相对较高的温度和较低湿度条件下，发育成熟的稻、麦种子，其休眠特性减弱。如在北京地区有休眠特性的小麦，遇上气温较低、湿度较高的年份，新收的种子只有 20%～30%的发芽率，即休眠较深；而当生育期间遇上高温、干燥的天气时，新收种子的发芽率高达 80%，即不表现休眠。水稻品种桂花球，作早稻栽培时，种子的休眠深，成熟种子的发芽率仅为 50%左右；而做晚稻栽种时，新收种子的发芽率高达 90%以上，即不出现休眠。又如水稻品种 IR8，在菲律宾做旱季和雨季栽种时，其休眠期分别为 2 周和 4 周；在我国杭州和日本种植时，其休眠期分别为 2～3 个月和 6 个月。

生育期间的光照长度、光质、土壤等也可影响种子的休眠。如在短日照下形成的胡萝卜、番茄种子，种皮结构差，抑制物质含量少，休眠性弱；而在长日照下形成的种子，则休眠较深。

此外，贮藏期间的环境条件，对种子休眠也有明显影响。如小麦品种江东门分别贮放在 25℃～30℃和 44℃～47℃的室温下时，其休眠期分别为 2～3 个月和 1～2 个月。所以，如需要快速解除其休眠时，可进行加温干燥处理。但已解除休眠的种子，如继续存放在高温(43℃左右)下，会影响其发芽力。如发芽率为 90％的小麦种子，存放在 46℃～48℃下 18 天，其发芽率会降至 25％。

豆类等的种子对贮藏期间温、湿度的反应与禾谷类作物相反，在高温、干燥的贮存条件下，会增加硬实率和种皮的不通透性。

151. 种子的休眠特性与农业生产有何关系?

种子所具有的休眠特性是植物在长期的发育、进化过程中所形成的对不良环境条件的一种适应性，具有普遍的生态学意义。除对本身的生存、繁衍有利外，常因种子的不同休眠特性而对农业生产有利也有弊。

在南方(尤其是长江中下游地区)小麦成熟，收获期间，常会遇到阴雨、潮湿天气，没有休眠或休眠期很短的品种，其种子容易在植株上发芽(常称为穗发芽)，严重影响产量、种子品质及安全贮藏。如选用休眠期长的品种，即可减轻或避免其损失。

大蒜和马铃薯，因其休眠期过短，在贮藏期间便会发芽、生长，影响食用、种用的品质。

一些豆类作物特别是小粒的豆类、牧草、绿肥的种子，因都具有较强的休眠特性，播前如不经处理，常会发芽、出苗率低，幼苗生长不齐，严重影响产量。用作啤酒原料的大麦，常因休眠期过长，在出售时因难以测出其发芽力而不能作为啤酒的原料。一些果树、花卉和药用植物的种子，也因休眠期长或休眠深而影响其加速繁殖和扩大栽培。此外，休眠期长的品种，无法一年多代繁殖，影响育种工作的进程。在种子检验时，如果种子仍处于休眠状态，便难以获得准确的检验结果，而影响种子的营销、调运和引种工作。

杂草种子的休眠期参差不一，致使在农田中难以根除，影响作物的正常生长发育。

152. 在农业生产中，调控种子休眠的措施有哪些？

在农业生产中，常采用一些措施来延长或缩短种子的休眠期。主要有以下5种。

(1)根据地区气候特点选用不同品种 种子的休眠表现，品种间有差别。如红皮小麦品种比白皮品种的休眠期长。芥菜型油菜比白菜型、甘蓝型品种的休眠期长；同一类型油菜中，黑籽品种长于黄籽品种。籼稻种子一般无休眠期，而早粳品种则长达数月等。所以，在生产中可根据需要，因地制宜地选用具有不同休眠特性的品种，以免生产受损。

(2)用机械或物理的方法处理种子 用手工或机械方法处理种壳、种被、种皮等部分，以削弱对幼胚的约束，改善其通透性，便可解除或削弱种子的休眠状态，促其萌发。如剥出稻谷的颖壳，用针刺大麦、小麦的胚轴，将皮大麦去壳，挑破油菜籽的种皮，切破或剥去棉籽的种壳，揭出甜菜的果盖（子房帽）等，均能有效地削弱或解除种子的休眠。

(3)用不同温度处理种子

①晒种 在播种前将种子在太阳下晒一定时间（如稻、麦晒2～3天，棉籽晒3～5天），可改善种皮的通透性，提高酶的活性，解除种子的休眠。洪光斗等(1963)用岱字棉15试验指出：其种子在越冬期，播种前分别晒种的与未晒种的相比，其

发芽势、发芽率、出苗数分别高 7.5%、9%、18%和 10.5%、15.1%、25%。如在越冬期和播种前都晒种的，则比未晒的分别高 16.5%、18.5%、36%，其效果十分明显。

②在高温下短暂存放或用温水浸种、催芽　稻、麦、花生种子在 40℃～50℃下分别存放 2～10 天，可促进休眠的解除。玉米用 35℃、稻谷用 35℃～37℃、棉花用 60℃的温水浸种，催芽，也可解除休眠，促进萌发。

③低温或变温处理　稻谷放在 3℃下干燥，其休眠期可由 1～2 个月延长到 4～6 个月。将大麦、小麦种子先放在 8℃～10℃的湿润芽床上 3 昼夜，再移到 20℃下发芽；油菜籽在 15℃保持 16 小时后，再移到 25℃下保持 8 小时；甜菜在 20℃～25℃下浸种 16 小时后，再在 25℃下浸种 3 小时，均可解除其休眠，促进发芽。

④用化学药物处理　用硫酸、双氧水和生长激素处理，可改变其休眠特性。在小麦开花后 18 天左右，喷施 1 000～2 000 毫克/千克青鲜素，可延长其休眠期，防止穗发芽。在马铃薯收获前，用 0.25%青鲜素喷施在植株上，用 α-萘乙酸甲酯药粉分层次撒在马铃薯的薯堆中，或将马铃薯与大蒜一起贮存，大蒜所挥发出的抑制物，均可促其休眠而抑制在贮藏中发芽。

用一定浓度的赤霉素、乙烯等生长素处理，则可削弱或解除麦类、稻谷、花生、棉花等种子的休眠。用 0.5%～3%双氧水(H_2O_2)处理麦类、稻谷种子，用 0.5%～9%硫酸处理甘薯和马铃薯的薯块、棉籽、苕子等，均可解除休眠而促进发芽。一些喜光的或需低温发芽的种子，施用赤霉素后，也可降低其对光、温的要求而顺利发芽。

153. 什么是种子的衰老？衰老的种子常会有哪些劣变现象？

种子的生命力，由于内外因素的影响，经一定时间后，会逐渐衰退而丧失，这就是种子衰老过程累加的结果。衰老的种子常会发生各种劣变现象。

(1)细胞衰变 细胞是构成种子的基本单位。它的任何部位都可能发生衰变。其中细胞膜结构的劣变被认为是种子衰变的第一信号。细胞膜受损后，不仅主动吸收受到影响，而且细胞中大量可溶性物质和生理活性物质外渗，导致正常的代谢过程受影响，种子活力下降，微生物容易孳生，造成种子霉变。细胞膜劣变后，使各种酶无法存在和功能消失。

(2)大分子的变化 种子劣变后，使细胞中原有核酸解体、新核酸的合成受阻。如发芽率在95%以上的黑麦草种子核酸中的去氧核糖核酸(DNA)的含量比衰老种子高3倍多。老化的大豆种子中的DNA和RNA(核糖核酸)、叶绿素的含量均低于新鲜种子。种子胚中DNA等发生变化，其修复功能降低。基因的损伤也可能反应在染色体的畸变上，染色体的行为等可能受影响。如衰老的大麦、小麦、豌豆等的种子，其根尖细胞在有丝分裂时，可出现落后或相互联桥等不正常现象。

(3)生理代谢衰变 当衰变的种子吸胀、萌发时，其呼吸代谢、物质降解、大分子物质的重新合成、能量转换和调节这些过程的酶合成、活化等均可能发生不良变化。如种子衰老过程中，因蛋白质、酶蛋白等的变性，使与种子发芽相关的过氧化物酶、脱氢酶和谷氨酸脱羧酶等的活性降低，而某些水解酶的活性增强。另外，随着时间的推移，体内各种生理活动所产生的有毒物质也会不断积累，如无氧呼吸所产生的酒精和二氧化碳，蛋白质分解所产生的胺类物质等，不仅本身对种子有毒害作用，而且还能诱发多种化学反应对种子产生毒害。

由于上述衰变，也会使种子和幼苗出现劣变。如种子失去光泽或颜色加深；长出的幼苗生长迟缓，抗逆性差，容易霉变或病变；也常出现有根无芽、有芽无根及其他矮小、畸形等不正常的幼苗。可见，衰老的种子由于内外的劣变，会使其生产潜力明显下降，所以，劣变的陈种子一般都不宜再做种用。但有些作物的种子衰变后，其经济性状却对人类有利。如胡萝卜和萝卜的陈种子长成的植株，地上部的生长虽受到抑制，但地下部则更加肥大。蚕豆的陈种子所长出的植株矮壮、节间多、结荚数和荚粒数均有增加。可见，陈种子能否做种，应根据作物种类、种子的老化程度而灵活掌握。

154. 什么是种子的寿命？

种子寿命是指在一定条件下，种子从成熟到丧失生活力所经历的期限。虽然，每粒种子都可有各自的寿命，但目前尚无法分别测出。一般只能从一批种子中提取一定数量的样品，每隔一定时间检测其生活力。当该批种子从收获到发芽率降到 50％所经历的时间，即为该批种子的平均寿命。当发芽率降低到 50％时，表明该批种子只有一半是活的，常称半活期。处于半活期的种子，无疑在生产上不能用以播种了。所以，在生产实践中，不能用半活期来代表种子的寿命；而常以使用寿命来评价种子寿命的长短。使用寿命是指在一定条件下，种子从收获到其生活力降低到要求标准所经历的期限。如生产上要求做种用的种子，发芽率应在 90％以上时，种子的使用寿命便是在一定条件下，从收获到生活力降低到 90％

时所维持的期限。该期限的长短，便决定它在农业生产上利用年限的长短。此外，种子寿命还关系到种子加工、贮藏、销售及种质资源的搜集、保存等。因此，研究、了解种子的寿命及其变化规律，以便能有效地加以控制，尽可能延长种子的寿命，降低种子生产成本。

155. 不同作物种子的寿命长短相同吗？

不同种类作物的种子，因其内外结构、化学组成等的差别，其寿命长短也有显著不同。凡种皮结构完整，质地致密、坚韧，具有蜡质或角质的种子，如蚕豆、绿豆、甜菜等，其种被对幼胚有良好的保护作用，通透性差，代谢活动弱，消耗少，代谢的废物也少，故种子的生命能维持较长时间。辽宁省普兰店发现的古莲子，其寿命长达 1 040±210 年。这主要是它有坚硬而不透性的种皮，将它从深土层中取出后，还需打孔才能吸水萌发。凡是带壳或种皮颜色较深、较厚的种子，如皮大麦、燕麦、稻谷等，其寿命也较长。

大豆、花生等的种子，由于其内外结构疏松，并含有较多的、吸湿性很强的蛋白质和容易酸败、变质的脂肪，其寿命较短暂。同是豆类作物，绿豆、紫云英种子的寿命比大豆、花生长。在大豆中，种皮色深的品种比色浅的长。

由于不同作物种子的寿命差别较大，故人们常将其寿命在 15 年以上的称为长命种子，如陆地棉、燕麦、蚕豆、绿豆、烟草、甜菜、芝麻等；寿命为 3～15 年的称为常命种子，如小麦、稻谷、高粱、裸大麦、玉米、向日葵、油菜、豌豆等；寿命在 3 年以下的称为短命种子，如花生、大豆、甘蔗、中棉等。杨树种子只有 30～40 天的寿命。

156. 影响种子寿命的因素有哪些?

农作物种子寿命的长短,除受制于其遗传性外,还受其他不少因素的影响。种子的物理性状和生理状态也会使其寿命有所不同。如种子大小、硬度、完整性、吸湿性、生理活性等,均会影响到种子的寿命。小粒、瘦粒、破损种子,因胚占整粒种子的比率较高,呼吸强度高于大粒、饱满、完整的种子,其寿命也短。大胚种子,因胚部所含的可溶性物质、水、酸和维生素等均较多,为呼吸作用提供了充足的物质基础,呼吸作用旺盛,其寿命会变短。如玉米种子的胚较大,且富含脂肪,因而比其他禾谷类作物种子的寿命短。生理活性较高的、未充分成熟的、受潮的、受冻的,处于萌发状态的,发芽后重新干燥的种子,由于有旺盛的呼吸作用,其寿命也可能缩短。

正常成熟的种子,贮藏期间温度、湿度、气体成分、光照、病、虫、微生物等对种子寿命也有重大影响。如含水量为14%的棉籽,贮藏在32℃条件下,其寿命仅有3～4个月;如种子水分降至7%,贮存在21℃条件下时,15年后仍有73%的发芽能力。将短命的杨树种子,存放在由石蜡密封并有干燥剂除湿的瓶中,其寿命可由30～40天延长到3年以上。可见,种子水分、贮藏中的温、湿度与种子寿命密切相关。一般认为,温度在0℃～50℃范围内每降低6℃,水分在5%～14%范围内每减少2.5%,种子寿命均可延长1倍。氧气可加速种子的呼吸作用和种子中贮存的物质氧化分解,有损于种子的生活力和寿命。所以,采用低温、干燥和密封贮藏,有助于延长种子的寿命。

此外,同一品种的种子,由于不同年份、产地或同一植株上不同部位的种子,因其形成、发育过程中所处的环境条件不同，成熟度和收获、清选、加工等条件的不同，其寿命也可能有差别。所以，种子寿命的长短是相对的，如控制了上述的各种因素，可使短命种子变为常命或长命种子；反之，如各种条件控制不当，长命种子也会很快丧失生活力，变为短命种子。

157. 种子萌发与水分有何关系？

已完成后熟并解除休眠的种子，能否萌发和顺利地萌发，完全取决于水、温、气、光等环境条件，尤其是水分。

将种子置于潮湿的条件下，因种子内胶体的吸胀作用，外界的水分会不断地进入种子内部，使各种贮存物质水合活化。随着含水量的增加，胶体黏度降低，内部气体往外扩散，物质转移，呼吸等代谢作用迅速加强。从而不断满足幼胚恢复生长所必需的能量和原材料，幼苗渐渐形成并长大。可见，良好的土壤墒情是种子在田间萌发的先决条件。

不同作物种子萌发所需的最低水量和吸水速度不同。富含蛋白质的豆类种子，一般要求吸足种子自重 1～2 倍(如蚕豆至少为 167%，豌豆为 180%)的水分，才能开始萌发。富含淀粉的稻、麦种子，分别吸水 25%和 60%时便可萌发。油菜、向日葵等油质种子，分别吸水 48%和 57%时便可萌发。各类种子的吸水速度也有差别，如籽粒苋吸足萌发所需的最低水量只需 10 小时，而籼、粳稻各需 2 天和 3 天。所以，播前最好浸种催芽，才能出好苗。一般适于干旱、盐碱或沙漠地带生长的植物，均有较强的吸水能力。

158. 温度与种子萌发有何关系？

温度是种子萌发的又一重要条件。在一定的温度范围内，随着温度的升高而加快萌发；而温度过低或过高时，即使有足够的水分，种子也不能萌发。任何种子萌发均各有“三基点温度”，即最低、最高和最适温度。前二者是指种子至少有50%能正常发芽的最低、最高温度，后者是指种子能迅速萌发、达到最高发芽率的温度。如小麦种子达到最高萌发率的时间分别是5℃、21天，15℃、6～7天，24℃～25℃、2～3天，28℃时萌发速度明显下降等。

因温度高低影响种子内酶的活性，从而影响种子内部整个代谢过程，也直接影响种子的吸水力，在一定的温度范围内，温度愈高，吸水力愈强。如水稻在水温10℃中浸种时，需浸90～100小时；在30℃水温中浸种时，只需40小时便可吸足萌发所需的水量，但浸种后所催出的芽并不整齐。最好先在15℃水温中浸种、吸足水分，然后在30℃下催芽。这样，出芽快而整齐。

种子萌发对温度的要求及对温度变化的敏感性均因作物不同而异。这与作物生长的生态环境直接相关。凡起源于热带、亚热带的作物种子萌发时，多喜欢较高的温度，如水稻、玉米、棉花、黄麻等；生长在温带、寒带的作物种子则相反。

有的种子萌发时，对温度要求不严、萌发适温的范围较宽，如麦类种子可在15℃～30℃、油菜种子在15℃～40℃范围内均可萌发。而蚕豆、莴苣、芹菜、菠菜等只能在20℃左右下萌发。烟草种子萌发的适温是24℃，30℃时则受到明显的抑制。

许多种子萌发的理想温度是变温，在恒温下萌发缓慢或不萌发。如许多牧草、林木种子在变温下萌发最佳。苏门甜辣椒的种子，在20℃恒温下萌发时，发芽率仅为34%；而在20℃～25℃或25℃～30℃的变温下发芽时，其发芽率可达80%以上。

159. 气体成分对种子萌发有何影响？

种子萌发过程中的物质降解、运输、细胞分裂、伸长等生命过程均需要能量，这些能量都来自有氧的呼吸作用。在呼吸过程中所形成的许多中间产物，可直接作为新细胞的原材料。只有维持良好的呼吸作用，幼苗才能形成、生长；否则，种子只能进行无氧呼吸，这样种子内的物质难以充分降解并获得足够的能量，并释放出有害物质如乙醇等，会抑制或毒害幼苗生长。在生产实践中，常见到的如棉花播种过深、镇压过实或播后连绵阴雨，使土壤板结等而缺氧时，很易烂种，造成缺苗断垄甚至毁种。种子检验用纸巾或毛巾卷发芽时，如卷得过紧，或用沙床发芽水分过多时，都会因透性差影响发芽，不能获得准确的结果。

不同类型的种子对缺氧的忍耐力不同，一般水生植物种子对缺氧的耐力大于陆生植物。如水稻可在仅含 0.3%（空气中的氧气为 21%）的空气中萌发，而小麦、玉米等发芽时需有充分的氧气。

高浓度的二氧化碳对种子有麻痹和萌发的抑制作用。如当二氧化碳浓度达 17%～25%时，会抑制大麦的发芽；达 37%时，便不能发芽。当二氧化碳的浓度达 30%时，稻种的萌发受到抑制；达 50%时不能萌发。被二氧化碳麻痹的种子，当其浓度降低后，还会重新萌发、生长。

160. 种子萌发与光有什么关系？

一般种子发芽时，对光的反应不敏感，有光、无光都可发芽。但也有少数作物的种子萌发时，对光的反应很敏感，必须在有光或黑暗条件下才能萌发。如烟草及莴苣、芹菜、苋菜、茄子等蔬菜。因种子萌发时对光的反应不同，可分为喜光、忌光和一般种子。

种子萌发时之所以对光有反应，是因为种子内含有一种称为光敏素的物质，它在光、暗不同条件下，会变成促进或抑制萌发的物质。喜光和忌光的种子，在光照条件下，其光敏素会分别变成促进或抑制萌发的物质。当光、暗条件改变时，光敏素也会随之发生逆转，以促进或抑制种子的萌发。

光对种子萌发的影响也不是绝对的，它与种子自身的生理状态、萌发时的其他环境条件等有关。处于休眠状态的喜光种子，光敏性增强；随着休眠的解除，光敏性减弱或消失。有的种子萌发时对光的反应与种被（皮）的通透性有关，如将喜光种子的种被去掉，裸胚在黑暗中照常发芽。

光敏性与萌发时的其他条件也有关。一般在不适宜的萌发温度下，光敏性增强。如将莴苣种子放在20℃～25℃的较高温度下发芽时，必须给予光照；否则，不能发芽；但在10℃下发芽时，在光、暗条件下均可正常发芽。有的种子在干燥条件下，光敏性很弱，如苋菜种子只有含水量达19%时，光敏性才表达充分。外源激素也可消除种子对光的敏感性。如已被光抑制不能发芽的籽粒苋种子，施以60毫克/千克赤霉素时，可迅速解除光的抑制作用而重新萌发。

161. 种子检验与种子标准化和农业生产有何关系？

种子是最基本的农业生产资料，也是重要的商品。无论是作为生产资料或商品，都必须对其质量进行监测评价。种子检验就是用感官或仪器按照规范的程序、方法及法定标准，对种子的品种品质（如品种的真实性和纯度）和播种品质（如种子净度、发芽率、千粒重、含水量、病虫及杂草等)进行检测，并提出公正、合理评价的技术措施。

随着商品经济的发展和农业生产的商品化，标准化越来越重要。农业标准化首先是种子标准化。它是农业标准化最主要的内容，也是种子工作的重要一环。种子检验是实施种子标准化的重要手段，也是种子标准化的重要内容；是保证生产用种质量的重要措施，也是种子经营中按质论价的重要依据；对种子的安全贮藏、运输及防止危险性病虫害及杂草的传播蔓延有重要作用。它贯穿在良种繁育和种子生产的各个环节，是良种繁育工作的重要组成部分。具体地说，它对农业生产具有以下 3 个作用。

(1)保证生产用种的质量 选用优良品种是农业增产的重要措施和物质基础。但良种的优良种性能否在生产上充分发挥，首先必须用该品种的优质种子播种。但由于自然或人为等因素的影响，良种推广后，其优良种性常会退化、丧失。如能实行严格的种子质量检验，便可预防劣质种子下田，为丰产、丰收打下良好的基础。据黑龙江省的试验，用质量符合标准的种子播种，比用自留种播种的增产 37.2%；用质量高的种子播种，还可节约用种，降低生产成本，并可提高农产品的质量。

(2)可有效地防止病、虫、杂草的传播、蔓延 通过种子检验，可检测出该批种子中病、虫、杂草的种类及含量。根据其结果提出是否可做种用，便可防止其对农业生产的影响。

(3)保证种子在生产、加工、贮运过程中的质量和安全 如在上述过程中，根据种子水分、种子堆的温度及发芽等情况的变化，及时采取措施，加以处理、控制，便可避免或减少损失。

162. 种子检验的一般程序是怎样的？如何扦(抽)取检验样品？

种子检验一般分为田间检验(包括田间小区鉴定)和室内检验。进行时先田间后室内，必要时还得小区鉴定。检验内容一般为品种纯度、真实性、净度、种子水分、发芽率、粒重、比重、容重等。检验的一般程序是：扦(取)样、分析检验、签证。

不论田间或室内检验，一般都是用少量试样进行逐项检测。由于试样的数量少(一般只占一批种子量的 1/10 000～1/ 100 000)；因种子的散落性，种子堆各部位的组成差别大；不同部位的小环境不同，种子质量有别等原因，难以取得具有代表性的样品。如样品没有代表性时，检验技术再精确，也很难获得准确的结果。所以，要求送验样品和用于分析的试样，都必须能代表该批种子的真实情况。为此，扦样和分样都必须严格按规程要求进行。

用于检验的样品一般分为初次样品、混合样品、送验样品和试样。初次样品是从种子堆的各部位用扦样器获取的，混合后即为混合样品或原始样品；原始样品混合均匀后，用分样器或四分法，分出规定数量的送验样品(平均样品)；从送验样品中再分出用于各个项目检测的试样。在扦取样品时，必须注意以下三个原则。

一是种子批的划分。种子批是将种子来源、作物、品种、繁殖世代、生产季节和种子质量基本相同而划分的一定数量的种子群体。小麦、水稻、棉花等一个种子批的数量最多的为 25 吨，玉米为 40 吨。一批种子扦取一个送验样品。如发现种子批有明显差异时，就不能扦样。

二是扦样点必须均匀分布在种子堆的不同部位。

三是从各扦样点所取得的初次样品，其数量和质量应接近。各扦样点间所取得的初次样品如存在明显差别时，不能相互混合，而应重新划批取样或单独取样。

163. 田间检验应怎样取样？

种子检验中常需进行田间检验，如品种纯度、病虫害、杂草检验等。进行田间检验时，取样的正确与否，直接关系到检验结果的准确性。所以，必须学会田间检验的取样方法。

一般是根据某品种的播种面积、品种来源、种子世代、播前的种子处理情况、耕作栽培管理措施、制种隔离、去杂去劣等情况，先划分检验区。凡同一品种的来源、繁殖世代、上代纯度基本相同，栽培条件一致或相近的地块可作为一个检验区。每个检验区大体上为 33.3 公顷左右。再在每一检验区内选取有代表性的地块作为取样地块，其大小可占总面积的5％左右。如所检品种的种植面积不大，也可逐块取样。取样地块确定后，再确定取样点。稻、麦、玉米、高粱、棉花、花生、油菜、大豆等作物，其种植面积在 0.67 公顷（10 亩）以下，一般取 5 个点，6.67 公顷（100 亩）以内取 8 个点，6.73～13.3 公顷（101～200 亩）取 11 个点，13.4～33.3 公顷（201～500 亩）取 15 个点。各样点必须分布均匀。选点的方法有如下 4 种。

(1)对角线式　即在长方形或方形的取样地块的 1 条或 2 条对角线上，等距离地设若干取样点。

(2)梅花形式　如在较小的方形或长方形地块上取样时，可在地块的四角及中心各设 1 个取样点。

(3)棋盘式　在不规则的取样地块上取样时，可在地块的纵横线上，每隔一定距离设点。

(4)大垄(畦)式 当在畦(垄)作地块上取样时,先数该地块上的总垄(畦)数,再按比例每隔一定的垄(畦)数设点。但各垄(畦)的样点要相互错开。

一般在每个样点上应调查或取样 200～500 株。

164. 怎样进行品种纯度检验?

品种纯度是指品种性状典型一致的程度,它是种子质量的重要指标。因为用混杂而纯度低的种子播种,不仅不能充分发挥良种的作用,而且会给农业生产带来巨大损失。高志明(1983)的试验指出:用纯度为 70%和 85%的水稻珍珠矮品种的种子播种的,比用纯度为 99%的种子播种的,分别减产 20.8%和 7%。江苏省姜堰市的调查指出:当种植纯度分别为 90%、60%和 50%的同一水稻品种时,抽穗历期分别为 7 天、23 天和 33 天,稻螟危害的白穗率分别为 0.4%、8.7%和 15%,即生育期和受虫害率有明显不同。安徽省宿州市小麦原种场 1964 年用纯度分别为 42%、58.2%和 95.2%的碧蚂 1 号小麦良种播种时,前二者的千粒重分别比后者低 7.89 克和 7.11 克,分别减产 25%和 18.6%。黑龙江省绥棱县种子公司(1981)用纯度为 85%和 69%的 5068 大豆品种试验,其产量比用纯度为 99%的种子播种的分别低 9%和 15%。可见,纯度检验是确保用高纯度种子播种,以获得高产的重要措施之一。

品种纯度检验一般分为田间检验和室内检验,以田间检验为主。若两者结果不符时,以较低者为准。检验前,必须先检验品种的真实性,只有真实性确定后,纯度检验才有意义。

(1)田间检验 在作物生育期间,当品种特征、特性表现最明显时,如稻、麦的抽穗期、蜡熟期,玉米的苗期、抽穗开花期、成熟期，大豆的苗期、花期，棉花的现蕾、吐絮期，甘薯的甩蔓至封垄前等，分 2～3 次，到田间按规定方法和程序分区、布点、取样，按品种植株的典型性状，逐株鉴别，区分出本品种和异品种、异作物、杂草等的株（穗）数，按下列公式计算出品种纯度。

$$品种纯度(\%)=\frac{本品种的株(穗)数}{检查的总株(穗)数}\times 100$$

其他项目也分别计算出各自的百分率。

杂交制种田还应检查母本散粉株率。在田间检验时，应全面观察并记载作物生育、倒伏等情况；在样点外，如发现有零星的检疫性杂草及病虫害感染株时，也要登记。

检验结束后，应签发田间检验结果证书，并根据实际情况，提出相应意见。

(2)室内检验 田间检验虽是品种纯度检验最可靠的方法，但也不能完全代替室内检验。种子收获后，加工处理、贮运前后及销售前，还应根据种子或幼苗的形态特征或生化特性，进行室内的品种真实性和纯度检验。其方法是从净度检验后的好种子中，随机取样 2～4 份各 400～500 粒，用肉眼或放大镜，根据不同品种种子的形态特征（如小麦籽粒的大小、形状、皮色、腹沟深浅、茸毛多少等；水稻籽粒的形状、大小、稃壳色，茸毛长短、稀密、护颖色等；棉籽的形状、短绒多少及颜色；豆类种子的形状、色泽，脐部大小、长短、凹凸等）分出本品种的典型种子数及异型种子数，然后按下列公式计算出品种纯度。

$$品种纯度(\%)=\frac{本品种典型种子数}{试样总粒数}\times 100$$

当形态鉴定难以鉴别种子的真假时，便必须采用物理、化学或其他一些特殊技术如电泳技术等进行纯度检验。

165. 怎样检验种子的净度?

种子净度是指种子清洁、干净的程度。它是从样品中除去杂质和其他植物种子后,留下的本作物的干净种子(包括本品种和异品种)的重量所占的百分率。它是衡量种子播种品质的重要指标之一。

检测种子净度可以达到以下目的:①确定种子批中能做种用的有效成分数量,从而了解其种用价值。②避免种子批中所混入的有害杂质对人、畜的危害,并防止或抑制病虫害、杂草的传播、蔓延。③对杂质含量过多的种子批,做加工处理,以提高种子质量,增强种子贮、运的安全性。其检测的步骤、方法如下。

一是送验样品称重后,如发现有形状、大小明显不同的异作物或石块的重型杂质,应将其检出并称重。

二是分取试样。将除去重型杂质的送验样品,用分样器或分样板分取规定重量的试样,如大豆 500 克,玉米 400 克,棉花 350 克,小麦 120 克,水稻 40 克等。一般每份试样至少含有约 2 500 粒种子。分析试样可以是 1 份规定重量的全样,也可用 2 份规定重量一半的半试样。但分析半试样时,必须核对 2 份半试样中分离出的 3 种成分百分率之差,是否在允许误差范围内,否则应重做。

三是分离试样。将所取试样逐一鉴别,分离成净种子、其他植物种子和杂质(如泥沙、石子、秸秆、虫尸、虫卵、菌瘿、菌核等)。净种子包括属于该作物未成熟的、瘦小的、皱缩的、带病的、发过芽的本品种和其他品种的种子,但油菜、大豆种子中种皮破裂完全脱落者,应列为杂质。将三者分别盛放、称重。如三者重量之和与试样原初重量之差超过5%时，应重做。

四是计算各成分的百分率，应以净种子、其他植物种子和杂质三者之和为基数，而不是试样的原始重量。计算的结果应加以校正。

五是结果报告。检验后应写出结果报告，注明三者各占的百分率，并提出有关意见。

166. 怎样检测棉籽的健籽率？

健籽率是指在经净度检测后的净种子中剔除嫩籽、未充分成熟籽、瘦瘪种子后，留下的健壮、饱满种子粒数占被检总粒数的百分率。其具体检测方法是：从经净度检测后的好种子中，数取4份样品，每份100粒。将每粒种子横切后，用肉眼观察种子的充实度、子叶颜色和油腺的明显程度，以判断其健壮与否。凡子叶洁白、油腺（点）明显、种仁充实饱满的为健籽；而子叶呈浅褐色、深褐色，油腺不明显、种仁瘪细的为不健壮的种子。也可将所取样品放入60℃～70℃以上的热水中浸泡，搅拌5分钟，待棉籽上的短绒浸湿后，取出放在白瓷盘中仔细观察，凡种皮呈褐色、深褐色，籽粒充实饱满的为健籽；而种皮呈浅褐色、浅红色、黄白色的，为成熟不好的不健壮籽。然后，按下列公式求出健籽率。

$$健籽(\%)=\frac{供检种子数-非健籽数}{供检种子数}\times 100$$

将4个样品的结果平均后，即为该批棉籽的健籽率。

实践表明：棉籽的健壮与否，对其发芽、出苗、生长发育及其产量均有很大影响。如江苏省阜宁市施庄农技站（1983）用沪棉204试验指出：用健籽播种的出苗率、健苗率和每667平方米产皮棉依次为62.5%、90%和76.7千克；而用瘪籽播种的相应为21.4%、33.3%和60.75千克。此外，用健籽播种，出苗、现蕾、开花、结铃均早，抗逆力强，单株结铃数、铃重、衣分、子指等性状也比用瘪籽播种的好。

167. 怎样进行标准的发芽试验？

标准发芽试验就是按规定的方法、程序进行的发芽试验。进入流通领域的种子，必须用此法检测种子的发芽力。发芽力是指种子在适宜条件下能够长成正常幼苗的能力，以发芽率表示。

标准发芽试验的基本程序及其要求如下。

(1)试样 试样必须从净种子中随机数取400粒，依种子大小分成若干个重复，小麦等中、小粒种子每重复100粒，玉米等大粒种子50粒，特大粒种子25粒。

(2)芽床 做芽床的材料应具有良好的通透性、持水性和无毒。大粒种子一般用沙子(沙子应在130℃烘2小时消毒)做芽床，加水量以沙子饱和持水量的60%～80%或用手压不起水膜为度；也可用纱布、毛巾做芽床。中小粒种子多用滤纸或纱布做芽床。芽床用水可以是河水、井水或雪水，其pH值以6～7.5为宜，但不宜用蒸馏水。

(3)置床、贴标签 将种子均匀地放入芽床内，彼此间隔开，以防止相互影响或病害感染。用沙床时，将种子按入沙中与沙面持平，以便于均匀吸水。标签应贴在底盘的边缘上，应注明试样样号、发芽时间、重复号，然后加盖。

(4)培养 芽床放入发芽箱后，应保持规定的温、湿度，光照条件，并注意通气。有感染真菌的种子应拣出并记数。霉变种子数超过5%时，必须调换芽床。用变温培养时，一般高温 8 小时，低温 16 小时。

(5)记录和结果计算 发芽过程中按规定时间和标准记录发芽数。最后计算每重复的正常幼苗、不正常幼苗和未发芽种子数。以 4 重复正常幼苗百分率的平均数作为样品的发芽率。不正常幼苗、未发芽种子的百分率按 4 重复的平均数计算。

$$\text{发芽势}(\%)=\frac{\text{发芽试验初期规定日期内正常发芽的种子数}}{\text{试样种子数}}\times 100$$

$$\text{发芽率}(\%)=\frac{\text{发芽终期全部正常幼苗数}}{\text{试样种子数}}\times 100$$

做标准发芽试验时应注意以下事项。

(1)幼苗鉴定时间 鉴定要在其幼苗主要构造已发育到一定时期时进行。根据作物的不同，应在试验中绝大部分幼苗子叶已从种皮中伸出(如莴苣属)，初生叶展开(如菜豆)，叶片从芽鞘中伸出(如小麦属)。在记数过程中，发育良好的幼苗应拔出，对于有损伤、畸形或不均衡的幼苗，应保留到末次记数时鉴定。

(2)重复试验 发芽试验中如怀疑种子有休眠时(有较多新鲜不发芽种子)，可采用打破种子休眠的措施处理后再行发芽试验，但应注明所用方法；当试验条件、幼苗鉴定或幼苗记数有错及重复间结果相差大于允许要求时都应重复试验。

(3)核对重复间误差 计算发芽率时，若每重复种子数不到 100 粒时，将发芽箱内邻近重复合并，使其组成 4 个重复、计算每个重复的发芽率。重复间发芽率之差应在允许范围内。

(4)幼苗鉴定标准 发芽试验中能否准确鉴定正常幼苗

和不正常幼苗十分重要，它直接关系到结果的准确性。为了幼苗鉴定的一致性，必须遵循统一标准。正常幼苗是指幼苗的根、茎、叶主要器官发育良好、健全、匀称的幼苗；带有轻微缺陷，如某一部分发育迟缓或轻微损伤，或子叶缺损但其正常部分的面积大于50%；由于次生感染（而非本身带菌），而且幼苗的主要部分仍保留者均为正常幼苗。不正常幼苗是指幼苗的根、茎、叶等某一部分有严重缺陷者，如根系发育不全、变态，或叶片畸形、破裂、腐烂，而且正常叶面只有原叶面积的1/4；顶芽残缺、腐烂或整个幼苗畸形者均为不正常幼苗。未发芽种子包括死种子和休眠种子。

168. 怎样进行快速发芽试验？

在生产实践中，有时急需了解种子批的生活力，可以采取一些措施处理种子，使其迅速萌动发芽。

(1)高温盖沙　此法适用于禾谷类及豆类种子。取试样4份，每份大豆、玉米各50粒，小麦100粒。在30℃水中浸4小时（玉米6小时，水稻24小时），然后将种子置于沙中，置种时，禾谷类种子种胚朝上，种子上盖2～3层湿纱布，纱布上再盖0.5～2厘米的湿沙，于高温下发芽（粳稻32℃，籼稻、玉米35℃～37℃，花生、麦类、豆类25℃～28℃），经2昼夜即可检查种子的发芽率。

(2)玉米剥去胚部种皮法　取200粒净种子在40℃温水中浸2小时后取出，使其胚朝下，用小刀切开籽粒基部果柄（注意不要切断胚部种皮），捏住果柄，撕去胚部种皮，再放入40℃水中浸4小时，然后置于湿沙中，上盖1厘米厚的湿沙，在36℃～37℃温箱中发芽，24小时后即可检查种子的发芽率。

(3)用硫酸处理棉籽　将200粒棉籽试样分2份放入烧杯中，倒入硫酸(将种子淹没即可)同时搅拌，几分钟后棉籽变黑，手感滑腻时，用清水冲洗2～3次(注意防硫酸伤手和衣物)；然后倒入1%小苏打溶液中洗涤，再用清水冲洗2～3次。将处理好的棉籽，从内脐端切去约1/5的种皮，使种子切口朝下按入沙中，在种子上盖0.5～1厘米厚的湿沙，稍加压实，在35℃～37℃条件下培养24小时后，即可检查种子的发芽情况。

169. 怎样用规定方法检测种子水分?

种子水分的高低，直接影响种子及种子堆内害虫等生物的呼吸强度。水分过高时，将威胁种子加工、贮运和包装安全。水分高低是种子质量的重要指标之一，是加工、处理种子及种子分级定价的主要依据之一。

测定种子水分的方法较多，作为种子分级定价依据时，必须用烘干法，即利用种子的吸湿平衡原理将种子烘干，根据烘干后种子失去的重量占供检样品原始重量的百分率，即为种子水分。

用烘干法测定种子水分时，又分低恒温法(103℃±2℃)、高恒温法(130℃～133℃)和预先烘干法。低恒温法适用于绝大多数作物的种子。高恒温法适用于小麦、玉米等禾谷类种子和瓜类、甜菜等种子。当禾谷类种子水分超过18%、豆类和油料作物种子水分超过16%时，应采用预先烘干法。

测定种子水分时送验样品必须单独扦取，并装入密封防潮的容器中，样品要随扦随测，测定过程动作应迅速，以防止种子水分丢失。

测定种子水分应备的仪器是烘箱、粉碎机、干燥器、干燥剂及样品盒、烘盒和感量0.001克的天平。

低恒温法测定水分的程序如下。

(1)取样 测定水分的送验样品重量,因种子是否磨碎而异。需要磨碎者为100克,否则为50克。将样品在瓶中反复摇匀后,从中取出15～25克。

(2)磨碎样品 不同作物的种子要求磨碎的细度不同。小麦、玉米等较细,要求至少50%的粉碎种子通过0.5毫米的筛孔。大豆、菜豆等可较粗,要求50%的粉碎物通过4毫米的筛孔。棉花、花生要求切成薄片。

(3)烘干称重 从粉(切)碎样品中称取2份试样,每份4.5～5克,放入烘盒(预先烘干并称重),将烘盒放入预先加热至110℃～115℃的烘箱中,温度降至103℃±2℃时,开始烘8小时,取出烘盒并放入干燥器内冷却至室温,再称重。

高恒温法的程序与低恒温法基本相同,只是烘箱应加热至140℃～145℃,温度降至130℃～133℃时,计时烘1小时。预烘法是称取25克±0.02克的样品2份,放入直径大于8厘米的烘盒中,在103℃±2℃烘箱中烘30分钟(油料种子70℃烘1小时),取出冷却称重,立即分别粉碎,从中各取1个试样,再用低恒温法测定。

$$种子水分(\%)=\frac{M_2-M_3}{M_2-M_1}\times 100$$

式中,M_1 为样盒重;M_2 为样品+盒重;M_3 为烘后的样品+盒重,要求精确至0.1%,两试样之差小于0.2%,否则重做。

$$预烘法的水分(\%)=S_1+S_2-\frac{S_1\times S_2}{100}$$

式中,S_1 为预烘法失去的水分,S_2 为第二次样品磨碎后失去的水分。

170. 怎样检测种子的粒重、容重和比重？

种子的粒重、容重和比重，是种子的物理性状，也是播种品质指标之一。它们与种子清选、分级、干燥、贮运等生产环节有密切关系。它们既受品种遗传性的制约，也在某种程度上受环境条件的影响。如生育期间受瘠薄的土壤、缺肥、旱涝、病虫害，或收获时遇到低温冻害，或收后不能及时干燥等不利条件的影响时，常会使种子的千粒重、容重和比重下降。

种子重量一般以千粒重(克)表示。是不同品种的特性之一，也是衡量同一品种不同来源种子的播种品质，尤其是种子活力指标之一。因千粒重大的种子，其贮藏物质多，籽粒饱满、充实，播后发芽、出苗快、整齐而健壮，可保证密度，为丰产打下基础。种子重量也是计算播种量的依据。

千粒重一般是在自然干燥下，达到国家标准规定水分的1 000粒种子的重量，以克表示。

其检测方法是：从经过净度检测、已去除杂质的净种子中，抽取试样，充分混合后，不加选择地连续数取试样2份，大粒种子每份500粒，中小粒种子每份1 000粒。再用适合的天平称重。如2份试样的重量相差不超过0.1克(大粒种子)和0.01克(小粒种子)时，可用2份试样的平均重作为其千粒重。如2份试样重量超过允许误差时，必须再取第三份试样称重。取差距小的两份试样结果平均求得千粒重。

由于不同批次尤其是不同地区、季节生产的种子水分有一定差别，为便于比较，一般应将实测的千粒重换算成规定水分的千粒重。

$$\text{规定水分的千粒重(克)} = \text{实测千粒重(克)} \times \frac{1-\text{实测水分}(\%)}{1-\text{规定水分}(\%)}$$

如某批小麦种子的实测水分为11.5%，千粒重40克，而规定水分不得高于13%。代入上式可求得：

$$\text{千粒重(克)} = 40 \times \frac{1-11.5\%}{1-13.0\%} = 40 \times \frac{88.5\%}{87.0\%} = 40.7\ \text{克}$$

种子容重是指单位容积内种子的绝对重量，通常以每升种子的重量表示，即克/升。

种子的容重与种子的大小、形状、整齐度、外表特征、内部组织结构及化学成分(尤其是水分和脂肪含量)及混杂物的种类、数量等有密切关系。颗粒小、大小不齐、外形圆滑、种子内部组织致密、充实饱满、水分和脂肪含量低，淀粉和蛋白质含量高，并混有各种泥沙(石)、杂质的容重大；反之，则小。一般用容重器来测定种子的容重。

种子比重是指在一定的绝对体积内的种子重量与同体积内水分重量之比，即种子的绝对重量与绝对体积之比。

不同作物或不同品种间，同一品种的不同成熟度、饱满度的种子，其比重均有不同。一般成熟度好、充实饱满的种子，比重高。但油料作物种子的发育条件愈好、成熟度愈高的则比重愈小。在高温、高湿条件下贮藏的种子，因呼吸作用强而使其比重下降。

检测种子比重的简便方法是：用具有精细刻度的5～10毫升的量筒，放进约1/3的50%酒精，记下所达到的刻度，再称3～5克的净种子，小心倒入量筒中，再观察酒精平面上升到的刻度，即为该种子样品的体积。按下列公式可求出种子比重。

$$\text{种子比重} = \frac{\text{种子重量(克)}}{\text{种子体积(毫升)}}$$

171. 如何利用种子检验的结果来计算播种量？

经种子检验后，便可得知某批种子的播种品质，而播种品质的高低，决定了种子的用价。种子用价是指种子样品中，真正有利用价值的种子所占的比重。种子用价的高低，又决定了用种量及用该批种子播种后，其发芽、出苗及植株的生育状况和最终的产量及产品品质的大致情况，在检验种子的净度、发芽率后，便可计算出种子用价。

$$种子用价(\%)=\frac{种子净度(\%)\times种子发芽率(\%)}{100}$$

$$每千克种子粒数=\frac{1\,000}{千粒重(克)}\times1\,000$$

根据种子用价和该批种子的粒重（千粒重或百粒重）及计划种植的密度，便可计算所需播种量。

$$播种量(千克/667\ 平方米)=\frac{计划的基本苗数/667\ 平方米}{每千克种子粒数\times种子用价(\%)}$$

172. 种子为什么要干燥？干燥时应注意哪些事项？

新收获的尤其是阴雨天收获的种子，含水量高，其生理作用较旺盛，呼吸作用放出的热量较大，因而容易发热霉变，很快失去种用价值。为了保证种子的安全贮藏及其生活力，必须进行干燥。

种子干燥就是利用种子对水分的吸湿平衡特性，在环境中的水汽压低于种子内部水汽压时，使种子内的水分不断蒸发、减少而干燥。种子干燥的快慢取决于大气的温度、相对湿度及空气的流速。空气温度愈高，相对湿度愈低，流速愈快，种子干燥愈快。相反，种子干燥速度慢。但干燥种子时，既要使种子水分减少到要求的标准，又不影响种子的生活力。

种子在干燥过程中，水分从种子表面蒸发的同时，种子内的水分常会连续地释放至种子表面，致使毛细管内水分脱节，导致种胚受伤而引起生活力丧失。因此，必须严格地控制水分干燥的速度。

新收获的高水分种子，大都还处于后熟阶段，代谢作用旺盛，应采用先低温后高温的慢速干燥法，才能使种子完全干燥。

化学成分不同的种子，其干燥方法也应不同。淀粉类种子，组织结构疏散，毛细管粗大，传湿力强，容易干燥，采用快速干燥法的效果好。大豆等蛋白质类种子，结构致密，毛细管较细，传湿力弱，但种皮结构又相对疏松，易失水。快速干燥时，子叶内的水分散发慢，而种皮内的水分蒸发快，很易使种皮破裂，失去保护作用，不利于贮藏；且在高温下，蛋白质容易变性，降低亲水性而影响种子的生活力，故必须低温慢速干燥，如生产上多采用带荚晾晒，待种子充分干燥后再脱粒。含油分高的油菜、花生、芝麻等的种子，水分易散失，种皮松脆易破，高温下还会走油，应采取籽粒与荚壳混晒或带荚干燥，并减少翻动。

种子干燥时，应注意环境中的相对湿度。当大气湿度大于种子水汽压时，应防止其吸湿回潮。已晾晒过的种子，比较干燥的种子，在天气变化时应加盖以保持干燥。

173. 怎样进行种子的自然干燥？

种子干燥的方法很多，如自然干燥、人工机械干燥、冷冻干燥和干燥剂干燥等。农村常用的是自然干燥。它可分为以下两种方式。

(1)干风干燥 不经人工辅助，利用种子内部水汽压与空气相对湿度之差，使种子内的水分自然散发而干燥。如南方梅雨季节收获的种子，可放在通风的室内晾干。南方的萝卜等短角果，成熟后果荚不会裂开，可在田间自然干燥后再脱粒。北方玉米成熟时，气温较低，可将收获的果穗悬挂使其自然干燥。自然干燥受环境条件的限制大，一般只能将种子水分降到9%～12%，只能满足一般的贮藏要求。要长期贮藏的种子，应辅以其他方法使种子进一步干燥。

(2)太阳干燥 利用晴天太阳能干燥，因此法简便易行、成本低、安全，而被广泛采用。但应注意以下几点：①要有足够的晒场面积。晒前，应清除晒场上的砂石、垃圾和异品种的种子等；要预热晒场，即常说的“晒种先晒场”。种子出晒不宜太早，以上午9～10时为宜，以防止接近地面的种子因温差而结露。②晒种过程中要薄摊勤翻动，使种子受热、散湿均匀，防止摊晒种子的水分分层现象发生。③除需要“热进仓”处理的小麦种子外，晒后的种子必须均匀冷却后才能入仓，以防止入仓后因种子堆内外的温差而结露。

174. 人工机械干燥、冷冻干燥和干燥剂干燥种子的原理是什么？各有何优缺点？

人工机械干燥是利用机械鼓风、加热或通入干冷气流，降低周围环境的相对湿度，使种子内的水分不断散发而干燥。此法降水快，工效高，能满足不同水平的干燥要求，也不受环境条件的限制。它是干燥大批量种子常用的方法。但使用该法时，必须有一定的配套设备和能源，也必须有严格的操作技术要求；否则，常对种子有一定的破损之弊。

冷冻干燥是将种子置放在－10℃～－20℃的冷冻架上，

使种子内的水分成固态的冰，再降低种子周围空间的压力，并将种子加热到 25℃～30℃，使种子内冰的水分通过升华作用而减少，最后达到干燥的目的。由于种子是在低温下干燥的，其细胞组织不会受到伤害；种子内 95％以上的水分均可排除，这样干燥的种子可长期贮藏并保持生活力。但采用此法需有专门的设备，费用较高。

干燥剂干燥是将种子先装入牛皮纸袋或塑料袋中，再存放在盛有干燥剂的干燥器中。因干燥剂的吸湿性强，可吸收种子水分而使之干燥。常用的干燥剂有硅胶、氯化锂、氯化钙、活性氧化铝、生石灰等。氯化锂吸湿力很强，化学稳定性好，不易蒸发、分解，可回收再生重复使用，常用于大型的除湿装置。硅胶的吸湿性较强，最大吸湿量可达自身重的 40％，无味，无臭，无害，无腐蚀性，化学性质稳定。当吸湿后在 150℃～200℃下加热干燥后，其性能不变，可重复利用。生石灰价廉，取材方便，吸湿力比硅胶强。吸湿后会由固体分解成粉末状的氢氧化钙，而失去吸湿作用。因其吸湿性强，有时会使种子过于干燥而受损伤。

175. 贮藏的种子是否越干越好？

种子含水量（或贮藏环境的相对湿度）对种子的贮藏寿命起决定作用。但不同种子对水分的反应不一。一般农作物的种子，干燥有利于寿命的维持，它们在自然干燥（或晾晒）的条件下，越干燥，越有利于种子的安全贮藏，可延长其寿命。但另一些种子，过度干燥时，对其生活力是不利的。将种子水分降到 5％以下时，由于其大分子外层水膜被破坏，便易受到自动氧化的伤害，反而不利于种子寿命的维持。如水分降到 5％的大豆种子，贮藏 3 个月后再播种时，会增加子叶的断裂并出现畸形苗；水分降到3%～3.5%的高粱种子，出苗延缓；玉米种子水分降到2%以下时，其生活力减退并与干燥期的长短直接相关。即使是粮食，极度干燥也不利于食用品质的保持。因此，一般贮藏的种子，其含水量降到安全水分（禾谷类14%左右，油料8%左右）以下时，便可安全贮藏。需要长期贮藏的种子，比较适宜的含水量是5%～6%，而不是越干越好。

有些种子更不耐干燥，成熟脱离母株后，随种子含水量减少而迅速丧失生活力，被称为顽拗型种子。这类种子成熟后含水量一般高达40%～60%（正常型种子为15%～30%），贮藏期间因含水量的减少而很快死亡，也称为短命种子。如龙眼和菠萝蜜，成熟后的含水量分别为46%和53%，当其分别降到18%和43%时，会丧失生活力。这类种子也不耐低温，在冰点以下时就会受伤。如可可种子在10℃左右即会被冻死，芒果种子在3℃～6℃时会受冻伤。保存这类种子时，可将其与疏松、湿润的沙子等混放并加上杀菌剂，存放在受冻的临界温度以上的地方。

176. 种子为什么必须清选？常用的清选方法有哪些？

从田间收回的种子，常混有泥沙、秸秆、稃壳、杂草籽、虫卵、虫尸、病瘿等杂质及破碎粒等。这些杂物一般带菌量大、易吸湿回潮，混在种子堆中会影响内外气流交换，湿热散失，增强种子的呼吸作用，仓虫、微生物也易孳生繁殖，影响种子的安全贮藏。所以，干燥后的种子还必须进行清选、加工处理，以保证种子的安全贮藏，提高种用价值。实践表明：种子经清选、加工后，一般可提高净度3%～8%，千粒重增加1～5

克，发芽率提高 2%～5%，用种量可减少 10%～25%，大田增产 5%～10%，有较大的经济效益。

根据种子与混杂物的不同，生物学特性和物理性状的差别，常用的清选方法有如下 4 种。

一是根据种子长、宽、厚的不同，采用筛选分离。如用圆孔筛、长孔筛和窝眼筒筛可分别将不同宽度、厚度、长度的种子与杂物分开。

二是根据种子、杂质的轻重不同，利用风力清选分离。农村常用的木风车，在风力的作用下，轻的杂质和不饱满的种子会随风飘落在车外较远处，饱满、粒重的种子就近落下。带式扬场机则是利用种子从喂料斗中下落到传送带上时，充实饱满的种子由于惯性大被抛到远处，轻的杂质及不饱满的种子落到近处而分开。

三是利用不同种子及杂质的比重及在水中的浮力不同进行清选、分离。我国常用的水选法就是这种方法。当种子的比重大于水的比重时，种子便下沉，否则会浮起。然后将浮在水面上的部分捞起，便可将轻、重不同的种子及杂物分开。我国常用的清水选、泥水选、盐水选等都是简便易行的种子清选法。

四是根据种子表面结构的差别进行清选分离。此法是将种子抛落到一个能移动的斜面上，光滑的种子会随斜面滚动落到底部，粗糙的轻杂质等随斜面的上升而分开。该法可用于豆类及混在某些作物中的杂草籽、野燕麦等的分离清选。

此外，民间常用的手筛、吊筛等也是清选种子的常用方法。

177. 种子为什么要进行处理？常用的方法有哪些？

种子在土壤中萌发、出苗过程中或出苗后，常会遇到病虫、干旱、过湿、冷害、缺氧、残留的农药或除草剂等不利条件的影响，不能正常或及时萌发，导致缺苗、断垄，影响生产。如在播前采取某些措施处理种子，不仅可打破种子的休眠，促进萌发，而且可克服某些不利条件的影响，保证播后能苗全、苗壮，为丰产、丰收打下良好的基础。常用的方法有如下 3 种。

(1)晒种 我国农民对稻、麦、高粱、谷子、棉花、花生果等在播前常有晒种的习惯。通过晒种可增强种皮的通透性，促进后熟和解除休眠，有利于发芽、出苗快而整齐。如黑龙江省九三农场的小麦试验指出：晒过种的比未晒种的发芽势、发芽率分别提高 14.1%和 14.6%～17%。晒种还可利用阳光杀死附在种子表面的病菌。湖北省的试验指出：用晒过的棉籽播种时，苗期的角斑病和炭疽病，比未晒种的降低 35.5%～69.9%。

晒种的方法是选择晴朗的天气，将种子铺在干燥的地面或竹席、芦席上，摊成厚 6～7 厘米的波浪形，以增加种子的受光面积，应勤翻动，使水分散发快。一般不宜晒在水泥地或石板上，以免温度过高，种子失水过快、过多而受伤。

不同作物晒种的方法有所不同，如大豆、花生等的种子，不宜在 25℃以上的高温下曝晒，一般晒半天即可。而棉籽可在每天 10～16 时晒为宜。

(2)温水或药液浸种 由于种子内部或表面常附有病菌、虫卵等，它们一般比种子的耐热力低，用一定温度的水浸种，便可杀死潜伏的病虫害。如将稻、麦种子先在冷水中浸一定时间后，再放入 50℃左右的热水中浸 10 分钟左右取出，晾干后播种，可减轻大麦、小麦的散黑穗病和水稻的稻瘟病、恶苗病、干尖线虫病等的危害。将棉籽放在“三开一凉”兑成的温水（55℃～60℃）中，浸半个小时后取出晾干再播种时，有防治炭疽病、角斑病、红腐病等的功效。

在甘薯上坑前，将薯块放在 51℃～54℃的热水中浸 10 分钟后，立即放入苗床，可防治黑斑病、茎线虫病等。

用一定浓度的敌克松、托布津、代森铵、多菌灵等杀菌剂液，浸一定时间，防治病虫害的效果更高。

用一定浓度的吲哚乙酸、萘乙酸、赤霉素、缩节安、多效唑等生长调节剂和硼酸、硫酸锌、硫酸钠、磷酸二氢钾等微量元素浸种，有促进幼苗生长发育和增产的效果。

(3)拌种或闷种 用 1605、3911、呋喃丹等杀虫剂和敌克松、托布津、402、粉锈宁等杀菌剂拌种，用硫酸铵或某些微量元素拌种，或用辛硫磷、乐果等药剂闷种，均有一定的防病、治虫效果。

178. 棉花用光籽播种有什么好处？

绝大多数的陆地棉栽培品种的种子表面密布着短绒，它影响种皮的通透性，延缓或阻碍种子的吸水、萌发；人们也不易识别种皮的色泽和成熟度；有短绒的种子比重轻，浸种时常会浮在水面，给种子的水选及杂质的剔除带来不便；不利于种子的分级、包衣、丸粒化等加工处理工作；毛籽贮藏时会增加仓容；有短绒的种子散落性差，影响种子的均匀播种。另外，短绒中常潜伏有病菌、虫害，增加了生育期间病、虫害蔓延和为害的程度。总之，带有短绒的毛籽，给种子处理、播种，种子萌发、幼苗生长和保证田间密度等均有一定的不利影响，所以现代植棉业提倡用脱绒后的光籽播种。

因光籽的表面光滑，有利于用各种设备、措施进行种子精选和药剂处理，从而获得净度高、整齐一致、饱满而健壮的种子。如江苏省如东(1989)的试验表明：脱绒后的光籽的净度、健籽率、发芽势、发芽率和种用价值比毛籽分别高 2.3%、5%、4%、0.7%和 2.8%，提早出苗 2.5 天，出苗率高 14.1%。还可减轻幼苗期的病虫危害，为高产打下良好的基础，一般可增产 3%～5%。

此外，用光籽可实施精量播种，不仅节约用种量 50%左右，而且可节约间苗等田间管理的劳力，减少生产成本；还可提高良种的繁殖系数，降低种子生产的成本。

179. 怎样进行棉籽的脱绒?

棉籽的脱绒方法，一般分为机械脱绒和化学脱绒两大类。

(1)机械脱绒 用机器的拉力剥去棉籽上的短绒。如用锯齿式剥绒机，经 2 次脱绒后，便可剥去种子上大部分的短绒。所剥下的短绒是纺织、造纸、医药、化工等轻工业的上等原料，有较高的经济价值。但机械脱绒不够彻底，在种子上一般还会残留约 10%的短绒，使种子的流动性差，不利于种子的精选加工；残留的短绒中，仍会潜藏某些病菌；且易造成种子破损，降低发芽力；脱绒机械的维修保养费用大；还会产生粉尘污染。

(2)化学脱绒 用酸性溶液，炭化、烧除种子上的短绒。常用的有以下几种方法。

①*浓硫酸脱绒* 用 92%以上的工业硫酸以每 10 千克棉籽加 1 000 毫升硫酸的比例，均匀地泼洒在棉籽上，边洒边搅拌，直到棉籽发黑为止。在常温下，一般用 20 分钟便可脱完。

脱绒后的种子，会残留一定的酸液，必须及时用清水冲洗、用石灰水中和等方法，使其 pH 值达到 5.5～6.5，或试纸不变红色为止。清洗时，应将浮在上面的棉籽捞出，取出沉在下面的种子晾干后播种。脱绒后的种子还需进行风选、筛选，除去破籽、病菌、虫体等。处理过的种子应及时播种，以免影响种子的发芽、出苗。

目前，我国已研制并推广一些化学脱绒机，可将棉籽的脱绒、清洗、干燥、精选加工等工序形成一个流水线，从而大大提高了工效。

②稀酸脱绒　将浓度为 93%～98%的工业硫酸稀释成 7%～9%的稀酸，按酸与种子 1∶50 的比例，用稀酸充分湿润种子的短绒，经烘干后，使短绒脆化，再经摩擦后，便可消除种子上的短绒。该法工艺成熟，脱绒效果好，用酸量和耗水量均少，多余的酸液还可回收，成本低，对环境的污染轻，处理时也不受气候条件的影响，是目前较理想的方法。

③泡沫酸脱绒　将浓度为 9%～10%的硫酸和发泡剂混合，使硫酸发泡，而提高其渗透力并增大表面积。然后将一定量的泡沫酸覆盖在棉籽表面，利用毛细管的作用，使硫酸被吸收到短绒内，经干燥会使短绒内的硫酸增多而被炭化，最后经摩擦便可脱去短绒。此法是在稀酸脱绒法的基础上发展起来的，不仅耗能少、成本低、对环境的污染轻，而且对种子本身的生物学特性影响小，但工艺、技术条件要求较高。湖北省已研制出成系列的泡沫酸脱绒机，可供选用。

经化学脱绒后的种子，便于进一步精选加工，提高种子质量。据调查，化学脱绒后的棉籽，健籽率达 85%以上，发芽率可提高 6%～8%，从而降低用种量。因脱绒时附有种子消毒作用，所以种子播后出苗可提早 2～3 天，苗全、苗壮，一般可增产3%～5%。

180. 种子包衣和丸化是怎么回事？

20世纪80年代以来，许多国家对某些农作物和蔬菜种子，常用某些化学物质如农药、过氧化物、植物生长调节剂、除莠剂、驱鼠剂、抗生素等以及根瘤菌、肥料等营养物质，分别加入成膜剂、湿润乳化悬浮剂、扩散剂、稳定剂、防腐剂、防冻剂和警戒色等配套助剂，使之成为具有成膜性的糊状和乳糊状，牢固地包在种子表面，呈膜状的种衣，这种处理措施叫包衣。种子经过包衣，不仅能促进良种的标准化和商品化，便于贮运。经包衣的种子播种后，种衣吸水只能吸胀而不溶解，使种子表面的药膜、肥膜等慢慢释放，有效地发挥药、肥的效果，因而能保证营养供应，促进种子的发芽、生长，抵抗病虫等逆境条件的侵袭和影响，保证苗全、苗壮。如果用过氧化钙、过氧化镁、过氧化锌等包衣，可克服在淹水条件或在低洼地播种时，因嫌气环境缺氧而种子不能发芽的困难。用吲哚乙酸、萘乙酸、赤霉素、缩节胺、多效唑、矮壮素等包衣，可促进种子发芽、生长或控制幼苗徒长，用氮、磷、钾、硼、锌、钼、镁、铜等包衣时，可补充土壤养分不足，防治作物缺素症。用杀菌剂、杀虫剂、除草剂等包衣时，可防止某些土传、种传病害或地下害虫及杂草的侵袭等。

目前，我国已在棉花、花生、玉米等农作物及蔬菜上采用种子包衣新技术，收到了良好效果，主要是可节约用种量，保证苗全苗壮，减少病虫危害，提高产量。据江苏省如东(1990)的试验指出，棉花的包衣籽与毛籽相比，健籽率、发芽势、发芽率分别高15.5%、16%和13%，现蕾、开花分别提早5～7天和3～4天；总铃数和皮棉产量分别提高19.5%和19.6%；霜前花率提高9.6%。每667平方米可节省劳力、农膜等工本费10元以上。有报道指出，玉米用包衣处理的种子播种，每667平方米可节省用种量1～1.5千克；苗期地下害虫的防治效果达86%以上；对丛黑穗病的防治效果达60%～90%，一般可增产5%～10%。

种子丸化是用泥土、纤维素粉、炉灰和泥炭等做主要原料，加入胶粘剂如阿拉伯树胶、聚乙烯醇等及农药、营养物质、植物生长调节剂等处理种子，以改变种子的形状、大小，做成整齐一致的球形或近似球形，以便于机械化精量播种，减少机械播种时对种子的损伤。同时，种子丸化后，还有利于种子的吸水、发芽和生长。

种子包衣、丸化处理应在播种前进行，否则，处理过的种子，因含水量高，不易安全贮藏。如处理后不能立即播种，可在0℃～5℃的低温下短暂存放后即行播种。

181. 种子贮藏的要求是什么？

种子收获后，无论是自留种还是做商品种子，都要进行一定时间的贮藏。因种子是活的有机体，在贮藏过程中，即使是处在非常干燥或休眠状态下，也因自身的生理代谢活动如呼吸作用及环境因素的影响，难免发生不良变化，影响种用价值。因此，种子贮藏的要求是：依据种子贮藏期的长短，不同类型种子的特点和当地的自然环境条件，采取经济有效的技术、方法，为种子创建一个最适宜的贮藏条件，达到安全贮藏并保持种子品质的目的。为此，在种子收打、干燥、清选、加工、包装等过程中，都必须严格操作、管理，既要防止虫、霉、鼠、雀等的直接伤害，也要控制好种子自身及周围仓虫、微生物的生理代谢作用，使其维持在尽可能低的水平，使贮藏的种子能保持较强的活力和较高的发芽率;并严防品种混杂而失去良种的真实性。因混杂或失去真实性的“良种”,会给生产带来难以弥补的损失,这是种子贮藏和粮食贮藏的不同之处。

182. 种子内的水分与自然界的水相同吗?

自然界的水分有液态、固态和气态三种形式,而种子内的水分是以吸附状态存在的。由于种子内的大分子物质(如淀粉、蛋白质等)的负电性和水分子的极性,彼此相互吸引。根据水分子被吸着的松紧不同,而分为束缚水(结合水)和自由水(游离水)。束缚水是被大分子的亲水胶体(如蛋白质、糖类、磷脂等)紧紧吸着的那部分水。它不易蒸发,在低温下也不易结冰。自由水具有一般水的性质,易被蒸发,在0℃能结冰。它以液态、气态的形式存在于种子的细胞内壁、细胞内含物及各细胞组织的间隙中;各细胞组织的间隙相互连接贯通,形成了种子内部的毛细管网络结构,水分可在其间自由渗透或移动,故称自由水。它是很好的溶剂,是种子内外(包括仓虫、微生物)都可利用的水分。种子中自由水的含量不稳定,会随环境中温、湿度的变化而增减,对种子的安全贮藏至关重要。当种子内不存在自由水时,其酶(如水解酶)呈钝化状态,新陈代谢作用降至最低程度。而当自由水出现后,酶便由钝化状态转变为活化状态。这一转折点时的种子水分(即当种子中的束缚水达到饱和程度并将出现自由水时的水分)称为临界水分。它是维持种子生命所必需的。当种子水分处于临界值时,贮藏是较安全的。而一些顽拗型种子,其含水量必须保持在临界值而低于发芽时的含水量。

183. 什么是种子的吸湿性？它与大气湿度有何关系？

种子吸湿性就是种子吸附和散失水汽的特性，它与空气湿度紧密相关。空气湿度分绝对湿度（指每立方米空气中实际含有的水汽量，用克/立方米表示）、饱和湿度和相对湿度。空气所含水汽的能力随温度的升高而增大，温度越高，每立方米所含的水汽量也越高。但不论在任何温度下，空气所能容纳的水汽量是有限的。当其达到饱和时，水汽便凝结成水。空气达到饱和时的水汽含量称为在该温度条件下的饱和含水量或饱和湿度，用克/立方米表示。如在0℃、20℃、30℃时，其饱和含水量分别为4.835克/立方米、17.117克/立方米和30.036克/立方米。

由于空气压力（气压）是由干空气压力和水汽压力之和构成的，空气中水汽含量越多，水汽压就越大。空气的绝对湿度和饱和湿度也可用水汽压来表示，其单位是毫米汞柱（mmHg）。

空气的相对湿度是指每立方米空气中，实际含有的水汽量与该温度下饱和水汽量之比。即在相同温度下的绝对湿度占饱和湿度的百分比。它表示空气中的水汽量接近饱和状态的程度。

$$相对湿度=\frac{绝对湿度}{饱和湿度}\times 100$$

通常用相对湿度表示空气的干湿程度。相对湿度越高，表示空气越潮湿，当其达到100％时即饱和。

相对湿度又分大气湿度（气湿）、种子贮藏时的仓内湿度（仓湿）和种堆内的湿度。三者密切相关。当气湿变化时，仓湿和种堆内的湿度也随之发生相应变化，使种子水分随之增减，从而影响种子的安全贮藏。

种子的吸湿性与种子内含物的成分有关。含亲水胶体多的，吸湿性强；含油脂多的，吸湿性弱。禾谷类作物种子的胚含有较多的亲水胶体，其吸湿性高于胚乳。所以，在潮湿条件下，胚较易吸湿回潮而霉变，降低生活力。

184. 什么是种子的平衡水分？它与种子的安全贮藏有何关系？

由于种子的吸湿性，其内部总会含有水汽而形成一定的水汽压，当其与空气的水汽压不等时，水汽便从高压处移向低压处。新收获的种子，含水量高，内部水汽压大，水分便向空气中散发而使其水分减少，直到种子内部的水汽压降到与大气水汽压相等；相反，在雨天，大气的湿度加大，气压上升，大气中的水汽就移向种子，使其含水量增加，直至内、外水汽压相等。这样，水汽总是不停地在种子和大气间来回移动。在温度一定的环境条件下，种子通过吸附和解吸过程，使其内部的水汽压与大气的水汽压相等而趋于平衡时，种子的含水量相对稳定而不变。此时种子的含水量便是在该条件下的平衡水分。可见，种子的平衡水分是指在一定的温度条件下，种子的内、外水汽压达到动态平衡时的种子含水量。

种子平衡水分的高低与大气的温、湿度有关。同一作物的种子，在一定的温度下，平衡水分随湿度增加而加大。如小麦种子在20℃条件下，相对湿度为30%和80%时，其平衡水分分别为9%和15.1%。当湿度一定时，它随温度的上升而减少。如在相对湿度为80%的条件下，当温度为0℃、20℃、30℃时，小麦种子的平衡水分依次为16.7%、15.9%和

15.7%。

不同作物的种子，在相同的温、湿度条件下，其平衡水分有较大差别。富含蛋白质、淀粉的种子比多油分种子高。如同在相对湿度75%、温度25℃时，玉米、小麦种子的平衡水分为14.5%，而大豆、亚麻分别为13%和10%。

由于种子在贮藏期间，其吸湿平衡过程不断进行，故种子水分会不断变化而影响贮藏的稳定性，尤其是在一般条件下贮藏的种子，这个问题更应引起重视。所以，利用种子吸湿平衡原理，调控种子的吸湿过程，是保证种子安全贮藏的基本原则之一。在种子贮藏时，可根据种子的吸湿平衡特性、自身的含水量、环境中的温、湿度等条件，可判断其水分变化的趋势，选用通风、密闭、晾晒、干燥等措施，使种子保持良好的干燥状态，做到安全贮藏。

185. 种子的导热性和种温变化与种子的贮藏管理有何关系？

种子堆传递热量的性能，称为导热性。种子及其周围的空气都是热的不良导体，由于其导热性不良而引起的种温变化，对种子的贮藏保管有很大影响。在一般正常情况下贮藏的种子，尤其是散装种子，其种温会随气温的变化而变化，但其变化较缓慢。如每天日出前气温最低，而种温在上午6～7时最低；气温在下午14时左右最高，17～19时的种温最高。同时，种温的日变化不明显，变幅也较小，一般仅在表层或靠近仓壁四周的小范围内变化。种温的年变化趋势与日变化相似，最低和最高的种温比气温晚1～2个月。如每年3月气温开始回升时，种温仍在继续下降，在3月或3月以后，仍维持最低种温，而最高种温维持到9月以后。所以种温在冬季比气温略高，夏季比气温略低。种温的年变幅大，而且从内到外，变幅越来越大。

由于种温的变化缓于气温，因此，种温与环境的温度间会出现温差，特别是季节转换时。如秋、冬季节，气温下降快，而种温下降缓慢，种子堆内、外会出现温差。当种堆内的热气流上升到表层、遇到低温的种子时，因冷空气的饱和湿度较低，水汽容易凝集于种子堆的上层而形成结露，使种子水分局部增加，处理不及时，则常会引起发热霉变甚至结饼。同理，入库（尤其是大型仓库）的种子，如温度不一，也会出现温差而影响湿热的扩散，威胁种子的安全贮藏。所以，晾晒或烘干后的种子，应降温后入库。在某些特殊情况下，如高水分种子或因库房漏雨、返潮等形成种子堆局部的水分高时，种温均可发生异常。因此，应经常注意贮藏中的种子温度变化情况，以保证种子的安全贮藏。

186. 种子贮藏在密不通风的容器中，有时为什么发芽不好？

种子尤其是含水量高的种子，存放在密不通风的容器中，用其播种后，常会发芽不好，这是因为种子是有生命的有机体，即使在休眠、贮存期间，也仍在不断地进行呼吸作用，吸收氧气，放出二氧化碳、水和能量。如在密不通风的容器中，因释放出的水不能及时散发而被种子再吸收，因而会提高种子的含水量；同时，呼吸作用所释放出的热量，积累在种子堆中，也不易散发出来，导致种子发热、霉变。其次，种子在呼吸作用过程中，会很快耗尽容器中本来就不多的氧气，只好进行无氧呼吸。当种子含水量较低时，这类呼吸作用很微弱，影响不太大；当温、湿度适宜时，在密闭条件下，无氧呼吸也可旺盛进行。这样，种子内的贮藏物质不仅会很快被消耗，而且由于二氧化碳和氧化不彻底的中间产物（如酒精、乳酸等）在种子细胞中积累（如受潮的种子，常会闻到一股酒味）而毒害种子，使其丧失发芽力。在密闭缺氧的条件下，种子的呼吸作用越强，越会因缺氧而产生有毒物质。但如果种子含水量能控制在临界水分以下，采用密闭贮藏时，既可有效控制贮藏环境的温、湿度，也较易控制种子堆中的气体成分，抑制种子的呼吸作用，从而提高种子贮藏的稳定性，达到安全贮藏的目的。

187. 贮藏种子的一般仓库，应有哪些基本要求？

经干燥、清选的种子，要使其寿命维持到下一个播种季或更长时间，关键是存放种子的仓库条件。仓库也是种子集散和加工处理的场所。所以，种子库应达到以下要求。

第一，仓库应选建在地势高燥、地下水位低、不渗水；土质坚实牢固，每平方米面积能承受 10 吨以上压力，地面不会下沉或裂缝；尽量接近良种繁殖基地和交通方便的地方，以保证库房的安全和降低运输成本。

第二，库房要坚实牢固，能承受种子堆尤其是散装种子的侧压力及防风、雨等自然灾害的能力。库内地坪应高于仓外 30～40 厘米，地坪和仓墙要有良好的防潮性能。仓外沿墙的四周应有一定的坡度，能经常保持墙基内外干燥。加厚仓墙和仓顶、并吊顶棚，设隔热层，使仓库具有良好的隔热性能。库房门窗应尽量对称设置，使其具有良好通风、密闭性能，便于阴雨、高温期间的隔湿、隔热；熏蒸杀虫时，能较好地密闭通风。为了防虫、防霉和防鼠、雀，四周内壁要平整、光滑，无裂缝，最好刷白灰，窗户应加铁丝网。库房内应设隔间，以便不同品种和级别的种子分别堆放，特别是散装的种子，应一间一品种分间存放，以防止混杂。

第三，库房附近应设晒场、保管室和检验室，晒场面积一般应相当于库房面积的 1.5～2 倍。检验室应具有水、电条件。

第四，库房应具备良好的防火性能，特别是木质结构的建筑物，要经常做好周围的清洁工作，库内电路必须安全可靠，并有专人负责检查，以减少火灾隐患。

188. 种子入库前，应做好哪些准备？

种子入库前要做好以下五个方面的准备工作。

(1)入库种子的质量要求 入库种子必须经过充分干燥，水分含量应在安全标准以下，并且是经过清选去杂的高生活力种子。入库种子的水分标准依地区、贮藏期限及作物种类而不同：一般南方地区较北方严格，较长期贮藏的种子比短期贮藏的严格。主要作物种子的安全贮藏最高水分标准大致如下：籼稻 13%，粳稻 14%，小麦、玉米 12.5%；大豆、蚕豆、谷子 12%；花生、芝麻、油菜、棉花 8%～10%。但作为种质资源需长期贮藏的种子，其含水量应控制在 6%～7%以内。

(2)库房和器材的检查、清理与消毒 种子入库前必须对库房、器材进行全面的检查、清理和消毒，包括库房是否牢固、地面是否有孔洞、门窗是否灵活严密、隔板是否完整、通风是否良好、电源线路是否安全、防火设施是否具备等。为防止仓虫潜藏，仓库内所有器材必须彻底清扫。尤其是木板仓的孔洞裂缝较多，是仓虫栖息和繁殖的好场所，必须结合剥、掏、剔、堵等措施将其清理干净。清理过的仓房和各种器材要及时进行消毒处理，一般空仓房可以用 80%敌敌畏乳油按每平方米用药100～200毫克，用喷雾或悬挂的方法消毒，消毒时必须注意人员的安全。仓贮用的麻袋、围席、隔板等物件可用曝晒、蒸汽加热或药剂蒸煮消毒。

(3)仓容量的计算 种子入库前需预先计算仓容，以便根据种子数量和仓房容量合理安排使用仓房，避免发生仓容过剩或不足的现象。其仓容近似的计算方法如下。

①房式仓散装

仓容(千克)＝种子容重(千克/立方米)×仓房面积(平方米)×可堆高度(米)

②房式仓包装

$$仓容(千克)=\frac{仓库面积(平方米)\times可堆高度(米)}{每包平均体积(立方米)}$$

×每包种子平均重量(千克)

③圆筒仓散装

仓容(千克)＝种子容重(千克/立方米)×圆仓底面积(平方米)×圆仓高度(米)

(4)种子入仓前的检查和分类入库 种子入库前着重检查种子含水量、害虫感染率、种子发芽率和夹杂物，根据检查结果提出处理意见。入仓时，必须做到品种不同、种子水分不同、含杂程度不同及有虫种子与无虫种子等分开存放，同时种子和化肥、农药、器材等分开，为后期仓房的管理创造良好的条件。

(5)防止种子混杂 不同作物或同一作物不同品种的种子，在贮藏时一定要严格防止混杂。对贮藏用具，如麻袋等容器应预先打扫干净，不同的品种不能挨着堆放，作物或品种之间一定要保持一定的距离。每一作物品种要做标记，注明作物品种名称、数量、等级、产地、入库日期、发芽率、含水量等。

189. 种子入库后，应注意哪些事项？

为保证入库种子的安全贮藏和种用价值不降低，必须加强种子入库后的管理，及时发现问题，以避免事故的发生。为此，应注意以下事项。

一是设专人负责种子库的日常管理。

二是种子入库后要定期检查种子的温度、水分和发芽率。因为种温是种子安全与否的重要指标，其变化的速度快，检查也较为方便。因此，对温度要经常系统地进行检查，特别是大批量的散装种子，对其靠近墙壁、窗户、屋角或曾发生过漏雨的重点部位要经常检测。新入库的油菜、棉籽应特别小心。检查种子水分取决于种温和季节，一般一、四季度各检查 1 次，二、三季度按月检查 1 次。发芽率一般每 4 个月检查 1 次，但药剂熏蒸后、发生过高或过低温度以后及出库前都必须检查种子的发芽率。

三是注意虫、霉、鼠、雀危害。检查虫害一般用过筛的方法，将筛下的活虫按每千克头数计算。检查的周期依种温而定，一般 20℃以上时应每 7～10 天检查 1 次。对霉变常用感观检查，主要看是否结饼、有无霉味等。对鼠、雀危害主要看是否有鼠、雀的粪便、足迹等。

四是安全检查。主要包括库房本身是否有渗水、漏雨等发生，门窗是否牢固安全，特别是发生强暴雨或台风过后更应及时检查。同时注意防火、防盗设施是否完好，以避免事故发生。

五是保持库内外的清洁卫生。库房内尽量做到“六面光”（四面墙、地面和库顶），库外做到“三不留”（杂草、垃圾、污水）。种子出库时要出一仓清一仓、出一囤清一囤，严防混杂。

六是建立种子档案。每批种子入库时要登记品种名称、来源、数量、质量，贮藏期间的各次检查结果及中途晾晒等变动情况，以便对种子质量进行跟踪管理和改进仓库管理工作。

190. 怎样做好贮藏种子的通风和密闭管理？

通风和密闭是种子贮藏期间的重要管理措施。用于短期贮藏的种子库，一般条件较差，库内的温、湿度易受环境温、湿度变化的影响，或因入库种子本身含水量超标，或已经贮藏的种子湿热异常等，常常需要进行通风，使库内种子降温、散湿，以控制种子及仓虫、微生物的代谢，保持种子贮藏的稳定性。同时仓库种子经过药剂熏蒸杀虫后，也要求及时通风以排除有毒气体对种子的伤害。即使是处于良好贮藏状态的种子，也需要定期通风以消除种子自身代谢过程中产生的有害气体。相反，有时又要密闭以保持种子库内低温、干燥条件和保证种子安全度夏等。怎样才能合理地进行通风或密闭，其关键是根据环境的温、湿度变化而灵活掌握。一般要做到以下几点。

一是雨天、台风、大雾天气不宜通风。

二是当外界温、湿度低于仓内时可以通风，但应注意寒流的侵袭，防止种子堆内温差过大而引起表层种子结露。

三是当仓外温度与仓内温度相同，而仓外湿度低于仓内，或者仓内、外湿度基本相同而仓外温度低于仓内时，可以通风。前者以散湿为主，后者以降温为主。

四是在一天之内，傍晚可以通风，后半夜则不能通风。通风的方法包括自然通风和机械通风。与自然通风相比，机械通风具有通风彻底、均匀、省工、省力等优点，但成本较高。自然通风靠开启门窗使库内空气对流带出湿热。但其效果与库内、外温差大小、风速、堆放方式、种子堆大小及种子中杂质含量等有关。因此,种子入库时袋装种子应合理码放整齐,以便于通风。同时堆垛不宜过高、过宽(不宜超过两列麻袋),以加速湿热的散失。自然通风散湿、热的速度慢,不易彻底。也可在库内安装一些管道,用鼓风机加速空气流通。用围囤散装的种子,可以配合深翻、开沟扒塘、挖心降温等措施。

191. 稻种有何贮藏特性?

稻种贮藏具有以下 4 点特性。

一是稻谷籽粒外具有完整的内外颖(稻壳)保护,具有一定的抗病虫害能力,而且稻壳的水分含量比壳内的籽粒更低。因此,稻谷较其他作物种子更易保存。但如果稻壳受到损伤、破碎或内、外颖壳关闭不严,则极易吸湿回潮,损伤种子的生活力。由于颖壳内、外颖被有茸毛,有的品种还有长芒,故稻种堆的孔隙较大,可达 50%～65%。因孔隙度大,种堆的通气性好,容易散湿、热,但也易受外界温、湿度的影响而吸湿回潮。另外,由于稻壳比较粗糙,种堆的散落性较差,侧压力小,有利于高堆以提高仓库的利用率。

二是水稻种子的耐热性差,在人工干燥和日光曝晒时,若温度控制不当则容易发生爆腰而影响种子的生活力。高温入库的水稻种子,贮藏 2～3 个月时,其脂肪酸就有不同程度的增加而变质,从而影响种用品质和食用品质。水稻种子的耐高温性与种子本身的含水量密切相关,一般水分越高,耐高温性越差。高水分种子如果处理不及时,种子堆的不同部位将出现明显的温差,造成湿、热扩散,水分分层,表面结顶,甚至发热霉变。

三是稻谷的后熟期很短,一般籼稻无明显的后熟期,粳稻也只有 1 个月左右的后熟期。同时，稻谷发芽所需的水分低。因此，无论在田间、晒场或仓内，只要水分和温度适宜，就能很快发芽。新收获的稻谷生理代谢旺盛，贮藏初期往往不稳定。南方的早、中稻种子，在高温季节收获进仓，在最初半个月内，上层温度容易突然上升，即使水分正常的稻种，也容易发生此现象。如处理不及时，种堆上层温度愈来愈高，水汽聚集于种堆表层，形成微小的液滴，即俗语说的“出汗”，将引起种子很快发热霉变而丧失生活力。

四是不同稻种耐贮性不一。据研究，一般是非糯稻种子强于糯稻，籼稻种子强于粳稻，常规稻种强于杂交稻。籼型杂交稻亲本、保持系和恢复系种子的耐藏性强于不育系种子和杂交稻种子，这与种子的原始活力和颖壳关闭程度有关。

192. 稻种的贮藏技术要点是什么？

稻种的贮藏技术要点有如下 4 点。

(1)适时收获 适时收获是保证种用品质、提高种子贮藏稳定性的重要措施，尤其在北方，生长季短、收获时气温低，若收获不及时，容易发生低温冻害。试验表明，在北方霜前收获的种子，虽成熟度稍差，其发芽率仍可达 98%以上，而霜后收获的种子，发芽率可降至 52%～62%。因此，在北方，一般在 10 月上中旬(平均气温在 6℃以上)收割。这样既能及时干燥，又能防止冻害。

(2)及时降水 在北方稻种收获时气温低、又比较干燥，收获时可将稻捆放在田间交叉立码或平摊于稻茬上或挂在干燥架上，经 7～8 天，水分可降至 10%左右，再进行脱粒清选。在南方一般是随收随脱粒，然后运回晾晒。但在晾晒前，晒场必须清理干净，以防止种子混杂。晒种必须先晒场，而且要薄摊勤翻，以防止干燥不匀或爆腰。晾晒后，要严格控制入仓水分，必须将种子水分降到13%以下才能安全过夏；否则，极易发热生芽，丧失种用价值。

(3)防虫防霉 南方稻区多高温、高湿，尤其是早、中稻种子，其防虫、防霉是关键的环节。防虫一般采用药剂熏杀，常用药剂有磷化铝，每立方米片剂用量为6～9片、粉剂为4～6克，投药后密闭5～7天，然后通风3天。磷化铝为剧毒品，使用时一定要注意人员的安全。也可用纯度为97%的优质马拉硫磷喷雾，用药量为每10吨种子用药量为0.2千克，种堆厚度不超过30厘米，有效浓度为20毫克/千克。防霉主要采用干燥密闭的方法，要求必须将种子水分降到13.5%以下、空气相对湿度控制在65%以下，进行密闭贮藏。

(4)改善贮藏条件 ①异地贮藏。将种子贮藏在气温较低、气候干燥的地方或高寒山区，其寿命可延长到10年以上。②低温贮藏。如将经过干燥的种子贮藏到－20℃～－30℃的冷库中，稻种贮藏5年后，其生活力未见衰退。广东省将干燥种子放在－18℃的冷库中贮藏3年，其发芽率仍达90%以上。③干燥器贮藏。天津水稻研究所将自然干燥的种子用纸袋包装存入干燥器内(内装干燥剂)9年后，11个品种的平均发芽率仍达96.4%。

193. 小麦种子有何贮藏特性？

小麦种子贮藏特性有以下4点。

(1)耐贮性好 一般小麦种子都有后熟期，而且有生理后熟和工艺后熟之分。只有通过生理后熟的小麦种子才能发芽，只有达到工艺后熟后，其面粉的品质才好。小麦种子后熟期的长短因品种和生长环境的不同而有差异：一般春小麦的后熟期长于冬小麦;红皮小麦长于白皮小麦;多雨阴湿年份生长的小麦长于在高温干燥环境中生长的小麦。生理后熟期一般为数月,工艺后熟期可长达 3～5 年,甚至更长。因此,保管正常的小麦,其食用品质可维持 5～8 年。

(2)耐高温性能较强 尤其是未完成生理后熟的种子,耐高温性更强。如水分为 17%以下的种子,其干燥温度不高于 54℃,就不会影响种子的发芽力,由于它耐热性较强,故常采用高温密闭方法杀虫;新收获的种子也可以曝晒,使其快速干燥。

(3)吸湿性强 小麦种子外无保护层,内部组织疏松,并有大量的亲水淀粉和蛋白质,吸湿性较强。在相同的温度下,空气相对湿度为 75%时,小麦的平衡水分为 15.7%,而玉米仅为 14.8%。因此,小麦种子容易吸湿返潮、发芽、生虫和霉变。干燥的种子贮藏期应密闭防潮。小麦种子吸湿性的强弱也因品种而异,一般白皮品种强于红皮品种;软质品种强于硬质品种。与吸湿性相反,由于小麦种子组织疏松,其外表又无保护层,在进行曝晒时降水快,干燥效果好。

(4)抗虫性差 小麦种子收获时正值高温、高湿季节,也是虫害繁殖生长最快的时期,小麦种子本身抗虫性差,很易被玉米象、米象、谷蠹、麦蛾等害虫侵染。

194. 小麦种子的贮藏技术要点是什么?

小麦种子的贮藏技术要点有如下 4 点。

(1)严格控制种子入库水分 严格控制种子水分是小麦安全贮藏的关键。长期贮藏的种子,水分必须降到 12%以下,同时防止吸湿返潮才能不生虫、不长霉,保持其原有的发芽率。如果水分上升到 13%、种温达 30℃时,就可能降低发芽率;水分达16%的小麦种子,即使种温在20℃也可能发生霉变。因此,应将小麦种子的水分降到12%以下、种温保持在25℃以下,才有利于安全贮藏。

(2)密闭贮藏 由于小麦种子吸湿性较强,贮藏期必须严格密闭并压盖,以保持种子干燥。密闭贮藏,既可高温密闭,也可自然低温密闭。自然低温密闭,就是在"三九"严寒天进行翻仓、摊晾、冷冻,将种温降至0℃,而后进行压盖密闭,这样既可消灭越冬害虫,也可减缓外界逐渐上升的气温影响,使其保持在25℃以下越夏。高温密闭,就是通常所谓的"热进仓",热进仓是杀灭小麦害虫的常用方法。其具体做法是利用夏季高温曝晒新收的种子使其水分降到12%以下,种温在46℃以上而不超过52℃时,迅速入库堆放,并用晒热的席子、草帘等覆盖在种子堆上,密闭门窗保温。热进仓要求有足够的温度及密闭时间,入仓后小麦温度达到42℃以上、密闭7~10天。如果温度在40℃左右,则要密闭2~3周才能达到杀虫效果。密闭后要进行通风冷却,使种温下降到与仓温一致,然后进行常规贮藏。采用热密闭杀虫法,应保持种温不宜过高,水分在12%以下的干燥状态。但已通过后熟的种子耐热性差,一般不宜采用此法。

(3)低温贮藏 低水分种子的低温贮藏,是长期保持小麦种子寿命的重要途径。据试验,水分为12%的小麦在20℃下进行贮藏,3年后的发芽率并无明显改变;若在4℃下贮藏,则16年后的发芽率仍可达96%。据报道,如常年气温不出现20℃~30℃时,使小麦种子全年在干燥、低温下贮藏,20年后发芽率仍达70%。

(4)防潮容器存放 不少农户用陶坛、缸等防潮容器密闭贮藏麦种,效果也较好。其方法是:将充分晒干的麦种倒入容器内,最好在容器底部和麦种上覆盖一层干燥的砻糠灰,然后封口密闭。这样,既能防潮又能防止鼠、雀危害。一般充分干燥的种子密封后至翌年播种时,无须翻晒。若包装不严,或装入的种子不够干燥时,应注意检查,并择日晾晒。

195. 玉米种子有何贮藏特性?

玉米种子的贮藏特性有以下 4 点。

一是玉米种子胚大,占籽粒体积的 1/5~1/3,比其他禾谷类种子呼吸强度高,代谢旺盛,因此更容易发热。

二是玉米种胚组织疏松,含有较多的亲水物质。因此,胚较胚乳部分更容易吸水。相反,在种子干燥时,其胚部水分也易释放。所以,高水分的玉米(水分 20%),胚部比胚乳含水量高,低水分的玉米,其胚的含水量比胚乳要低。种胚营养丰富,其脂肪含量占全籽粒的 77%~89%,蛋白质占 30%以上,而且还含有大量的可溶性糖,因而种胚更易孳生真菌,故玉米霉变常从种胚开始。当霉变发展到一定程度时,胚部生长许多菌丝体和各种孢子,其中最常见的是绿色孢子,这种现象俗称为"点翠"。"点翠"后的玉米,其发芽率大为降低,食用品质变劣,严重者不能食用。

三是玉米种胚脂肪含量高。玉米种胚脂肪氧化后,使胚部酸度高于胚乳,且脂肪酸值随种子水分增加而增大。在玉米脂肪酸值和总酸值增加的同时,其发芽率大幅下降。因此,玉米的耐贮性较差。加之我国广大北方地区,玉米收获时气温低,种子不容易干燥,常给玉米的安全贮藏带来较大的困难。

四是玉米种子堆的孔隙度较大(占 35%~55%)。玉米果穗的孔隙度可达 50%以上,有利于散湿、散热;同时,因种堆的孔隙度大，易受外界湿、热变化的影响。

196. 玉米种子的贮藏技术要点是什么？

玉米种子的贮藏技术要点有以下3点。

(1)适时收获 我国主产玉米的北方地区，在玉米成熟时天气已渐冷，正确掌握收获时间十分重要。若收获过早，成熟度差；收获过晚，则易遭霜冻危害，而且种子含水量越高，受冻害的影响也越严重。据试验，9月上旬收获未受冻害的种子发芽率可达100%，而在霜后10月上旬收获的种子，其发芽率仅为22%。另外，玉米收获后要尽快剥去苞叶，进行挂藏或晾晒。我国北方不少地方采用的"站秆扒皮"技术，可争取时间干燥种子，但必须适时。在乳熟末期，大部分玉米籽粒已定浆时，扒下苞叶、裸露果穗15天后再收获，其种子水分可比不扒苞叶的低7%～8%，而且成熟度也好。

(2)籽粒贮藏 玉米籽粒贮藏时，北方以防霉为主，南方以防虫为主。因北方玉米收获较晚(尤其是夏玉米)，入库种子水分偏高，易发热霉变。试验表明，玉米水分在14.3%和15.6%～20%时可分别发生曲霉和青霉。但在较低的温度下，其发育均受到抑制，所以，较高水分的玉米种子可能安全度过严冬，但要安全度夏就必须在春暖之前进行干燥。在北方，玉米水分在14.5%～15%时，其种温不能超过25℃；在南方，玉米水分在13%以内时，种温不能超过30℃，否则种子难以安全度夏。为防止玉米发热霉变，北方可在低温干燥季节，采用过筛、强力通风等措施除杂、降低水分、降低温度；在南方，玉米收获早，易于干燥，水分低，故以粒藏为主，但易遭受麦蛾、地中海螟蛾、裸体蛛、玉米象等害虫为害。一般可采用低温冷冻、高温干燥、机械筛除及药剂熏蒸等防治。

(3)果穗贮藏　果穗贮藏是一种典型的通风贮藏，在华北、东北地区广泛采用。果穗可以堆藏、挂藏。堆藏可以使用木质结构的果穗仓，底部有通风的地槽和库墙；另一种是用枕木、秸秆架空，并以秸秆打围而成，建筑于空旷的场院，实行堆藏。果穗挂藏南北方均可采用，利用果穗的茎叶将果穗连接起来，或编成果穗瓣，挂在避雨通风处。穗藏5～6个月，种子水分可降到12%～14%以下，这时脱粒，可降低种子的损伤，随后转为粒藏。果穗贮藏不仅解决了玉米的干燥问题，而且能使穗轴内的养分继续转入籽粒内，使其更加饱满。此法的缺点是占仓容太大，也不便于运输。

197. 棉籽有何贮藏特性？怎样才能安全贮藏？

(1)棉籽的贮藏特性　棉籽的种皮坚硬，对种胚有良好的保护作用。但种皮表面附有短绒，易吸湿，导热性差。当棉籽吸湿返潮时，因呼吸作用加强，种子堆内容易积累大量的湿、热，使棉籽发热、发酵和霉变。试验表明，温、湿度较高的棉籽，可能几个月便丧失生活力。但在干燥、低温的环境里，棉籽的寿命可达10年以上。

棉籽的耐贮性与成熟度有密切关系。一般霜前花的棉籽，种胚饱满，种皮坚硬，较易贮藏；而霜后花的棉籽，种皮柔软，种胚瘪，水分大，不宜贮藏，也不能做种用，故应将霜前花和霜后花分轧。

(2)棉籽的贮藏方法　留种棉轧花后，应去杂干燥，使水分降至10%左右，可冷入仓、压实、密闭贮藏。入库前如发现红铃虫，可用热汽(60℃左右)熏蒸。此法不但可杀虫，还可促进棉籽的后熟与干燥。若在贮藏期间发现红铃虫，则可利用冬季低温(－12℃以下)出仓冷冻,杀死其幼虫后再入库保管。

棉籽在库房中只能堆到仓容的一半左右,最多不能超过仓容的70%,以便于通风换气。堆内应设有测温装置,并每隔5～10天测温1次,9～10月贮藏的棉籽还需每天测温1次。库内应设有通风降温设备,棉籽的温度必须保持在15℃以下。如有异常情况,必须立即采取倒仓或通风降温等措施。袋装种子须堆垛成行,行间留有走道,如堆面积较大,应设置通风篾笼。

在华北地区,冬、春温度较低,棉籽水分只要不超过12%,用露天围囤散装堆藏也可安全保管。为防止表面棉籽受冻,可在堆垛外围加上一层保护套。水分在12%以上的棉籽更应注意经常检查。水分达13%的棉籽,必须进行晾晒,使水分降低后继续保藏。棉籽要贮藏度夏,必须在春暖之前转入仓库做密闭贮藏。

198. 大豆种子的贮藏特性和贮藏技术要点是什么?

(1)大豆种子的贮藏特性

一是大豆粒圆,种皮光滑,散落性好。种皮较坚硬,含有较多的纤维素,表面被有蜡质,所以低水分的大豆种子在贮藏期间较少发生虫、霉危害,而且种皮色泽越深,其保护性能越好,维持生活力的时间越长。

二是大豆种子含有较多的蛋白质(37%～45%)。由于蛋白质的亲水性,空气湿度较大时,其吸湿力较强。如在相对湿度90%以上时,其吸水力比同样条件下的小麦、玉米种子都强。在高温、高湿条件下,蛋白质容易变性、脂肪容易酸败,种子容易霉变腐烂。一般水分含量的大豆,当温度升到25℃以上时，就很难保持其发芽率；温、湿度越高，丧失发芽率越快。

三是大豆含有较多的脂肪（18%～22%），脂肪容易氧化和水解，氧化时放出的热和水汽均高于淀粉，所以比较容易发热。由于脂肪的导热性差，有利于低温密闭贮藏，能延长种子的寿命。

四是大豆种子容易走油和赤变。当种子水分超过13%、温度在25℃以上，特别是经过8月份的高温季节后，即使种子未发热霉变，也可能出现豆粒发软，两片子叶靠近脐部处变红（俗称"红眼"）的现象，子叶的红色渐渐地加深而变红。严重时，有浸油脱皮现象，子叶呈蜡状透明。这一变化不仅使种子丧失生活力，而且出油率下降，食用价值降低。

(2)大豆种子的贮藏技术要点

①适时收获晾晒　适时收获可增强种子的耐贮性。当茎尖呈草枯色时，种子已从荚壁脱落，手摇植株荚内有响声，豆荚尚未爆裂时便应及时收割。收后在晒场上铺晒2～3天。当荚壳干燥并有部分开裂时再行脱粒，以防种皮发生裂纹或皱缩现象。脱粒后一般应进一步干燥，但干燥时种温不宜超过44℃～46℃。如种温过高，种皮容易开裂，甚至使子叶断裂。因此，大豆种子干燥时应低温摊晾，最好在春、秋季日光不太强时晾晒，摊晾时翻动不宜过勤。

②干燥降水　华北地区长期贮藏的大豆种子其水分应降到12%以下，黑龙江省应降到13%以下，否则，难于避免赤变和走油。大豆种子水分超过14%时，在贮藏过程中的脂肪酸增加很快，存在着霉变的危险。

③低温密闭贮藏　由于大豆不耐高温，故宜采用低温密闭贮藏。其方法是：将干燥好的种子冷却、清选后入库，入库后3～4周进行倒仓或通风散湿、散热，以防止"出汗"和发热。

在严冬季节，将大豆转仓或出仓冷冻，待种温充分下降后再进行密闭保管。在春暖以前要重点做好仓房的密闭和堆面的压盖工作，防止种子吸湿并保持仓内低温，有条件的仓房可在高温季节进行机械制冷。

④冬季堆藏高度　大豆贮藏的堆高受温度和水分的制约。种用大豆冬季堆藏高度如下。

水分为12%以下时，堆高1.5米，堆垛高为8袋；

水分为12%～14%时，堆高1米，堆垛高为6袋；

水分为14%～16%时，堆高0.7米，堆垛高为4袋；

如果夏季仓温无法控制，堆高应降低1/3。

199. 油菜籽有何贮藏特点？应怎样贮藏？

油菜籽容易发芽、发热、霉变，不耐贮藏。油菜籽皮薄而脆，子叶嫩，油分含量高(可达45%)。大多数品种收获后都有后熟现象，此期种子内部代谢旺盛，酶活性高。长江流域油菜籽收获时正值梅雨季节，种子含水分较高，有的高达20%，对种子生命力威胁极大。据报道，水分含量为13%以上的油菜籽，往往无任何早期升温现象，一夜间种温可升高10℃而全部霉变，既丧失发芽力，也毫无食用价值，故老百姓称这种现象为“一夜穷”。

油菜籽籽粒细小，暴露的比面积大，种子堆孔隙度小，加上存在的杂质，种堆中的湿、热很难散失。所以，油菜籽发热时，其温度可高达70℃～80℃。

要贮藏好油菜籽，必须抓好以下工作。

(1)适时收获和晾晒、去杂　油菜籽宜在花薹上的角果有70%～80%呈现黄色的时候收获。收获太早，嫩籽过多，水分高，成熟度差，不易干燥和保藏；收获太迟，角果易爆裂造成损失。脱粒后可在晒场上进行曝晒，但应注意晒种先晒场的原则，种子晒干后应冷却入仓，入仓前应进行风选去杂，防止杂质影响种堆的通透性。

(2)严格控制入库种子的水分 油菜籽入库的安全水分，因各地的气候特点和贮藏条件而有差别。在大多数地区的一般贮藏条件下，油菜籽的水分应控制在 9%以内，这样较为安全。如果当地高温多湿、仓库条件又较差时，水分还应再低一些。

(3)低温贮藏 油菜籽宜在干燥、低温条件下贮藏，这样可最大限度地保持油菜籽的生活力。据浙江农业大学研究，油菜籽水分在 7.9%～8.5%范围内，用塑料袋包装存放在冰箱中(8℃左右)，经过 10 年以上，其发芽率仍保持在 95%以上。在生产上，冬季不宜超过 6℃～8℃，春、秋季不宜超过 13℃～15℃，夏季不宜超过 28℃～30℃。保藏中，要及时通风降温，保持种子低温、干燥。

入库菜籽或散装或袋装，堆高因水分而异：散装种子水分为 7%～9%时，堆高为 1.5～2 米；水分为 9%～10%时，堆高为 1～1.5 米。袋装种子水分为 9%以下时，可堆高 10 包；水分为 9%～10%时，堆高为 8～9 包。袋装时应尽可能码成通风垛。

菜籽入库后要勤检查。4～10 月份，水分为 9%～10%的菜籽，每天检查 2 次；水分为 9%以下时，每天检查 1 次。11 月至翌年 3 月，水分为 9%～12%时，每天检查 1 次；水分低于 9%时，隔 1 天检查 1 次，以便发现问题，及时解决。

200. 花生种子有何贮藏特点？应怎样贮藏？

花生种子贮藏具有以下 3 个特点。

一是花生果大荚厚，子叶富含蛋白质，水分不易散失，如干燥不及时，容易发热、霉变。即使是经过一定干燥的种子，由于荚壳吸湿性强，也极易受外界高湿度的影响而吸湿。据试验，花生果水分为11.4%时，在17℃下易孳生真菌引起变质，特别是由黄曲霉菌产生的黄曲霉毒素，使其失去种用价值和食用价值。

二是花生收获正值晚秋季节，如不及时收获、干燥，遇低温天气时，轻则使果柄霉烂而影响收获，重则使种子冻伤。据试验，花生植株在－1.5℃时即受冻枯死；在－3℃时，荚果可能受到冻害而影响种子生活力。

三是花生种子种皮薄而脆，日晒温度较高时容易使种皮皱缩、色泽变暗和增加破碎粒。因此，花生种子必须带壳干燥。花生仁脂肪含量高达40%～50%，在高温、高湿下，容易发生浸油和酸败。据试验，花生仁水分在8%、温度为25℃时即可能开始浸油，脂肪酸开始显著增加，尤其是受机械损伤、冻害及被虫咬后的种子，脂肪酸增加更为明显，脂肪酸增加到一定程度时，极易丧失生活力。

要贮藏好花生种子，必须抓好如下工作：①适时收获。种用花生必须在适当成熟期及时收获，即使是晚熟品种，也应在寒露至霜降时收获完毕。收获时拔起植株整株晾晒，这样既有利于种子的充分成熟，也便于晾晒。摘下荚果后要进一步晒干，使其水分降到8%以下。同时，种温应控制在25℃以下。②贮藏要得法。花生可以用果荚或花生仁贮藏，但种用花生以果荚贮藏为主 。用果荚贮藏时，种子有荚壳保护，不易受虫害、霉害和机械损伤，荚壳组织疏松，一经晒干，种子可以避免外界湿度的直接影响，也便于播前的选种和品种真实性及纯度的鉴定，但其缺点是体积大。果荚贮藏必须将其水分控制在9％～10％。干燥的果荚可在冬天通风降温后，趁低温进行密闭贮藏。较高水分（15％以下）的果荚，可用露天小围囤贮藏过冬，经冬季通风干燥后，于翌年春暖前再入库密闭贮藏。水分为15％的果荚，容易受冻害，必须抓紧降低水分。③初入库的花生果，仍在后熟过程中，必须加强通风以散湿、热，否则容易造成发热闷仓或闷垛，影响生活力。

少量种子可在晒干后，趁冬季低温利用缸、坛等密闭保管。

金盾版图书,科学实用,
通俗易懂,物美价廉,欢迎选购